Office
办公应用非常之旅

Office 2010
办公应用典型实例

贺丽娟　丛威◎编著

清华大学出版社
北京

内容简介

本书以目前流行的Office 2010版本为例，由浅入深地讲解了办公中经常使用的Word/Excel/PowerPoint的相关知识。以初学Office在办公领域中的应用开始，逐步讲解办公软件的基础操作、Word与日常行政办公、Word与人力资源管理、Word与企业宣传、Word与其他应用、Excel与员工信息管理、Excel与产品销售、Excel与过程控制、Excel与会计、财务管理、PowerPoint与现代会议、PowerPoint与市场宣传、PowerPoint与培训、Word/Excel/PowerPoint与策划、方案制作等知识，包含了Word/Excel/PowerPoint在办公领域的各种常见应用，如行政办公、销售管理、人力资源管理和职业培训等。

本书实例丰富、实用且简单明了，可作为广大初、中级用户自学Office的参考用书。同时本书知识全面，安排合理，也可作为大中专院校相关专业及职场人员的教材。

图书在版编目（CIP）数据

Office 2010 办公应用典型实例 / 贺丽娟，丛威编著. —北京：清华大学出版社，2014（2024.3 重印）
（Office 办公应用非常之旅）
ISBN 978-7-302-35643-1

I. ①O… Ⅱ. ①贺… ②丛… Ⅲ. ①办公自动化‐应用软件 Ⅳ. ①TP317.1

中国版本图书馆 CIP 数据核字（2014）第 050856 号

责任编辑：朱英彪
封面设计：刘 超
版式设计：文森时代
责任校对：赵丽杰
责任印制：刘海龙

出版发行：清华大学出版社
　　　　网　　　址：https://www.tup.com.cn, https://www.wqxuetang.com
　　　　地　　　址：北京清华大学学研大厦A座　　　　邮　　编：100084
　　　　社 总 机：010-83470000　　　　邮　　购：010-62786544
　　　　投稿与读者服务：010-62776969，c-service@tup.tsinghua.edu.cn
　　　　质量反馈：010-62772015，zhiliang@tup.tsinghua.edu.cn
印 装 者：三河市龙大印装有限公司
经　　销：全国新华书店
开　　本：185mm×260mm　　　印　　张：29　　　字　　数：684千字
版　　次：2015年1月第1版　　　印　　次：2024年3月第 8 次印刷
定　　价：79.80元

产品编号：048482-02

PREFACE

◎ 前言

1. 这是一本什么书?

亲爱的朋友，感谢您从茫茫书海中将我捧起，从此，我将带您开启一扇学习的大门，也从这里出发送您远航。希望在您人生远航的路上，能带给您更多的知识和经验，使您顺利到达理想的彼岸。为了让您的学习过程更加轻松，本书采用了清新、淡雅的色调，同时在排版和设计上也努力营造出一种平和的氛围，采用立体化设计，全方位考虑各知识点，旨在打造一本"您理想中的书"。

❖ 这是一本以实例为主导的书

本书以实例为主导，讲解了 Word、Excel 和 PowerPoint 3 个软件在实际工作中的使用，涉及的实例广泛，包含了日常办公的大多数领域，如请假条、活动安排、劳动合同、销售业绩表、加班记录表、企业培训和公司宣传等。您在工作中可能遇到的问题，书中几乎都有所包含，并且在讲解时尽可能以简便、易行的方式进行操作，以提高您实际工作时文件的制作速度。

❖ 这是一本讲解知识的书

虽然本书以实例为主导，但并未因此而忽略知识讲解，而是在讲解知识时兼顾知识的系统性及全面性。首先，本书在前两章中讲解了 Word、Excel 和 PowerPoint 3 个软件的基础知识，以及使用这几个软件制作文件的一般方法；其次，在实例讲解过程中，以"关键知识点"的形式在实例前列出完成本例必须掌握的知识点，并且在实例完成后对这些知识点进行解析，使读者不仅能完成当前实例，还能对相关知识有一个深入的理解和掌握；最后，在章末，将与本章实例相关且有所提高的知识，以"高手过招"的形式列出。

为了方便读者查阅本书讲解的知识点，对这 3 个软件进行更加系统的学习，本书还以"知识点索引"方式将书中讲解和涉及的知识以目录的形式列出。

❖ 这是一本告诉您操作真相的书

学习的目的在于理解和应用，所以本书不仅仅可教会您制作各种文件，还通过"为什么这么做"和"公式解析"等板块告诉您这样操作的理由，使您可以举一反三，知道操作背后的"秘密"。

❖ 这是一本结合实际的超值办公图书

本书实例丰富，在每个实例开始制作前先列出该实例的效果，让读者直观地知道制作的内容；然后讲解了该实例的制作背景，使读者在实际工作时明白该类例子的设计要点和注意事项。为帮助读者更好地学习和掌握相关知识，本书还附带多媒体资源，其中包含了本书所有实例的素材文件、效果文件以及视频演示文件，保证读者可以做出相同的实例效果。

2. 本书的结构如何？

全书共划分 14 章，由基础知识、实例制作两部分组成，分别介绍如下。

- **基础知识（第 1~2 章）**：以"知识讲解＋高手过招"的形式，讲解了 Word、Excel 和 PowerPoint 3 个软件的一般操作方法。

- **实例制作（第 3~14 章）**：每章分布多个实例，Word、Excel 和 PowerPoint 3 个软件的知识灵活、有序地分布在各个实例中。每个实例均以"效果图展示＋多媒体资源＋案例背景＋关键知识点＋操作步骤＋关键知识点解析"的方式进行讲解，方便读者更加立体地了解实例的制作方法及其关键知识点的使用目的。同时在一章最后通过"高手过招"板块提高读者的操作技能。

3. 学习过程中应注意什么？

为了帮助读者从书中更快学到自己需要的知识，在学习的过程中应注意如下几点。

- **注意书中小板块的功能**：本书中有"关键提示"、"技巧秒杀"、"为什么这么做？"和"公式解析"共 4 个板块，它们在每一章中"不定时"出现，或解决当前读者的疑问，或讲出更简便的操作方法。合适地应用小板块，可更快提升自己的软件应用能力。

- **获取多媒体资源**：本书配有多媒体资源，包括书中实例的素材和效果文件以及视频演示文件。读者可扫描图书封底的"文泉云盘"二维码，或登录清华大学出版社网站（www.tup.com.cn），在对应图书页面下查阅资源的获取方式。

4. 本书由谁编著？

本书由九州书源组织编写，为保证实例和知识的精练性、实用性，让读者能学有所用，参与本书编写的人员都是一线的职场办公人员，在 Office 软件应用方面有着较高的造诣。他们是李星、刘霞、何晓琴、董莉莉、廖宵、杨明宇、蔡雪梅、彭小霞、包金凤、尹磊、简超、陈良、陈晓颖、向萍、曾福全、何周。

目录

第5章　Word 与企业宣传 115

第6章　Word 与其他应用 151

Contents

Contents

Index

知识点索引

美化 Word 文本

为 Word 插入对象

Excel 表格编辑基础

美化 Excel 表格并设置显示效果

为 Excel 单元格设置样式

为表格设置外观样式

设置数据显示效果

Excel 数据的引用及公式的使用

数据的引用

公式的使用

Index

在 Excel 表格输入函数

函数的输入

Excel 中的常用函数

为 Excel 插入、编辑图表

为 Excel 插入图表

设置图表样式

Index

为 Excel 插入、编辑数据透视图表

PowerPoint 幻灯片编辑基础

美化 PPT 文档

为 PPT 设置绚丽效果

Office 是目前使用最为广泛的办公软件，其中的 Word、Excel、PowerPoint 组件功能强大，在各行各业中都有着普遍的应用。学好、用好它们是入职和提升实力的第一步。下面就对这 3 个组件的界面以及基本操作方法进行讲解。

Word/Excel/
PowerPoint 2010

C第1章
hapter

办公软件的基础操作

1.1 安装 Office 2010

在使用 Office 2010 进行办公前，首先需要安装 Office 2010。由于 Office 2010 并不是系统自带的软件，所以用户若想使用 Office 2010 还需自行进行安装。安装 Office 2010 与安装其他程序的方法相近，其具体操作如下：

 资源包\实例演示\第 1 章\安装 Office 2010

STEP 01 双击安装文件

将安装光盘放入光驱中，进入到光盘中，找到 setup.exe 文件并对其进行双击，使其开始运行。

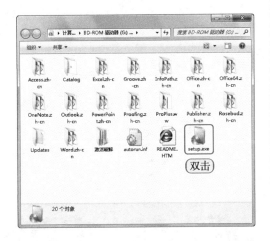

STEP 02 输入产品密钥

打开"输入您的产品密钥"界面，在光盘包装盒中找到由 25 位字符组成的产品密钥，并将这个密钥输入到文本框中。

单击 继续(C) 按钮。

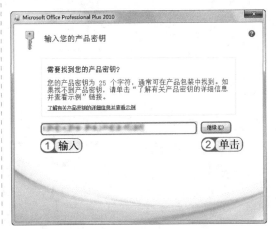

 关键提示——如何获得 Office 2010

Office 2010 不是系统自带的程序，要想获得 Office 2010，可以通过以下两种方式：

- 到电脑城、网络商店或专门出售软件的商铺购买正版的 Office 2010 程序安装光盘。在包装盒上面可找到产品密钥。
- 打开网页浏览器，在地址栏中输入 http://Office.microsoft.com。在打开的网页中找到相应的 Office 2010 试用程序并下载，一般试用期为 30 或 60 天。试用期结束后，若对该软件满意，可在软件编辑界面选择【文件】/【帮助】命令，在弹出的窗口中进行激活产品密钥操作。

STEP 03 接受协议条款

打开"阅读 Microsoft 软件许可证条款"界面,对其中内容进行认真阅读后,若无异议,再选中 ☑ 我接受此协议的条款(A) 复选框。

单击 继续(C) 按钮。

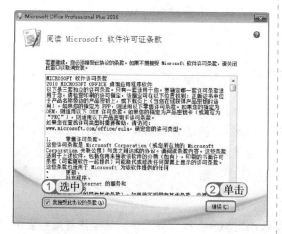

STEP 04 选择安装方式 1

打开"选择所需的安装"界面,单击 自定义(U) 按钮。

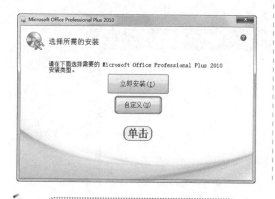

STEP 05 选择安装的组件

打开自定义安装对话框。在"安装选项"选项卡中,单击需要安装的组件名称前的 ▣▼ 按钮,在弹出的下拉列表中可以选择是否安装此组件。

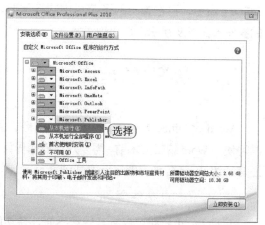

STEP 06 选择安装的位置

选择"文件位置"选项卡,单击 浏览(B)... 按钮,打开"浏览文件夹"对话框,选择安装 Office 2010 的目标位置。

单击 立即安装(I) 按钮。

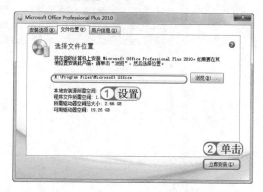

技巧秒杀——修复 Office 2010

在使用 Office 一段时间后,可能会因为程序内部出错而出现不能正常使用 Office 的情况。此时,用户可直接修复 Office 而无须重新安装 Office。修复 Office 的方法是:打开"控制面板"窗口,在其中单击"程序和功能"超链接。打开"卸载或更改程序"窗口,在中间的列表框中选择 Microsoft Office Professional Plus 2010 选项,再单击 更改 按钮。在打开的"安装"对话框中选中 ⦿ 修复(R) 单选按钮,再单击 继续(C) 按钮,即可开始修复 Office 2010。

1.2 认识 Word/Excel/PowerPoint 的操作界面

在学习使用软件前，为了能更快地掌握操作方法，用户需要对软件的界面有所认识。要想查看 Word/Excel/PowerPoint 的操作界面还需启动对应软件。启动软件的方法是：在桌面上双击对应软件的快捷图标，或单击"开始"按钮█，在弹出的菜单中选择【所有程序】/【Microsoft Office】命令，再在弹出的子菜单中选择需要启动的程序。下面就将对 Word/Excel/PowerPoint 的操作界面以及视图进行详细讲解。

1.2.1 认识 Word 的操作界面和视图模式

Word 是 Office 办公软件中使用频率最高的一个软件，使用它能对任何文本进行编辑。在学习使用 Word 编辑文本前，需要对其操作界面有一定了解。为了方便以后对文本的编辑、查阅，还需了解 Word 各种视图显示方式的特点。

1. Word 的操作界面

启动 Word 后即可查看其操作界面，各功能区都均匀放在操作界面中。其操作界面主要由窗口控制图标、快速访问工具栏、标题栏、功能选项卡和功能区、文档编辑区、状态栏和视图栏几部分组成。

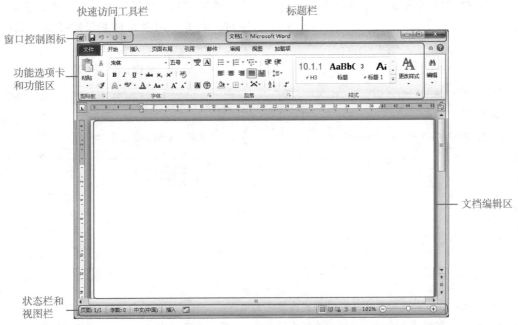

在 Word 操作界面中，各功能区作用分工明确，并且便于操作。各功能区的作用分别介绍如下。

　　➲ 窗口控制图标：单击该按钮可在弹出的菜单中执行最大化、最小化和关闭等操作。

⊃ **快速访问工具栏**：用于放置经常会使用到的操作的快捷按钮。单击快速访问工具栏右侧的▾按钮，在弹出的下拉菜单中可以选择将经常使用的工具添加到快速访问工具栏中。

⊃ **标题栏**：显示正在操作的文档的名称信息，其右侧有3个窗口控制按钮，"最小化"按钮▬、"最大化"按钮▣和"关闭"按钮✕，单击它们可以执行放大、缩小和关闭操作。

⊃ **功能选项卡和功能区**：每个功能选项卡都有与之对应的功能区，在功能区中的工具栏会根据窗口大小调整显示方式。此外，有些工具栏右下角有"扩展功能"按钮▫，单击该按钮可以打开相关的对话框进行更详细的设置。

⊃ **文档编辑区**：Word中所有文本编辑的操作都是在该区域中显示完成的。此外，文档编辑区是Word中最大的部分。文档编辑区中有一个闪烁的光标，也就是文本插入点，用于定位文本的输入位置。

⊃ **状态栏和视图栏**：状态栏位于操作界面的最下方，用于显示与当前文档有关的信息。在视图栏中还可以选择文档的查看方式和设置文档的显示比例。

2. Word 的视图简介

为方便各种文档编辑的需要，Word 提供了多种视图，包括页面视图、大纲视图、阅读版式视图、草稿视图和 Web 版式视图等视图模式。其设置方法和显示效果分别介绍如下。

⊃ **页面视图**：是 Word 默认的视图模式。用于普通的日常办公，用户对文档的录入、编辑基本都在该视图下完成。选择【视图】/【文档视图】组，单击"页面视图"按钮▤，即可将视图模式转换为页面视图模式。

⊃ **大纲视图**：大纲视图就像是一个树形的文档结构图，常用于编辑长文档，如论文、标书等。选择【视图】/【文档视图】组，单击"大纲视图"按钮▦，即可将视图模式转换为大纲视图模式。

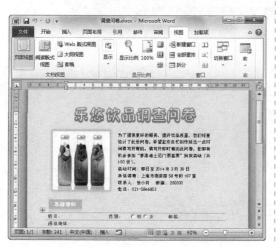

●阅读版式视图：在该视图模式中，文档将全屏显示，一般用于阅读长文档。选择【视图】/【文档视图】组，单击"阅读版式视图"按钮，即可将视图转换为阅读版式视图模式。按"Esc"键可退出阅读版式视图。

●草稿视图：在该视图模式中，只会显示文档中的文字信息而不显示文档的装饰效果，常用于文字校对。选择【视图】/【文档视图】组，单击"草稿视图"按钮，可转换到草稿视图。

●Web 版式视图：Web 版式视图模式是唯一能按照用户调整的窗口大小进行自动换行的视图方式，避免了用户左右移动滚动条才能看见整排文字的情况。选择【视图】/【文档视图】组，单击"Web 版式视图"按钮，即可将视图模式转换为 Web 版式视图。

1.2.2 认识 Excel 的操作界面和视图模式

虽然 Excel 是为了便于编辑表格而制作的操作界面，但从本质来说，Excel 操作界面与 Word 的操作界面相似。下面介绍其操作界面以及视图模式。

1. Excel 的操作界面

为便于编辑表格，与 Word 相比，Excel 在功能区中多出了列标和行号、编辑栏、单元格和切换工作表条等部分。

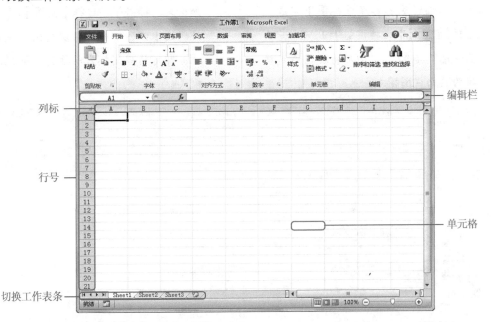

Excel 操作界面特有部分的作用如下。

- **列标和行号**：工作界面上方的英文字母为列标，而工作表左侧的阿拉伯数字就是行号。在 Excel 中列标和行号组成了单元格的位置。

- **编辑栏**：编辑栏由名称框、工具框和编辑框 3 部分组成。其中名称框中的第一个大写英文字母表示单元格的列标，第二个数字表示单元格的行号。单击工具框中的"插入函数"按钮 ，可在打开的"插入函数"对话框中选择要输入的函数。编辑框用于显示和输入单元格中输入或编辑的内容。

- **单元格**：是组成 Excel 表格的基本单位，在 Excel 工作界面中呈矩形小方格显示，用于显示和存储工作表中的数据。

- **切换工作表条**：切换工作表条包括滚动条、工作表标签和"插入工作表"按钮 。拖动滚动条可显示没有显示完全的工作表部分。单击工作表标签可以切换到对应的工作表中。"插入工作表"按钮 用于添加新的工作表。

2. Excel 的视图简介

为了满足用户阅读工作表的习惯，Excel 提供了普通视图、页面布局视图和分页浏览视图等视图模式。其设置方法和显示效果如下。

- **普通视图**：普通视图是 Excel 的默认视图，所有的基本操作可以在该视图下进行。选择【视图】/【工作簿视图】组，单击"普通"按钮 ，即可将视图模式转换为普通视图模式。

- **页面布局视图**：在该视图模式下，整个文档中的页面都将显示在一个视图界面中，一般用于浏览图表。选择【视图】/【工作簿视图】组，单击"页面布局"按钮 ，即可将视图模式转换为页面布局视图模式。

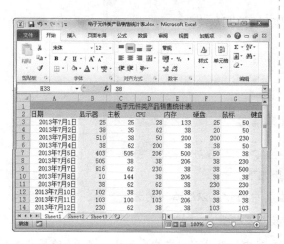

⊃ **分页预览视图**：该视图可将活动工作表切换到分页预览状态，并按打印方式显示工作表的编辑视图。在该视图模式中，通过左、右、上、下拖动来移动分页符，可调整页面的大小。选择【视图】/【工作簿视图】组，单击"分页预览"按钮，即可将视图模式转换为分页预览视图模式。

⊃ **全屏显示视图**：在该视图中将全屏显示工作表，一般用于查看数据量较多的工作表。选择【视图】/【工作簿视图】组，单击"全屏显示"按钮，即可将视图模式转换为全屏显示视图模式。

1.2.3 认识 PowerPoint 的操作界面和视图模式

为了方便编辑、放映幻灯片，PowerPoint 操作界面简洁、明了。下面介绍其操作界面以及视图模式。

1. PowerPoint 的操作界面

打开 PowerPoint 后，会发现 PowerPoint 比 Word 多出了"幻灯片"窗格、"大纲"窗格、幻灯片编辑区和备注栏等部分。

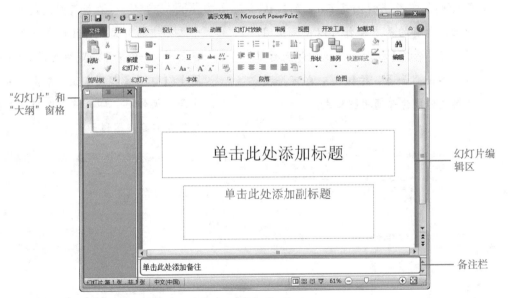

PowerPoint 操作界面中特有组成部分的作用如下。

⊃ **"幻灯片"窗格**：是默认任务窗格，在其中幻灯片以缩略图的方式显示，可查看演示文稿的结构，并显示演示文稿的幻灯片数量及位置。

⊃ **"大纲"窗格**：和"幻灯片"窗格不同，在其中幻灯片以文本内容的方式显示。选择"大纲"选项卡，即可打开"大纲"窗格。

⊃ 幻灯片编辑区：该区域用于显示和编辑幻灯片，所有关于幻灯片的操作都是在该区域完成的。

⊃ 备注栏：用于为幻灯片添加说明和注释，放映幻灯片时，可为用户提供该幻灯片的相关信息。

2. PowerPoint 的视图简介

为应对幻灯片在制作、放映中的预览要求，PowerPoint 为用户提供了普通视图、幻灯片浏览视图、阅读视图和幻灯片放映视图 4 种视图模式，其使用方法和显示效果分别介绍如下。

⊃ 普通视图：该视图是默认的视图模式，在普通视图模式中用户可以对幻灯片结构进行调整、编辑。在窗口下方的视图栏中，单击"普通视图"按钮，可转换到普通视图模式。

⊃ 幻灯片浏览视图：在该视图模式中，可以浏览演示文稿中所有幻灯片的整体效果。在窗口下方的视图栏中，单击"幻灯片浏览"按钮，可转换到幻灯片浏览视图模式。

⊃ 阅读视图：该视图模式将会以在窗口中放映幻灯片的效果展示幻灯片，滚动鼠标中轴选择显示上一页或者下一页幻灯片。在窗口下方的视图栏中，单击"阅读视图"按钮，可转换到阅读视图模式。

⊃ 幻灯片放映视图：在该视图模式中，演示文稿中的幻灯片将以全屏形式动态放映。在窗口下方的视图栏中，单击"幻灯片放映视图"按钮，可切换至幻灯片放映视图模式。

‖1.3 Office 的基础操作

在了解 Office 办公软件的界面以及视图模式后，就可以使用办公软件处理办公文档了。Office 是一个办公软件的大集合，其中的软件都有互相兼容的功能，且操作基本接近。下面就以 Word 为例讲解 Office 的基本操作方法。

1.3.1 新建文档

启动软件后，将会自动新建一个空白文档，但在实际工作中用户有可能需要新建文件。新建 Word 文档的方式是：启动 Word 2010，单击"文件"按钮 文件 ，在弹出的下拉菜单中选择"新建"命令，在打开的选项栏中，双击"空白文档"按钮，即可新建一个空白文档。

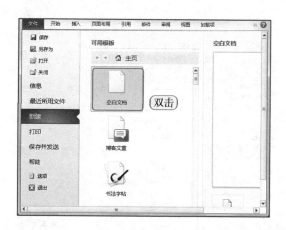

1.3.2 打开和关闭文件

使用 Office 最简单同时也必须进行的操作便是打开和关闭文件。打开和关闭文件的方法很多，使用时，用户可根据需要进行选择。

1. 打开文件

打开文件的方法，有直接打开和使用命令打开两种，其方法如下。

⊃ 双击需要打开的文件，与之对应的办公软件将打开文件。

⊃ 启动能打开对应文件的软件后，选择【文件】/【打开】命令，在打开的"打开"对话
框中选择需要打开的文件后，单击 打开(O) 按钮，如下图所示。

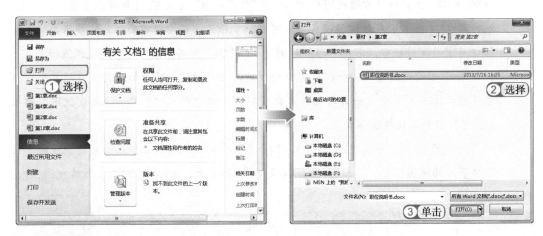

2. 关闭文件

在 Office 中关闭文件的方法很多，常用的方法有以下几种。

⊃ 选择【文件】/【退出】命令或单击标
题栏上的"关闭"按钮 ✕ 。

⊃ 在标题栏空白处右击，在弹出的快捷菜
单中选择"关闭"命令；或按"Alt+F4"
快捷键。

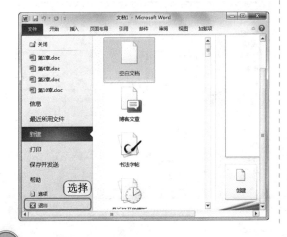

1.3.3　保存文件

在使用办公软件制作文档时，为了减少因计算机死机、断电等突发状况造成文档内容丢失，一定要经常保存文件。在 **Office** 中有两种保存文件的方法，分别介绍如下。

⊃ **保存文件**：选择【文件】/【保存】命令；也可按"**Ctrl+S**"快捷键保存文件。

⊃ **另存为文件**：选择【文件】/【另存为】命令，在打开的"另存为"对话框中选择文档的保存位置并输入文档名称后单击 保存(S) 按钮。

1.3.4　撤销和恢复操作

用户在制作、编辑文档时，难免执行一些误操作。这些误操作有时容易恢复，如输错文字。有些误操作则恢复起来比较复杂。此时用户就可以通过撤销和恢复命令，对文档执行相应的操作。撤销和恢复操作的方法如下。

⊃ **撤销操作**：在快速访问工具栏中单击"撤销"按钮 或按"**Ctrl+Z**"快捷键进行撤销。

⊃ **恢复操作**：在快速访问工具栏中单击"恢复"按钮 或按"**Ctrl+Y**"快捷键进行恢复。

需要注意的是，只有执行了撤销操作后才能执行恢复操作。

1.3.5　打印文档

在制作好文档后，为了更好地对文档内容进行传阅，一般都会对如 Word、Excel 这样的文档进行打印。但是在打印前，为了防止出现打印效果不佳等情况，一定要先预览文件被打印在纸张上的效果，调整好打印效果后，最后再将其打印出来，以满足不同场合的工作需要。打印文件的方法是：选择【文件】/【打印】命令。在打开的界面右边的预览区域中将显示文件被打印在纸张上的效果，而左边则可设置文档的相关打印设置选项。完成设置后单击"打印"
按钮🖨。

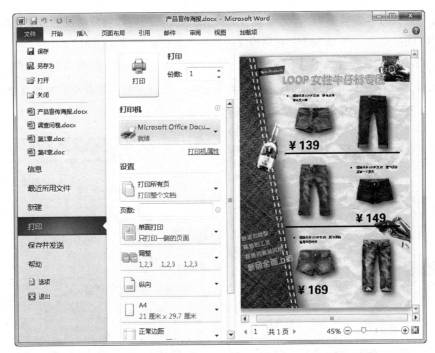

连接打印机后，不同打印机的打印设置有所不同，常见的打印设置选项如下。

⊃ "份数"数值框：用于设置该文档被打印的份数。

⊃ "打印机"下拉列表框：用于设置打印文件的打印机。

⊃ "页数"数值框：用于设置要打印的页数范围。断页之间用逗号分隔，如"2,7"；
连页之间用横线连接，如"3-5"。

⊃ "边距"下拉列表框：用于设置打印时，文档边缘与纸张的上下、左右边距。当打印
边缘有重要内容的文档时，应注意设置各边距。设置完成后，预览区域将立刻根据设
置进行改变。

⊃ "纸张大小"下拉列表框：用于设置纸张的大小，根据打印机中存放纸张的大小进行
选择，设置完成后预览区域将立刻根据设置进行改变。

关键提示——需要打印的文档

在办公时，一般需要进行打印的文档
只有 Word 文档和 Excel 文档，但在制作
如讲义、会议安排相关的文档时，可能也
会打印 PowerPoint 文档。

技巧秒杀——打印文档的技巧

在打印如宣传海报、产品说明书这类设
计性较强的文档时，依靠预览区域出现的打
印效果并不一定能满足需求。用户可先打印
出一份文档，若不满意，可进行修改后再打印。

○ "纸张方向"下拉列表框：用于设置文件的打印方向，设置完成后预览区域同样会根据设置进行改变。

▌1.4 高手过招

1. 自动保存

在制作文档时，可能会出现死机或突然停电等情况，为了使制作的文档不受这些突发因素影响，用户可以设置自动保存，并设置自动保存的间隔时间。其方法是：选择【文件】/【选项】命令，在打开的对话框中选择"保存"选项，再在右边的"保存文档"栏的"保存自动恢复信息时间间隔"数值框中设置保存时间，然后在"自动恢复文件位置"文本框中设置保存的位置，单击 确定 按钮。

2. 安装 Office 的注意事项

Office 2010 推出了 32 位和 64 位两个版本，32 位操作系统仅支持 32 位版本 Office 2010，64 位操作系统则可以支持 32 位和 64 位 Office 2010。所以在安装 Office 前，首先需要查看自己将要安装的 Office 是多少位的。

此外，在判断自己的操作系统是多少位时，如果系统为 Windows XP，在桌面上右击"我的电脑"图标，在弹出的快捷菜单中选择"属性"命令。打开"属性"对话框，选择"常规"选项卡，若显示的是"Windows XP Professional x64 Edition"，则说明系统为 64 位，若显示"Windows XP Professional"，则说明系统为 32 位；如果系统是 Windows 7，在桌面右击"计算机"图标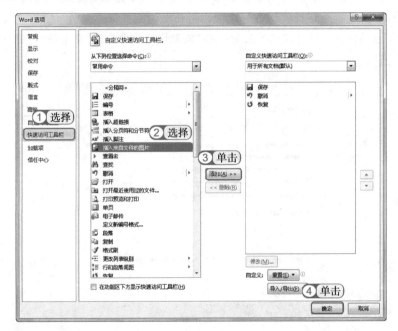，在弹出的快捷菜单中选择"属性"命令。在打开的"系统"对话框中，将会自动显示是多少位的操作系统。

3. 使用"Word 选项"对话框将所需功能按钮添加到快速访问工具栏中

一般情况下用户可单击快速访问工具栏右边的 ▾ 按钮，在弹出的下拉列表中选择需要添加到快速访问工具栏的功能。但若在弹出的下拉列表中找不到需要添加到快速访问工具栏的功能时，可通过"Word 选项"对话框进行添加。其方法是：选择【文件】/【选项】命令，在打开的对话框中选择"快速访问工具栏"选项，在右边的选项栏中选择需要添加的选项后，单击 添加(A) >> 按钮，最后单击 确定 按钮。

Office 2010 中最常使用的组件便是 Word/Excel/
PowerPoint，使用它们基本能处理日常办公中所有
的工作。本章将对 Word/Excel/PowerPoint 的基本
知识以及操作方法进行讲解，从而为后面的实例制
作打下基础。

**Word/Excel/
PowerPoint 2010** ▶

C第2章
hapter
Word/Excel/PowerPoint 的基础操作

2.1 文档的基础操作

由于 Word 的主要作用是显示文本内容，所以在学习使用 Word 办公前，需要掌握在文档中输入文本、选择文本、编辑文本、设置文档格式以及插入对象等基础操作。

2.1.1 输入文本

为文档添加文本是编辑文档最基础的操作。新建文档后，将鼠标光标定位到需要输入文本的位置，然后切换到用户熟悉的输入法，即可在鼠标光标的位置输入文本。

2.1.2 选择文本

输入文本时难免会出现输入错误或文本顺序需要调整的情况。处理这些问题前需要先选择文本。Word 根据实际情况提供了几种选择文本的方法，分别介绍如下：

○ 直接用鼠标左键拖动选择需要的文本。

○ 按"Ctrl+A"快捷键或将鼠标指针移动到文本的左侧，连续 3 次单击鼠标，可选择整篇文本。

○ 将鼠标光标移动到需选择文本行左边，当鼠标指针变为 ⁂ 形状时，单击鼠标可选中光标所在的行。

○ 将鼠标光标定位到需要选择的文本中，双击鼠标，可选择光标所在位置的词语。如果无词语，则选择单个文字。

○ 按"Ctrl"键的同时，拖动鼠标可选择多处文本。

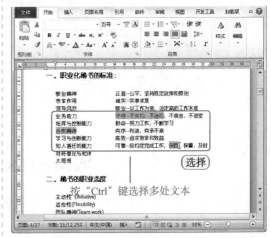

技巧秒杀——通过键盘选择文本

除使用鼠标选择文本外，还可以通过键盘选择文本。通过键盘选择文本有时会比使用鼠标选择文本更加方便。将鼠标光标定位在需要选择的文本上，按住"Ctrl"键的同时，使用键盘上的方向键将光标移动到需要选择的文本区域即可。

2.1.3 编辑文本

选择文本后就可以对文本进行编辑了。常见的编辑文本的方法有复制、移动、删除、查找和替换文本等。下面将详细讲解各操作方法。

1. 复制和粘贴文本

在输入文本时，复制和粘贴都是最常使用的操作。需要注意的是，只有复制了文本后，才能粘贴文本。复制和粘贴文本的方法主要有两种，分别介绍如下。

- 使用快捷键：选择需复制的文本后，按"Ctrl+C"快捷键复制文本，将鼠标光标定位到需复制的位置后，按"Ctrl+V"快捷键粘贴文本。
- 使用功能按钮：选择需复制的文本后，选择【开始】/【剪贴板】组，单击"复制"按钮 📄，复制文本。将鼠标光标定位到需复制的位置后，选择【开始】/【剪贴板】组，单击"粘贴"按钮 📋，粘贴文本。

2. 移动文本

移动文本一般用于调整文本的顺序，在文字输入时也经常被使用到。移动文本的方法主要有两种，分别介绍如下。

- 使用鼠标拖动：选择需要移动的文本，按住鼠标左键不放，将其移动到需要移动到的位置前释放鼠标。
- 剪切与粘贴：选择需要移动的文本，选择【开始】/【剪贴板】组，单击"剪切"按钮 ✂。将鼠标光标定位到需移动的位置后，选择【开始】/【剪贴板】组，单击"粘贴"按钮 📋。
- 使用快捷键：选择文本后，按"Ctrl+X"快捷键剪切文本。将鼠标光标定位到需移动的位置后，按"Ctrl+V"快捷键粘贴文本。

3. 删除文本

当输入错误或出现多余文本后，就需要删除文本。删除文本的方法很简单，其方法介绍如下：

- 按"Backspace"键可删除鼠标光标左侧的文本。
- 按"Delete"键可删除鼠标光标右侧的文本。

技巧秒杀——删除一段文本

若想删除大段文本，可先选中需要进行删除的文本，再按"Backspace"键或"Delete"键。

4. 查找和替换文本

使用 Word 制作办公文档时，查找和替换文本也是经常用到的操作。下面将详细对其操作方法进行讲解。

（1）查找文本

在编辑或审阅文档时，可能会想到文档的某个位置输入错误，或是想找某段文字，但又不太清楚具体位置，这时就可以通过查找文本的操作来查找需要的文本。其方法是：选择【开始】/【编辑】组，单击"查找"按钮 ﹟ 右侧的 ▾ 按钮，在弹出的下拉列表中选择"高级查找"选项。打开"查找和替换"对话框，选择"查找"选项卡。在"查找内容"文本框中输入需要进行查找的文本，单击 查找下一处(F) 按钮，将在文档中查找输入的下一处错误。

技巧秒杀——查找文本的技巧

为了对文档中的所有文本都进行查找，用户在执行查找操作前，最好将文本定位在文档最前方。

此外，默认情况下查找的对象为文档的正文，而不包括文档的页眉、页脚以及文本框中的内容。若想对以上任意一项进行查找，可在"查找和替换"对话框的"查找"选项卡中单击 在以下项中查找(I) ▾ 按钮，在弹出的下拉列表中选择对应的选项。

（2）替换文本

替换文本也是经常会使用到的操作，使用它能将原始文本替换成需要的文本。通过替换操作能大大降低工作强度。下面使用替换功能将"助理"替换为"经理"，其具体操作如下：

资源包\素材\第2章\职位说明书.docx
资源包\效果\第2章\职位说明书.docx

STEP 01 替换文本

打开"职位说明书.docx"文档，选择【开始】/【编辑】组，单击"替换"按钮 ᵃᵇ꜀。

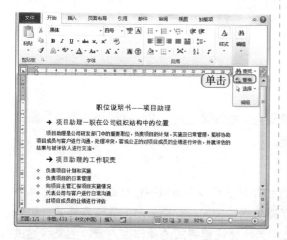

STEP 02 设置替换文字

　　打开"查找和替换"对话框，在"替换"选项卡的"查找内容"文本框中输入"助理"。
　　在"替换为"文本框中输入"经理"。
　　单击 全部替换(A) 按钮。

STEP 03 确定替换

打开提示对话框询问是否需要替换，单击 确定 按钮确定替换。

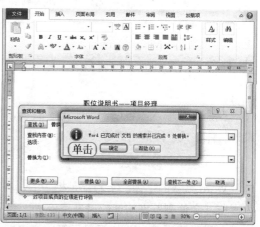

STEP 04 关闭对话框

在"查找和替换"对话框中，单击 关闭 按钮，关闭对话框完成替换。

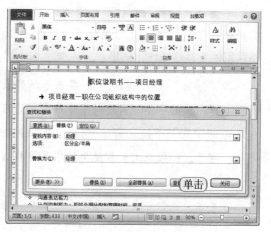

技巧秒杀——替换内容设置条件

　　为了更好地查找出有效的文本信息，在查找英文和一些特殊格式的文本时，可以为查找设置条件。其方法是：在"查找和替换"对话框的"替换"选项卡中单击 更多(M) >> 按钮，在弹出的下拉列表中选择对应的选项即可。

> **关键提示——替换单个文本的作用**
>
> 在"替换"选项卡中，还有一个 替换(R) 按钮，单击一次可对单个文本进行替换。设置替换内容后，通过该按钮可以检查当前查找内容是否确需替换。因为使用"全部替换"功能时一旦出现替换错误，将无法正确还原到替换前的格式。

2.1.4 设置文档格式

在为文档输入内容后，为了易于阅读，需要为文档设置格式。设置文档格式主要是通过设置字体格式、段落格式等实现的。

1. 设置字体格式

Word 默认的字体、字号都是相同的，在工作中将这种没有设置字体格式的文档交给其他人浏览，会使浏览者阅读起来非常吃力。为了避免这种情况，就需要对字体设置格式，如将标题字号设置得较大并加粗显示等。在 Word 中为字体设置格式的操作很方便，主要可通过浮动工具栏、"字体"面板和"字体"对话框等设置。下面将讲解设置文档字体格式的方法。

（1）通过浮动工具栏设置

在选择需要设置的文本后，文本旁边将会出现一个浮动工具栏，如右图所示。在该浮动工具栏中可以简单地设置字体格式。需要注意的是，浮动工具栏开始显示时其颜色很淡，当鼠标指针接近浮动工具栏时才会加深显示。浮动工具栏中各常用的工具按钮作用如下。

➲ **"字体"下拉列表框**：单击下拉列表框旁的·按钮，在弹出的下拉列表中可为文本选择所需的字体。若是对字体熟悉，还可直接在文本框中输入字体名称。

➲ **"字号"下拉列表框**：单击下拉列表框旁的·按钮，在弹出的下拉列表中选择需要的字号。一般正文最常使用的字号是 9~11 号。

➲ **"增大字号"按钮 Aˆ和"减小字号"按钮 Aˇ**：单击 Aˆ按钮可增大所选文本的字号，单击 Aˇ按钮可减小所选文本的字号。这组按钮主要用于微调字号大小。

➲ **"加粗"按钮 B、"倾斜"按钮 I 和"下划线"按钮 U**：单击相应的按钮，可对所选文本进行加粗、倾斜和下划线的效果处理。其中，加粗效果常用于标题；下划线效果常用于特别提示的文字部分；倾斜效果由于在大面积使用时不利于浏览，一般用于部分英文标注、名词标注等。

➲ **"字体颜色"按钮 A**：单击"字体颜色"按钮 A 旁的·按钮，在弹出的下拉列表中选择不同的颜色，可为文本设置不同的字体颜色效果。

（2）通过"字体"组设置

在浮动工具栏中能设置字体格式，但可设置的选项相对较少。在日常办公中，用户时常会使用"字体"组来设置文字格式。其方法是：选中文本后，通过【开始】/【字体】组设置。"字体"组的使用方法和浮动工具栏相似，下面讲解其中一些特色按钮的作用。

❍ "下标"按钮 x_2 和"上标"按钮 x^2：单击相应的按钮，可将选择的文字设置为前一个文字的下标或上标。一般用于输入数量单位（如 m^2）或简单的数学公式等。

❍ "文字效果"按钮 Ⓐ：单击该按钮，在弹出的下拉列表中选择相应选项，可为选中的文本添加特殊的文字效果。经常用于在文档中制作标题。

❍ "更改大小写"按钮 Aa：单击该按钮，在弹出的下拉列表中可以将选中的文本定义文本全部大写或全部小写等。

❍ "字符底纹"按钮 Ⓐ：单击该按钮，可为选中的文本添加灰色的底纹。也可当着重符号使用。

❍ "带圈字符"按钮 ㊀：选中文本，单击该按钮，在打开的"带圈字符"对话框中可以设置文本带圈效果，但一次只能设置一个。带圈字符常用于制作一些标题数字效果。

开始

"文字效果"效果

❍ "删除线"按钮 abc：单击该按钮，可为选中的文本添加删除线效果。该功能可在修订文档时使用。

②、秘书的职业态度

"带圈字符"效果

❍ "字符边框"按钮 Ⓐ：选中文本，单击该按钮可以为文本添加边框。

"删除线"效果

适应性 Flexibility

"字符边框"效果

（3）通过"字体"对话框设置

在 Word 中还有一些设置并不常使用，但在制作一些有精确格式要求的文档时会使用，如字间距、字体缩放等。为了方便设置，Word 将这些使用较少的设置集中放置到了"字体"对话框中。可以说，Word 中所有和字体相关的设置都能在"字体"对话框中实现。

下面将在 Word 中输入文本，并在"字体"对话框中设置字体的格式，其具体操作如下：

STEP 01 ▶ 输入文本

启动 Word 2010，在文档中输入"新浪微门户"文本，选中输入的文字。

选择【开始】/【字体】组，设置字体、字号为"幼圆、一号"。

STEP 02 ▶ 选中要编辑的文本

选中"微门户"文本。

选择【开始】/【字体】组，单击右下方的扩展按钮。

STEP 03 ▶ 设置字体选项

打开"字体"对话框，选择"字体"选项卡。

设置"字形"为"倾斜"。

选中☑上标(E)复选框。

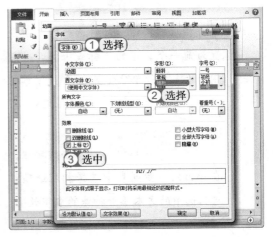

STEP 04 ▶ 设置高级选项

选择"高级"选项卡。

设置"间距、磅值"为"加宽、1.5 磅"。

单击 确定 按钮。

关键提示——在"字体"对话框中查看设置效果

在"字体"对话框中进行设置时，在对话框下方的"预览"栏中可以即时查看到设置后的效果。需要注意的是，当该设置的字号过大或内容过多时，不能完全预览设置效果。

STEP 05 查看效果

返回 Word 工作界面，即可查看到通过"字体"对话框设置的效果。

 关键提示——"字体"对话框的作用

通过"字体"对话框可以对文档中的文本格式进行设置，能实现浮动工具栏和"字体"组的效果，还能进行更多设置，如上标、下标、字母大小和字符间距设置等，为用户提供了更多选择。

2. 设置段落格式

过于紧密或过于松弛的段落排版也会影响阅读。想使输入的文本段落有序、合理地进行排列，就需要用户对文档的段落进行设置。设置段落格式一般都是通过"段落"组以及"段落"对话框进行设置的，下面将讲解其使用方法。

（1）通过"段落"组设置

在 Word 中编辑文档时，一般都是使用"段落"组调整段落格式。其使用方法和"字体"组基本相同，只是"字体"组作用于选中的字体，而"段落"组针对的是选中文本的所在段落。"段落"组中各常用按钮的作用如下。

- ⊃ "居中"按钮≣：选择文本段后，单击该按钮，文本段中的文字即可居中显示。
- ⊃ "增加缩进"按钮≣和"减少缩进"按钮≣：选择文本段后，单击对应的按钮，可改变段落与左边界的距离。
- ⊃ "左对齐"按钮≣：选择文本段后，单击该按钮，将使段落和页面左边距对齐。
- ⊃ "居中对齐"按钮≣：选择文本段后，单击该按钮，将使段落和页面中心对齐。
- ⊃ "右对齐"按钮≣：选择文本段后，单击该按钮，将使段落和页面右边距对齐。
- ⊃ "两端对齐"按钮≣：选择文本段后，单击该按钮。可使段落同时和页面左右边距同时对齐，并根据情况自动调整字间距。
- ⊃ "分散对齐"按钮≣：选择文本段后，单击该按钮，可使段落同时靠页面左右边距对齐，并根据情况自动调整字间距。
- ⊃ "行和段落间距距离"按钮≣：选择文本段后，单击该按钮。在弹出的下拉列表中选择段落中每行的间距。其中磅值越小，行间的距离越窄。

技巧秒杀——快速选择设置段落的方法

在选择要设置格式的段落时，除可将整个文本段选中外，还可直接将光标插入点定位在要设置的段落中，或选中该文本段中的几个字。

（2）通过"段落"对话框设置

在"段落"组中同样也只能对文本段进行简单的设置，要对文本段进行详细的设置，就需要通过"段落"对话框。打开"段落"对话框的方法是：选择文本段后，在【开始】/【段落】组单击右下方的"功能扩展"按钮，打开"段落"对话框，如右图所示。其中，"缩进和间距"选项卡是"段落"对话框中最常使用的选项卡。

2.1.5 插入对象

文本是一个文档的主体，有很多概念性的信息使用文字进行表达时会显得很晦涩，不易于理解，所以很多办公文档中都会添加图片或图形来帮助阅读者整理思路。除此之外，为了美观，一些商业文档中还会添加修饰性的图像，以美化文档页面。在 Word 中插入的对象主要有图片和图形。

1. 插入图片

在文档中适当插入一些图片，可以使阅读更加有趣。Word 中能插入的图片多种多样，主要有剪贴画、图片以及屏幕截图等。下面讲解插入图片的方法。

⊃ 插入剪贴画：将鼠标光标定位到需插入剪贴画的位置，选择【插入】/【插图】组，单击"剪贴画"按钮，在窗口右侧打开"剪贴画"任务窗格的"搜索文字"文本框中输入图片的关键字，单击搜索按钮。在下方的列表框中单击需要的剪贴画可将其插入文档中，如右图所示。

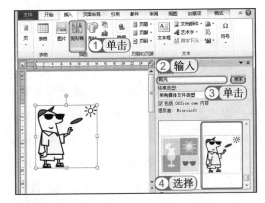

⊃ 屏幕截图：在打开的文档中定位到需插入屏幕截图的位置，选择【插入】【插图】组，单击"屏幕截图"按钮，在弹出的下拉菜单中选择可使用的窗口截图效果，单击选择截图效果将其粘贴到文档中，如右图所示。

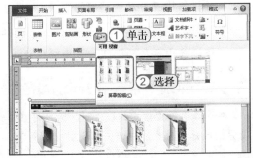

○ 插入图片：将鼠标光标定位到需要插入图片的位置。选择【插入】【插图】组，单击"图片"按钮 。打开"插入图片"对话框,在其中选择需要插入的图片,最后单击 插入(S) 按钮将图片插入到文档中。

2. 插入形状

使用 Word 制作一些说明性图形,如流程图、关系图时,可通过在文档中插入形状来进行。Word 自带了很多常用形状,基本能满足用户制作、绘制各种图形的需要。插入形状的方法很简单：选择【插入】/【插图】组,单击"形状"按钮 ,在弹出的下拉列表中选择需要插入的形状选项。当鼠标指针变成 ✚ 形状时,按住鼠标左键不放并往下拖动鼠标,即可绘制出所选的图形。如下图所示为绘制的"太阳形"形状效果。

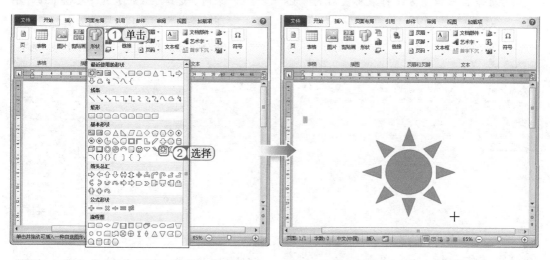

技巧秒杀——绘制标准形状的方法

在插入形状时,按住"Shift"键的同时按住鼠标左键拖动就可绘制一个标准的形状,如正圆、正方形等。若没有按住"Shift"键就使用鼠标拖动,绘制出的图像很可能会不规则。

在绘制直线时,按住"Shift"键的同时按住鼠标左键拖动,可绘制水平、垂直或45°倾斜的直线。

2.2 表格的基础操作

Excel 中，主要的操作都是在单元格中进行的，但单元格都存放于工作表中。所以用户在学习 Excel 之前应该先学习一些工作表以及单元格的基础操作。下面将对其操作方法进行详细讲解。

2.2.1 工作表的基础操作

一个工作簿中可以有多个工作表，只有管理好工作表，才能对工作表中的单元格进行编辑。常见的工作表操作包括新建、选择、移动和复制、删除及更改工作表名称等，下面将讲解其操作方法。

1. 新建工作表

新建工作簿后，会发现其中只有 3 个工作表，而对于一些大型的表格，如资产负债表、工资表等，3 个工作表不能满足工作需要，此时就需要在工作簿中新建工作表。在 Excel 中提供了几种新建工作表的方法，其操作方法如下。

➲ 当需要在所有工作表后新建工作表时，可单击窗口下方工作表标签后的"插入工作表"按钮 。

➲ 当需要在当前使用的工作表前新建工作表时，选择【开始】/【单元格】组，单击"插入"按钮 下方的 ▾ 按钮，在弹出的下拉列表中选择"插入工作表"选项。

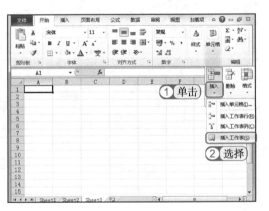

技巧秒杀——其他新建工作表的方法

在工作表标签上右击，在弹出的快捷菜单中选择"插入"命令，打开"插入"对话框，选择"常用"选项卡，并在其中选择"工作表"选项，单击 确定 按钮。

2. 选择单个或多个工作表

在对工作表进行编辑之前，应先选择工作表，将工作表设置为当前状态。在对工作簿进行某些操作时，有时需要用户同时选择多个工作表。常用的工作表选择方法有如下几种。

- 选择单张工作表：单击需要选择的工作表标签，可选择一张工作表。
- 选择多张连续的工作表：选择第一张工作表标签，按住"Shift"键的同时，单击最后一张工作表标签，可选择多张连续的工作表，如下图所示。

| 一季度分析 | 二季度分析 | 三季度分析 | 四季度分析 | |
选择多张连续的工作表

- 选择工作簿中全部的工作表：在工作表标签上右击，在弹出的快捷菜单中选择"选定全部工作表"命令，可选中该工作簿中的所有工作表。
- 选择多张不连续的工作表：按住"Ctrl"键的同时，单击工作表中需要的工作表标签，可选择不连续的多张工作表，如下图所示。

| 一季度分析 | 二季度分析 | 三季度分析 | 四季度分析 | |
选择多张不连续的工作表

3. 移动和复制工作表

在编辑工作表时，为了使工作表更加有条理，有时需要对工作表的位置进行调整，即移动工作表。而有时在制作效果相同的工作表时，为了加快工作效率，可复制工作表。下面将讲解移动工作表以及复制工作表的方法。

- 移动工作表：选择需要移动的工作表，按住鼠标左键不放，当鼠标光标变为 形状时拖动鼠标，将▼标记移动到目标位置时，释放鼠标。
- 复制工作表：选择需要移动的工作表，按住"Ctrl"键的同时按住鼠标左键不放，当鼠标指针变为 形状时拖动鼠标，将▼标记移动到目标位置时，释放鼠标。

4. 删除工作表

若一个工作簿中有不需要的工作表时，应该及时删除。这样有利于阅读，还可减少引用数据错误的情况。删除工作表的方法是：在需要删除的工作表标签上右击，在弹出的快捷菜单中选择"删除"命令。

技巧秒杀——其他删除方法

将需要删除的工作表设为当前工作表，选择【开始】/【单元格】组，单击"删除"按钮 下的 ▼按钮，在弹出的下拉列表中选择"删除工作表"选项，也可删除工作表。

5. 更改工作表的名称

新建工作簿时，工作簿中的 3 个工作表以 Sheet1、Sheet2、Sheet3 命名。这样的命名方式并不利于正常的办公需要，所以在创建了新的工作簿后，很多用户首先会修改工作表的名称。重命名工作表有两种方法，其具体操作方法如下。

◯ **双击工作表标签重命名工作表**：选择需要重命名的工作表标签，双击工作表标签，输入新的工作表名称，最后按"Enter"键确定。

◯ **使用快捷菜单命令**：选择需要重命名的工作表标签，右击，在弹出的快捷菜单中选择"重命名"命令。输入新的工作表名称，然后按"Enter"键确定。

2.2.2 单元格的基础操作

Excel 的所有操作几乎都是针对单元格的，在使用单元格编辑数据前，用户应先为表格构建框架结构。而构建数据表框架就需要用户对单元格进行选择、合并与拆分、插入和删除单元格等操作。下面将详细讲解单元格的基础操作方法。

1. 选择单元格

在对单元格进行各种设置前，需要先选择单元格。Excel 提供了多种选择单元格的方法，以适应用户的各种操作习惯和操作需要，下面将讲解其具体操作方法。

◯ **选择单个单元格**：直接单击需要选择的单元格，或在地址栏中输入单元格的行号和列标，按"Enter"键即可选择该单元格。

◯ **选择相邻的多个单元格**：选择开始单元格，按住鼠标左键不放拖动到结尾单元格；也可在单击选择单元格后，按住"Shift"键的同时，单击选择结尾单元格。

◯ **选择不相邻的多个单元格**：按住"Ctrl"键的同时单击选择需要的单元格，完成选择后释放"Ctrl"键。

◯ **选择一行单元格**：将鼠标指针移动到需要选择的行标记上，当指针变成 ➡ 形状时，单击选择该行。

○ 选择一列单元格：将鼠标指针移动到需要选择的列标记上，当指针变成 ↓ 形状时，单击选择该列。

○ 选择全部单元格：将鼠标指针移动到在行标记和列标记的交叉处的"全选"按钮 ，单击该按钮。或按"Ctrl+A"快捷键选择工作表中全部的单元格。

2. 合并单元格

在工作表中输入标题、表名时，经常会因为其文字太长而无法正常显示，此时可通过合并单元格将几个单元格合并为一个单元格。其方法是：选择需要合并的单元格，再选择【开始】/【对齐方式】组，单击"合并后居中"按钮 旁的 按钮，在弹出的下拉列表中选择需要的合并单元格的方式选项。一般输入标题时，选择"合并后居中"选项。

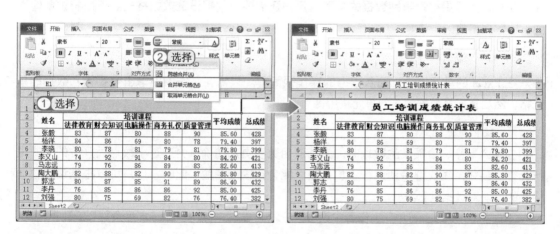

3. 拆分单元格

在后期编辑修改工作表时，若是觉得之前合并的单元格不能满足制表需要，用户还可将已经合并的表格进行拆分。在 Excel 中有两种拆分单元格的方法，分别介绍如下。

○ 选择已合并的单元格，单击【开始】/【对齐方式】组中的"合并后居中"按钮 。

○ 选择已合并的单元格，选择【开始】/【对齐方式】组，单击"合并后居中"按钮 旁的 按钮，在弹出的下拉列表中选择"取消单元格合并"选项。

4. 插入单元格

在编辑表格时，有时会出现漏输入的项目。此时，用户可不用对单元格进行重新输入，只需在添加项目的位置插入一行或一列单元格。插入单元格的方法是：选择需插入位置相邻的一个单元格，选择【开始】/【单元格】组，单击"插入" 按钮旁的 按钮，在弹出的下拉列表中选择"插入单元格"选项，打开"插入"对话框，在其中选择单元格插入方式，单击 确定 按钮。

5. 删除单元格

在编辑表格时，用户可以随意将不需要的单元格删除。删除单元格的方法是：选择需要删除的单元格，再选择【开始】/【单元格】组，单击"删除"按钮 旁的 按钮，在弹出的下拉列表中选择"删除单元格"选项，打开"删除"对话框，在其中选择删除单元格的方式，单击 确定 按钮。

2.2.3　输入并设置数据格式

工作表是由单元格中的数据组成的，所以在单元格中输入数据是最基础也是最重要的操作。此外，为了更好地辨别数据的类型，用户还需要对数据设置数据格式。下面将讲解输入并设置数据格式的方法。

1. 输入数据

在 Excel 的单元格中，输入数据的操作很简单。只需在工作表中单击需要输入数据的单元格，然后直接将数据输入到单元格中即可。

2. 设置数据格式

在输入数字、金额类的数据时，为了使用数字更加精确，会通过小数点后几位的方式进行计算。但如果每次都手动进行添加，很可能会错输或漏输。此时，用户可以根据设置数据格式的方法对数据进行统一。

下面将在"8 月工资单"工作簿中设置"应发工资"、"实发"、"本月余额"的数据格式，其具体操作如下：

资源包\素材\第 2 章\8 月工资单 .xlsx
资源包\效果\第 2 章\8 月工资单 .xlsx

STEP 01 选择单元格

打开"8 月工资单 .xlsx"工作簿，选择"应发工资"、"实发"、"本月余额"下所有的数字数据单元格区域。右击，在弹出的快捷菜单中选择"设置单元格格式"命令。

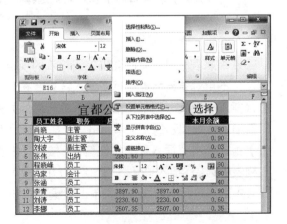

STEP 02 ▶ 设置为数值格式

打开"设置单元格格式"对话框,在"分类"列表框中选择"数值"选项。

选中 ☑使用千位分隔符(,)(U) 复选框。

STEP 03 ▶ 设置为货币格式

在"分类"列表框中选择"货币"选项。

在"货币符号(国家/地区)"下拉列表框中选择"¥"选项。

单击 确定 按钮。

STEP 04 ▶ 查看效果

返回 Excel 操作界面,在任意单元格上单击,即可查看到设置数据类型后的效果。

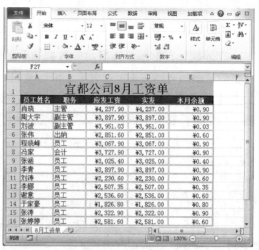

关键提示——为时间设置格式

当在一个工作表中需要输入大量的时间时,可为输入时间的单元格区域设置时间单元格式,这样更加便于时间的输入。

为什么这么做?

为了使金额类数据与普通数字型数据有所区别,最好为金额类数据添加货币符号,且小数位数应设置为两位。此外,为了使工作表样式更加整齐,便于用户查看金额的具体数字,在制作会计类工作表时,尽量都要在金额与货币符号间添加分隔符。

2.2.4 设置单元格大小

在编辑工作表时，经常会出现部分数据不能在单元格中完全显示的情况，为了使工作表中的数据能正常显示，用户需要对工作表中的部分单元格大小进行调整。在 Excel 中，用户可根据需要自行调整单元格的行高和列宽。

1. 设置单元格行高

在编辑一些需要竖排显示的数据的单元格时，需要用户对行高进行设置，使调整后的单元格能显示所有的文本。设置单元格行高的方法是：选择需要调整行高的单元格，再选择【开始】/【单元格】组，单击"格式"按钮 ，在弹出的下拉列表中选择"行高"选项，打开"行高"对话框，在其中设置行高后，单击 确定 按钮。

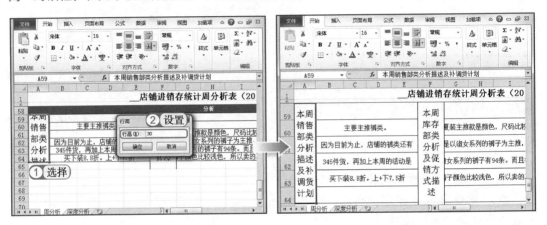

2. 设置单元格列宽

当一列中有部分数据过长时，可以通过设置单元格列宽的方法使该列数据完全显示。设置单元格列宽的方法是：选择需要调整列宽的单元格，再选择【开始】/【单元格】组，单击"格式"按钮 ，在弹出的下拉列表中选择"列宽"选项，打开"列宽"对话框，在其中设置列宽后单击 确定 按钮。

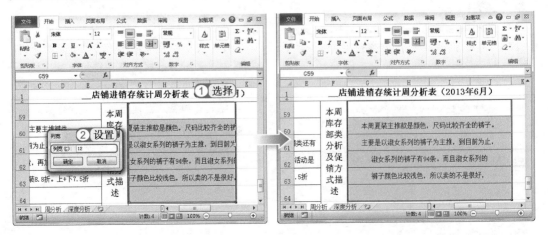

2.2.5　单元格的填充

Excel 表格中，往往需要输入大量相同或是有规则的数据。如果使用传统的手工输入，会降低制作工作表的速度，且非常容易出错。此时，用户可通过 Excel 的自动填充功能为单元格填充数据。下面就讲解使用 Excel 填充相同数据和有规则数据的方法。

1. 填充相同的数据

当需要对一列单元格填充相同的数据时，可先在第一个单元格中输入数据，再选择该单元格，将鼠标指针移至单元格的右下角，当指针变为＋形状时，按住鼠标左键向下拖动，到需要填充的最后一个单元格后释放鼠标。

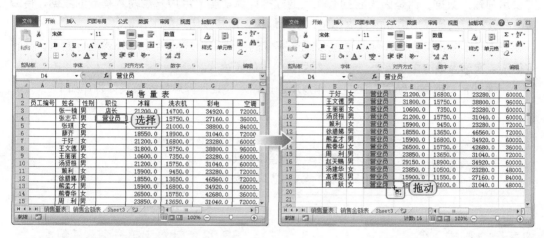

2. 填充有规律的数据

当需要在工作表中输入有规律的数字数据（如编号）时，可以通过自动填充功能在单元格列中输入有规律的数据。填充有规律的数据方法是：在第一、二个单元格中输入数据并选择这两个单元格，将鼠标指针移至单元格的右下角，当指针变为＋形状时，按住鼠标左键向下拖动，到需要填充的最后一个单元格后释放鼠标。

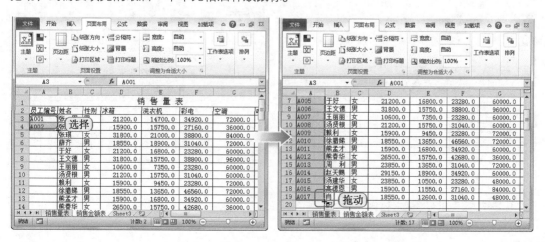

技巧秒杀——填充数列数据

若想输入按数列变化的数据，如填充1、3、5、7、9变化的数列，可在要填充数列的第一
个单元格中输入1，再在第2个单元格中输入3，选中这两个单元格后，使用鼠标拖动至结尾
单元格，释放鼠标，即可看到该列中的数据已经被填充为了1、3、5、7、9这样的数据。

2.2.6　计算数据

Excel作为一个优秀的数据处理软件，并不是因为其工作表中分布了一个个的单元格，能
方便用户输入数据，而是因为它拥有强大的数据计算功能，用户只需输入基础的数据，再通
过一些公式就能计算出需要的数据结果，从而能极大地减少用户的工作量。

在Excel中要实现计算都是通过公式来完成的，使用公式前需要对公式进行输入，其特
定语法或次序为最前面是等号"="，然后是公式的表达式。

下面就在"销售业绩表.xlsx"工作簿中通过输入公式计算总量，其具体操作如下：

示例
文件
资源包\素材\第2章\销售业绩表.xlsx
资源包\效果\第2章\销售业绩表.xlsx

STEP 01▶ 输入公式

打开"销售业绩表.xlsx"工作簿，选
择K3单元格。

在编辑栏中输入"=D3+E3+F3+G3"。

STEP 02▶ 计算出第一个总量数据

按"Enter"键，即可查看到计算出的第一
个总量。

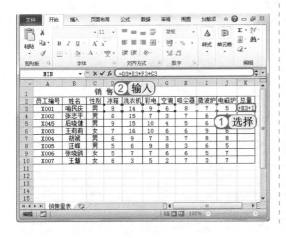

STEP 03 为其他单元格填充公式

保持 K3 单元格的选中状态。将鼠标指针移至单元格的右下角，当指针变为 **+** 形状时，按住鼠标左键向下拖动到 K10 单元格上释放鼠标。

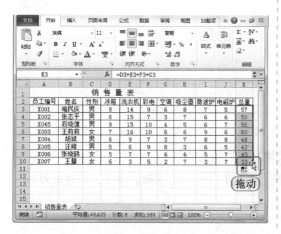

 为什么这么做？

先为一个单元格输入公式，再使用自动填充的方法，填充其他单元格的公式。这种手法可以尽可能地简化操作，计算数据过程中经常会使用的方法。

技巧秒杀——公式的编辑技巧

在编辑栏中输入单元格地址时，可以不区分单元格地址的大小写。

若想修改公式，只需选择需要修改公式的单元格，在编辑栏中单击定位光标，按 "Backspace" 键删除原来的公式后，再输入新的公式即可。

2.3 幻灯片的基本操作

现在大多数的公司会议都离不开幻灯片，一个好的幻灯片会极大地提高会议的效果。制作幻灯片是每个公司员工都会遇到的事情，想要制作出好的幻灯片也并不困难。在学习制作幻灯片之前，还应该知道一些基础操作方法。

2.3.1 编辑幻灯片

演示文稿是由幻灯片组成的，播放演示文稿才能将一张张幻灯片播放出来。在制作演示文稿时，需要对幻灯片一张一张地进行编辑、制作。下面将讲解编辑幻灯片的一些基本操作方法。

1. 新建幻灯片

新建演示文档后，演示文档中只包含了一张空白幻灯片，为了完成整个演示文稿的制作就需要新建幻灯片。由于新建幻灯片是制作演示文档时经常用到的操作，所以新建幻灯片有多种方法，分别介绍如下。

⊃ **通过快捷菜单命令添加**：在"大纲/幻灯片"窗格任意位置右击，在弹出的快捷菜单中选择"新建幻灯片"命令，即可添加新幻灯片。

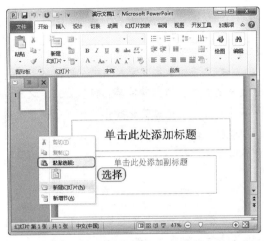
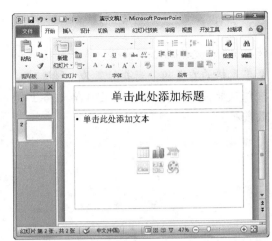

⊃ 使用快捷键添加：将鼠标光标定位于"大纲／幻灯片"窗格中任意位置，按"Enter"键、"Ctrl+Enter"快捷键或"Ctrl+M"快捷键，都可添加幻灯片。

⊃ 单击"新建幻灯片"按钮 添加：选择【开始】/【幻灯片】组，单击"新建幻灯片"按钮 ，添加新幻灯片。

技巧秒杀——为幻灯片应用版式

为了更快地编辑幻灯片，可以在新建幻灯片时应用版式。应用版式后，用户可直接编辑版式中的占位符，在其中输入文本或是插入图片。为幻灯片应用版式的方法是：选择【开始】/【幻灯片】组，单击"新建幻灯片"按钮 下的▼按钮，在弹出的下拉列表中选择需要的版式。

2. 选择幻灯片

在演示文稿中编辑、操作幻灯片前，需要先选择幻灯片。为了满足多种编辑需求，用户在"幻灯片"窗格、"大纲"窗格或幻灯片浏览视图中都可以选择幻灯片，且操作方法基本相同，下面将讲解其操作方法。

⊃ 选择单张幻灯片：将鼠标指针移动到幻灯片缩略图上，单击可选择单张幻灯片。

⊃ 选择相邻的多张幻灯片：单击要选择的相邻幻灯片中的第一张幻灯片，按住"Shift"键的同时单击要选择的最后一张幻灯片，将选择两张幻灯片之间的所有幻灯片。

⊃ 选择不相邻的多张幻灯片：单击要选择的不相邻幻灯片中的第一张幻灯片，按住"Ctrl"键的同时依次单击需要选择的其他幻灯片，将选择多张不相邻的幻灯片。

3. 删除幻灯片

若一次新建了过多的幻灯片或演示文稿中出现了多余的幻灯片，为了不影响放映效果，最好将其删除。在演示文稿中删除幻灯片主要有以下两种操作方法。

⊃ 通过快捷菜单删除幻灯片：在要删除的幻灯片上右击，在弹出的快捷菜单中选择"删除幻灯片"命令。

➲ **使用键盘删除幻灯片**：选择要删除的幻灯片，按“Delete”键删除幻灯片。

4. 移动幻灯片

制作完成幻灯片后，若放映幻灯片时，检查发现幻灯片顺序不对，可调整幻灯片顺序。用户可以在“大纲”窗格、“幻灯片”窗格或幻灯片浏览视图中移动幻灯片，其操作方法大致相同。下面讲解在“幻灯片”窗格中移动幻灯片的两种方法。

➲ **使用快捷菜单移动**：选择幻灯片后右击，在弹出的快捷菜单中选择“剪切”命令，在目标位置处右击，在弹出的快捷菜单中选择相应的“粘贴”命令。

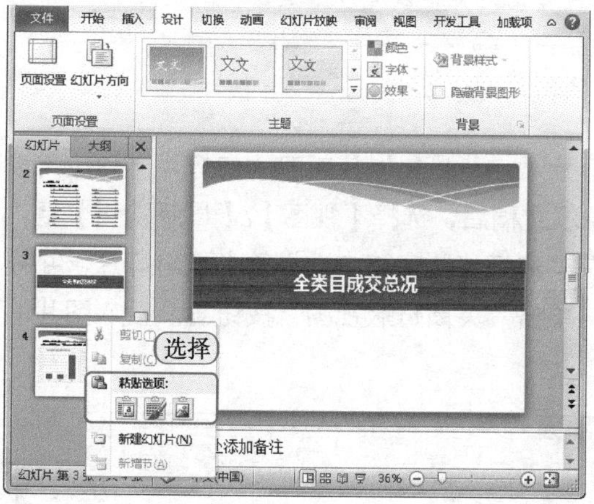

➲ **拖动鼠标移动**：选择幻灯片后，将其拖动到目标位置，此时将出现一条横线，释放鼠标后，幻灯片将移动到该位置。

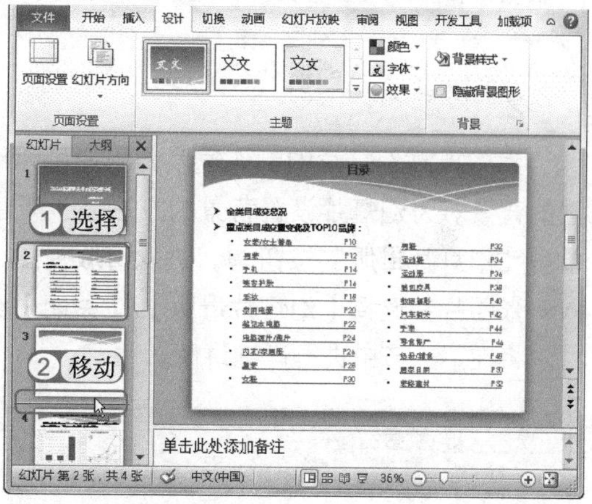

2.3.2 主题和母版的使用

为了降低用户的工作量，PowerPoint 提供了主题和母版两种功能，使用它们能快速地对演示文稿进行制作。下面讲解主题和母版的使用方法。

1. 使用主题

为了能快速编辑演示文稿，PowerPoint 在其内部集成了几种常用、美观的幻灯片主题。所谓主题，就是说 PowerPoint 已经将背景设置好，用户只需输入文本即可。使用这些主题可以快速地对开始页、内容页以及结束页进行文字编辑。为幻灯片应用主题的方法很简单：新建幻灯片后，选择【设计】/【主题】组，在 Office 主题列表框中选择一种适合讲解内容的幻灯片主题，返回 PowerPoint 工作界面，即可查看到应用主题后的效果。

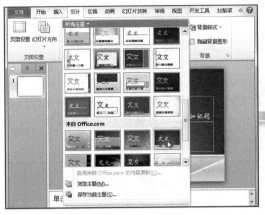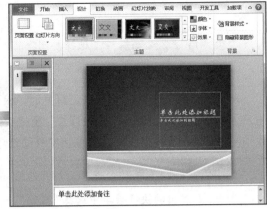

关键提示——主题的使用技巧

　　用户可以在制作完演示文稿后再对演示文稿应用主题，但在应用主题时很可能造成标题、图像的位置移动等情况。因此，用户最好在编辑制作幻灯片前就先应用主题。

2. 设置幻灯片背景

　　为了提高幻灯片的制作速度，用户可为幻灯片添加背景，以使新建的幻灯片自动应用设置的背景。为幻灯片设置背景的方法是：新建演示文稿后，选择【视图】/【母版视图】组，单击"幻灯片母版"按钮▣，进入母版视图，在"幻灯片"窗格中选择第1张幻灯片，并插入一张图片；选择【幻灯片母版】/【关闭】组，单击"关闭母版视图"按钮▣。插入图片的方法将在下一节中进行详细讲解。

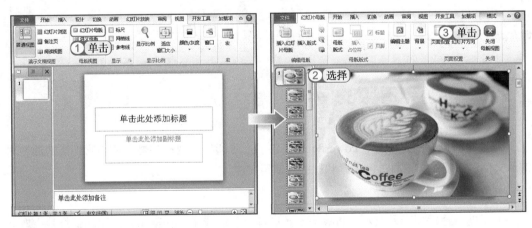

2.3.3　丰富幻灯片内容

　　在新建演示文稿后，用户还需要在其中的幻灯片中添加文本、图片等内容。下面讲解在幻灯片中添加项目符号和编号、编辑占位符以及插入图片的方法。

1. 添加项目符号和编号

在制作幻灯片时，为了减少文字的数量，并说清楚要阐述的观点，一般会在幻灯片中添加很多项目符号和编号。项目符合和编号是制作演示文稿的一个要素。下面讲解在幻灯片中添加项目符号和编号的方法。

◐ **添加项目符号**：将鼠标光标定位在需要添加项目符号的位置，选择【开始】/【段落】组，单击"项目符号"按钮▤旁的▾按钮，在弹出的下拉列表中选择需要添加的项目符号。

◐ **添加编号**：将鼠标光标定位在需要添加编号的位置，选择【开始】/【段落】组，单击"编号"按钮▤旁的▾按钮，在弹出的下拉列表中选择需要添加的编号。

2. 编辑占位符

新建幻灯片后，幻灯片上会出现如"单击此处添加标题"、"单击此处添加文本"这样的文本，这些文本被称为"占位符"，用于快速地在幻灯片中输入文本。用户只需将鼠标光标定位在其中即可进行输入。输入文本后，为了使幻灯片中编辑的文本更符合讲解的内容，用户需要对占位符进行编辑，下面讲解编辑占位符的方法。

◐ **移动占位符**：将鼠标指针移动到占位符边框上，当指针变为✛形状时，按住鼠标左键不放，拖动鼠标至目标位置处释放鼠标。

◐ **旋转占位符**：将鼠标指针移动至占位符边框上突出来的绿色圆点上，当指针变为↻形状时。按住鼠标左键不放，拖动至目标位置处松开鼠标，可旋转占位符。

◐ **复制占位符**：将鼠标指针移动到占位符边框线上，按住"Ctrl"键的同时拖动鼠标至目标位置处释放，可复制占位符。

◐ **删除占位符**：选择占位符边线，按"Delete"键可删除占位符。

技巧秒杀——其他输入文本的方法

在 PowerPoint 中除了可在占位符中输入文本外，还可通过文本框输入文本。其方法是：选择【插入】/【文本】组，单击"文本框"按钮，使用鼠标在幻灯片上拖动，绘制文本框，然后在绘制的文本框中输入文本。

3. 插入图片

要使幻灯片变得生动，需要在幻灯片中添加很多说明性的图片。PowerPoint 提供了多种插入图片的方式，下面讲解最常用的两种方式。

○ **通过选项组插入**: 选择【插入】/【图像】组，单击"图片"按钮，在打开的"插入图片"对话框中选择需要插入的图片，单击 插入(S) 按钮。

○ **通过占位符插入**: 在占位符中单击按钮，在打开的对话框中选择需要插入的图片，单击 插入(S) 按钮。

2.3.4 为对象添加动画

PowerPoint 之所以能被广大行业所接受，不仅因为其容易编辑、方便放映，还因为 PowerPoint 具有动画功能。用户在演示文稿中为对象添加动画之后，可以使整个演示文稿变得鲜活，更加便于观赏者对演示文稿内容的理解。对演示文稿中的对象添加动画的方法是：选择需要添加动画的对象，再选择【动画】/【动画】组，单击"动画样式"按钮，在弹出的下拉列表中选择需要添加的动画选项即可。

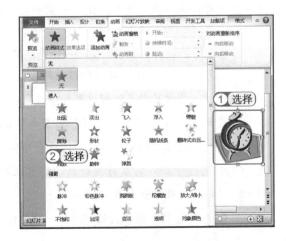

2.3.5　放映幻灯片

在制作完演示文档后，并不是真正地完成了幻灯片制作。在制作完成后，为了确保演示文稿播放时没有问题，还需要对幻灯片进行试放。

1. 放映幻灯片

放映幻灯片后，默认情况下演示文稿会按照设置的顺序进行播放。在 PowerPoint 中有多种放映方法，其操作方法如下。

⊃ **从第一张幻灯片开始播放**：选择【幻灯片放映】/【开始放映幻灯片】组，单击"从头开始"按钮 。

⊃ **从当前幻灯片开始播放**：选择【幻灯片放映】/【开始放映幻灯片】组，单击"从当前幻灯片开始"按钮 ，或在键盘上按"F5"键。

⊃ **从视图栏播放**：在操作界面下方的视图栏中，单击"幻灯片放映"按钮 ，将从第一张幻灯片开始播放。

2. 放映时切换幻灯片

在播放时，有时需要回播上一张幻灯片或快速放映下一张幻灯片，此时就可以通过切换的方式播放幻灯片。在 PowerPoint 中通过了两种方式来切换幻灯片，分别介绍如下。

⊃ **通过单击切换**：在幻灯片的放映视图上单击，即可播放下一张幻灯片。这是 PowerPoint 中最常使用的切换方式。

⊃ **通过快捷菜单切换**：在幻灯片的放映视图上右击，在弹出的快捷菜单中选择"上一张"或"下一张"命令，快速切换幻灯片。

3. 结束放映

在幻灯片放映到一半时，有时需要结束幻灯片放映。在 PowerPoint 中结束放映的方法有如下几种。

⊃ 放映完整个演示文稿后，屏幕中会出现黑屏并提示"放映结束，单击鼠标退出"，此
时单击鼠标可结束放映，按键盘上的"Esc"键也可结束放映。

⊃ 在幻灯片的放映视图上右击，在弹出的快捷菜中选择"结束放映"命令。

⊃ 单击幻灯片放映视图左下方的控制按钮，在弹出的快捷菜单中选择"结束放映"
命令。

2.4 高手过招

1. 去掉文本格式

在 Word 中为文本设置完格式后，若对设置的格式不满意，想去掉段落的文本格式，只需
选中需要去掉格式的文本，选择【开始】/【字体】组，单击"清除格式"按钮即可。

2. 锁定单元格

使用 Excel 制作一些特殊的工作表时，如果某些单元格不想被其他用户修改，此时就需
要对单元格进行锁定保护。锁定单元格的方法是：选择需要保护的单元格，选择【开始】/【单
元格】组，单击"格式"按钮，在弹出的下拉列表中选择"锁定单元格"选项。

3. 快速定位幻灯片

使用 PowerPoint 放映幻灯片时，若需要指定放映某页，可通过快速定位幻灯片功能，跳
转放映某页幻灯片。其方法是：在幻灯片的放映屏幕上右击，在弹出的快捷菜单中选择"定
位至幻灯片"命令，在弹出的子菜单中选择定位到的幻灯片的名称，即可快速定位到所需幻
灯片中。

本章将对在企业日常行政办公中经常使用到的请假条、来访者登记表、个人工作总结、活动安排文档、会议通知等文档进行制作和编辑。通过这些实例的制作使用户对文字的输入、表格的插入与编辑、批注功能的使用、图形的绘制等操作有一定的了解，并将其运用到实际的工作生活中。

Word 2010 ▶

C第 3 章
Chapter

Word 与日常行政办公

3.1 制作请假条

本例将制作请假条，它在日常行政办公中经常用到。通过表格可以统一规范请假条的写作格式，并将请假的重要信息列举出来，使审批者能更快、更有效率地对请假条进行批示，其最终效果如下图所示。

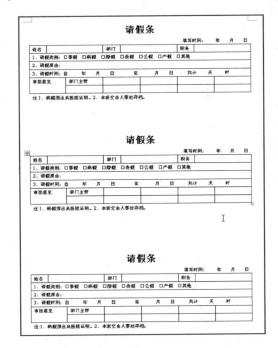

资源包 \ 效果 \ 第 3 章 \ 请假条 .docx
资源包 \ 实例演示 \ 第 3 章 \ 制作请假条

◎ 案例背景 ◎

请假条是各行各业生产、办公中都会用到的一种应用文。请假条的意义可大可小，但由于人们的不够重视，往往造成了很多笑话。请假条的规范反映了公司管理制度的严谨，所以越是大型的公司，对请假条的要求越高。请假一般分为病假和事假，所以在制作请假条时可将常见的请假理由分别列出。除此之外，请假时间在请假条的制作中也有重要的作用。

对于大型的公司来说，公司内部往往有很多繁杂的事务。所以在处理请假申请时，可能会需要几个不同上级领导的同意。

要完成本例的制作，需要掌握几个关键知识点。这几个关键知识点的内容以及其知识的难易程度如下：

⊃ 在文档中输入文字（★）　　　　⊃ 设置文档格式（★）

⊃ 为请假条制作表格（★★）　　　⊃ 设置打印效果（★★）

3.1.1　输入请假条标题并插入表格

本例需要先新建文档，再在其中输入请假条标题并插入表格，其具体操作如下：

STEP 01 ▶ 输入请假条标题

新建空白文档，在文档第一排输入"请假条"文本。选中输入的文本，选择【开始】/【段落】组，单击"居中"按钮▤。

再选择【开始】/【字体】组，单击"加粗"按钮 **B**，最后设置字号为"小二"。

STEP 02 ▶ 输入并设置时间文本

按"Enter"键，换行输入"填写时间：　年　月　　日"文本。

选中输入的文本，选择【开始】/【段落】组，单击"文本右对齐"按钮▤。再选择【开始】/【字体】组，单击"加粗"按钮 **B**，取消加粗状态，最后设置字号为"小五"。

为什么这么做？

在插入表格前最好先输入表格标题，这样更加利于对表格进行定位，以免反复对表格位置进行调整。

STEP 03 ▶ 插入表格

在第 3 行行首单击，将鼠标光标移动到该位置。选择【开始】/【段落】组，单击"文本左对齐"按钮≡，使表格左对齐。

选择【插入】/【表格】组，单击"表格"按钮▦。在弹出的下拉列表中选择"插入表格"选项。

STEP 04 ▶ 查看导入数据后的效果

打开"插入表格"对话框，在其中设置"列数"、"行数"均为"6"。单击 ▢确定▢ 按钮，插入一个 6 行 6 列的表格。

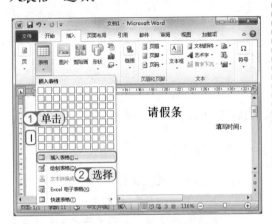

关键提示——表格相关知识

表格是由交叉的行和列组成的小方格组成，每个小方格又被称为单元格。单元格用于存放表格信息。

3.1.2 编辑请假条表格

在插入表格后，为了满足表格制作的需要，用户还需要对插入的表格进行编辑，其具体操作如下：

STEP 01 ▶ 合并第 2 行的所有单元格

将鼠标指针移动到表格第 2 行，当指针变成↗形状时单击，选中第 2 行的所有单元格。

在选中的单元格上右击，在弹出的快捷菜单中选择"合并单元格"命令。

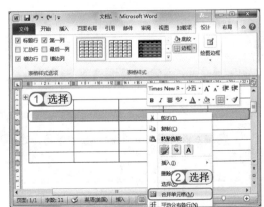

STEP 02 ▶ 合并其他单元格

　　使用相同的方法，对第 3 行和第 4 行的所有单元格进行合并。

　　再选择第 5 行和第 6 行的第一个单元格进行合并。

STEP 03 ▶ 输入内容

单击相应的单元格，在表格中输入如下内容。

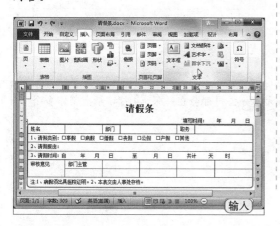

STEP 04 ▶ 调整单元格大小

　　将鼠标指针移动到第 1 行的第 2 个单元格左下方，当指针变为 ▰ 形状时单击，选择第 1 行的第 2 个单元格。

　　将鼠标指针移动到第 1、2 个单元格中间的分割线上，当指针变为 ┿ 形状时，向左拖动鼠标，释放鼠标减小单元格列宽。

STEP 05 ▶ 调整其他单元格大小

使用相同的方法，对第 1 排中的"部门"以及"职务"单元格的大小进行调整。

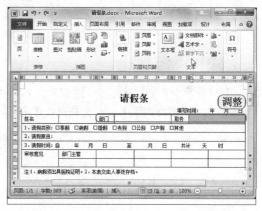

关键提示——插入特殊符号

　　在表格中输入"□"符号时，可选择【插入】/【符号】组，单击"符号"按钮 Ω。在弹出的下拉列表中选择"其他符号"选项。在打开的"符号"对话框中选择"□"符号后单击 插入(I) 按钮即可。

3.1.3　复制并打印请假条

制作完成后，用户就可以将请假条打印出来，以便随时使用，其具体操作如下：

STEP 01 ▶ 复制请假条

　　按"Ctrl+A"快捷键，选中制作的整个请假条。再按"Ctrl+C"快捷键，复制请假条。在请假条下方，按3次"Enter"键换行。

　　按"Ctrl+V"快捷键，粘贴请假条。使用相同的方法再粘贴一次请假条。

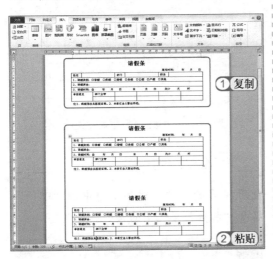

STEP 02 ▶ 设置打印效果

　　选择【开始】/【打印】组，在右边的"打印机"下拉列表框中选择可使用的打印机。

　　在"份数"数值框中输入"10"。最后单击"打印"按钮。

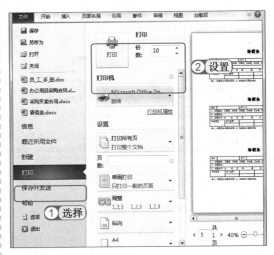

为什么这么做？

　　由于请假条内容较少，为了节约办公资源。大部分公司都会在一张A4打印纸上制作多个请假条，将它们打印下来后，再分别裁剪使用。

3.1.4　关键知识点解析

　　在制作本例所需要的关键知识点中，"在文档中输入文字"和"设置文档格式"知识已经在前面的章节中进行了详细介绍，此处不再赘述，其具体的讲解位置分别如下：

⊃ 在文档中输入文字：该知识的具体讲解位置在第 2 章的 2.1.1 节。

⊃ 设置文档格式：该知识的具体讲解位置在第 2 章的 2.1.4 节。

1. 插入表格

在 Word 中用户不但可通过"插入表格"对话框为文档插入表格，还可通过其他方法快速插入表格，现对其分别进行具体讲解。

（1）通过下拉列表框插入创建表格

通过下拉列表框插入表格可以快速创建表格，其方法是：选择【插入】/【表格】组，单击"表格"按钮▦。在弹出的下拉列表上方的矩形方阵中拖动鼠标，确定要插入的表格列数、行数，此时表格最上方将显示选择的列数、行数的表格，选择完成后释放鼠标即可插入表格。

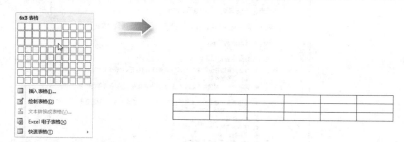

（2）通过绘制表格创建表格

若想创建精确的表格，用户还可直接使用绘制表格工具创建表格。其方法是：选择【插入】/【表格】组，单击"表格"按钮▦，在弹出的下拉列表中选择"绘制表格"选项。此时，鼠标指针变为 ✐ 形状，将指针移动到需要添加单元格分割线开始的位置，并拖动到需要添加单元格分割线结束的位置。释放鼠标即可为表格中绘制一条分割线。

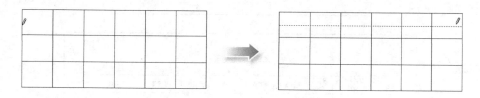

2. 调整单元格大小

插入表格后，为了表格的美观，用户还需对单元格的高度和宽度进行调整。常用的调整单元格大小的方法有两种，其具体操作如下。

⊃ 使用鼠标直接拖动：将鼠标指针移动到需要调整的单元格中间的分割线，当指针变为 ╬ 和 ÷ 形状时，拖动鼠标调整单元格大小。

⊃ 通过标尺调整：将鼠标指针移动到需要调整的单元格上方或左方对应的标尺游标上，拖动游标即可调整单元格大小。

3.2 制作来访者登记文档

本例将制作来访者登记制度文档以及来访者登记表，通过配合使用登记制度和来访者登记表，可以更快记录下来访者的各种信息，以便于管理者对来访人员的整体管理，其最终效果如下图所示。

来访人员登记制度

1. 非本单位人员不得随意进入。对需要进入本单位的来访人员，岗位值班人员有责任认真查验来访者的身份，并填写《来访人员登记表》，征得被访人员同意后，准予放行。

2. 来访人员一天内多次访问同一位领导或员工时，需再次登记，切勿随意修改访问时间。

3. 来访人员需要登记以下内容：
   ◆ 持本人有效身份证件（身份证、驾驶证、暂住证、社保卡、士兵证、军官证和警察证等法定证件）
   ◆ 携带物品（如携带有危险物品，应请来访者将物品妥善保管在公司外）
   ◆ 来访事由（敏感行业人员要提醒被访者，并提示来访人员勿随意走动"如业务员、快件投递员等"）
   ◆ 来访时间
   ◆ 被访者住所
   ◆ 离开时间
   ◆ 其它需要添加备注的事项

4. 装修施工人员凭物业服务中心发放的临时出入证进出小区，出入证超过有效期的应予以没收。

5. 严格执行《来访登记制度》，做好登记内容以便需要时查验。

中国电力

2013 年 7 月 15 日

				来访人员登记表				
日期： 年 月				中国电力公司				
姓名	有效证件号（电话号码）	被访入房号	来访事由	来访时间	值班员	离开时间	值班员	备注

◎ 案例背景 ◎

　　一般需要信息严格保密的企业或者事业单位都会使用来访者登记表。与来访者登记表对应的则是来访者登记制度，通过来访者登记制度的引导以及说明，可以让来访者更好地对登记表进行填写。

　　在来访者登记制度中，需要将登记的内容，如需携带证件、来访事由、被访者姓名、所在位置、来访时间、来访者需注意事项等明确列举出来。

　　在制作来访者登记表时，需要简明扼要地列举出来访者需要填写的信息，对于已经有 VI 系统（视觉识别系统）的企业或事业单位可在表格中添加自己特有的 Logo 底纹或在表头添加 Logo 标志。以使来访者对填写登记表有更多的认识，从而更好地支持登记工作。

◎ 关键知识点 ◎

　　要完成本例的制作，需要掌握几个关键知识点。这几个关键知识点的内容以及其知识的难易程度如下：

⊃ 添加项目符号和编号（★★）　　⊃ 绘制形状（★★）

⊃ 使用艺术字（★★★）　　⊃ 添加水印（★★★）

⊃ 插入图像（★★★）　　⊃ 插入表格（★★★）

3.2.1　输入、编辑来访者制度内容

　　在制作来访者登记表前需要先输入并编辑来访者登记制度，以便更好地理清来访者登记表的结构，其具体操作如下：

STEP 01 ▶ 输入内容

新建一个 Word 文档，打开"来访者登记制度 .txt"文档。参照纯文本文档内容输入来访者登记制度，并设置"字号"为"四号"。

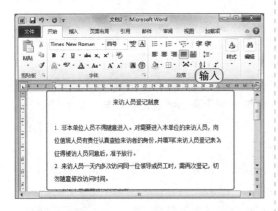

关键提示——其他可加入内容

在进入部分企业或事业单位时，还需抵押有效身份证件，并发给通行证。这类单位可将以上两点加入登记制度备注中。

STEP 02 ▶ 添加项目符号

选择第 3 条、第 4 条中间的来访人员需要登记以下内容。

选择【开始】/【段落】组，单击"项目符号"按钮▤旁的▾按钮。在弹出的下拉列表中选择第 10 个选项。

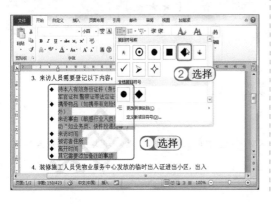

STEP 03 ▶ 设置编号

选择第 1 条内容，选择【开始】/【段落】组，单击"编号"按钮▤。

使用相同的方法为第 2 条～第 5 条设置编号。

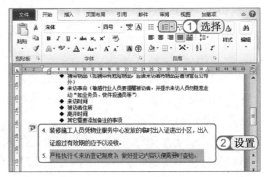

关键提示——善于为文档分层

通过对文档添加编号以及项目符号可以使文档的结构更加清晰、易读。越长的文档越需要适当添加编号以及项目符号。

STEP 04 ▶ 绘制圆形

选择【插入】/【插图】组，单击"形状"按钮⬚。在弹出的下拉列表中选择"椭圆"选项。按住"Shift"键的同时在文档下方的"中国电力"文本上拖动绘制圆形。

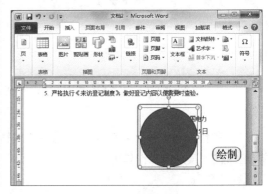

STEP 05 ▶ 编辑圆形

选择【格式】/【形状样式】组，单击"形状轮廓"按钮 ✍ 旁的 ▾ 按钮。在弹出的下拉列表中选择"无填充颜色"选项。

单击"形状填充"按钮 ❧ 旁的 ▾ 按钮，在弹出的下拉列表中选择"红色"选项。

单击"形状填充"按钮 ❧ 旁的 ▾ 按钮，在弹出下拉列表中选择【粗细】/【3磅】选项。

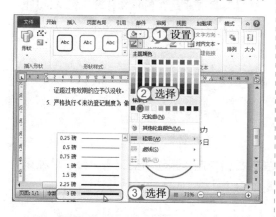

STEP 06 ▶ 插入艺术字

选择【插入】/【文本】组，单击"艺术字"按钮 。在弹出的下拉列表中选择第 2 个选项。在"请再次输入您的文本"框中输入"深圳市中国电力有限责任公司"。

单击"文本填充"按钮 ▲ 旁的 ▾ 按钮。在弹出的下拉列表中选择"红色"选项。

单击"文字效果"按钮 ⒜，在弹出的下拉列表中选择【阴影】/【无阴影】选项。

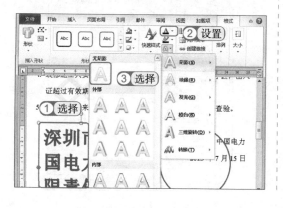

STEP 07 ▶ 设置艺术字

再次单击 ⒜ 按钮，在弹出的下拉列表中选择【转换】/【上弯弧】选项。

选择艺术字左边的控制点，将其向左拖动使艺术字弯曲。最后将其移动到绘制的圆圈中。

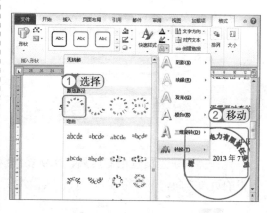

STEP 08 ▶ 绘制编辑五角星

选择【插入】/【插图】组，单击"形状"按钮 。在弹出的下拉列表中选择"五角星"选项。使用鼠标拖动在圆圈中绘制五角星。

选择【格式】/【形状样式】组，单击"形状填充"按钮 ❧ 旁的 ▾ 按钮，在弹出的下拉列表中选择"红色"选项。单击"形状轮廓"按钮 ✍ 旁的 ▾ 按钮。在弹出的下拉列表中选择"红色"选项。

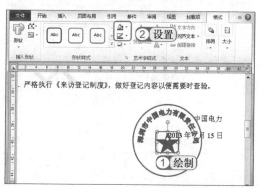

STEP 09 编辑文档标题

选中标题，再选择【开始】/【字体】组。
设置"字体、字号"为"黑体、小一"。

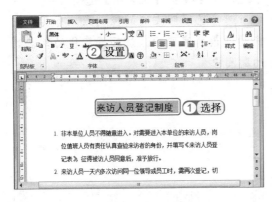

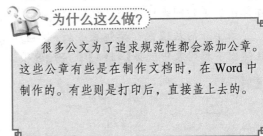

为什么这么做？

很多公文为了追求规范性都会添加公章。这些公章有些是在制作文档时，在 Word 中制作的。有些则是打印后，直接盖上去的。

3.2.2 编辑来访者登记表

制作完来访人员登记制度后，本例将继续在该文档中制作来访者登记表，为了单独设置表格的页面方向，下面将插入一页，其操作步骤如下：

STEP 01 插入分页符

将鼠标光标定位在文档最后。选择【页面布局】/【页面设置】组，单击"分隔符"按钮。在弹出的下拉列表中选择"分页符"选项。

STEP 02 设置第 2 页纸张方向

单击【页面布局】/【页面设置】组右下角的 按钮。

打开"页面设置"对话框，在"纸张方向"栏中选择"横向"选项。再在"应用于"下拉列表框中选择"插入点之后"选项。

单击 确定 按钮。

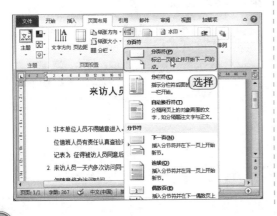

为什么这么做?

若用户不在"页面设置"对话框的"应用于"下拉列表框中选择"插入点之后"选项,则该文档中所有的页都将应用一种纸张方向,而不会出现不同页使用不同纸张方向的效果。最后就会出现来访人员登记制度无法在一页中显示完整。

STEP 03 输入标题和信息

在第二页的第一行输入"来访者登记表"文本,并设置"字体、字号、对齐方式"为"黑体、小二、居中"。

按"Enter"键换行,输入"日期:年 月"文本,选中输入的文本。选择【开始】/【字体】组,单击"下划线"按钮 U,为选中的文本添加下划线。

继续在第二行输入"中国电力公司"文本,并使用相同的方法为文本添加下划线。

STEP 04 插入表格并输入表头

按"Enter"键换行,插入一个 9 列 20 行的表格。在表格第一行分别输入"姓名、有效证件号(电话号码)、被访人房号、来访事由、来访时间、值班员、离开时间、值班员、备注"等文本。根据输入文本的情况调整表格的列宽。

选中表格第一排的所有文字。选择【开始】/【字体】组,单击"加粗"按钮 B。

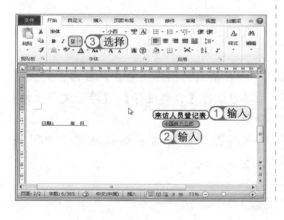

关键提示——制作来访人员登记表的注意事项

由于登记表中部分信息很长,所以需要用户将如填写证件号、地址这一类的单元格设置得比较宽。此外,为了应对、记录一些可能会出现的情况,最好在登记表中添加"备注"列,以方便管理者翻阅了解事情的大致情况。来访人员登记表主要用于记录来访者的来访情况,为了便于后期查阅不需要做太多的设计。

STEP 05 ▶ 添加水印

　　将鼠标光标定位在表格任意位置。选择【页面设置】/【页面背景】组，单击"水印"按钮 🖾 。在弹出的下拉列表中选择"自定义水印"选项。

　　打开"水印"对话框，选中 ⦿ 文字水印(X) 单选按钮。设置"文字、字体"为"中国电力、黑体"，单击 确定 按钮。

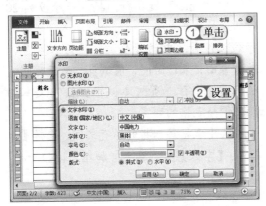

技巧秒杀——删除水印

　　如果想将文档中已应用的水印删除，可以通过两种方法：
- 单击"水印"按钮 🖾 。在弹出的下拉列表中选择"删除水印"选项。
- 打开"水印"对话框，在其中选中 ⦿ 无水印(N) 单选按钮，最后单击 确定 按钮确定删除。

关键提示——添加水印的文档

　　并不是所有正式的文档都需要添加水印。为文档添加水印主要有两方面的作用：一是美观，使文档整体看起来更加美观实用，如添加口号、公司名称等；二是有实际警示作用，如一些内部传阅的学习文件会添加机密、绝密水印。

STEP 06 ▶ 插入 LOGO

　　将鼠标光标定位在表格标题前，选择【插入】/【插图】组，单击"图片"按钮 🖾 。打开"插入图片"对话框。在其中选择"中国电力 LOGO.png"图像文件。

　　单击 插入(S) ▾ 按钮。

STEP 07 ▶ 设置图像自动换行模式

　　在插入的图像上右击，在弹出的快捷菜单中选择【自动换行】/【浮于文字上方】命令。

　　将图像移动到表格标题前方中间的位置。

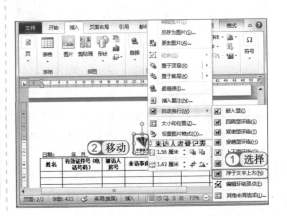

3.2.3 关键知识点解析

制作本例所需要的关键知识点中，"绘制形状"、"插入图像"和"插入表格"等知识已经在前面的章节中进行了详细介绍，此处不再赘述，其具体的位置分别如下。

⮕ **绘制形状**：该知识的具体讲解位置在第 2 章的 2.1.5 节。

⮕ **插入图像**：该知识的具体讲解位置在第 2 章的 2.1.5 节。

⮕ **插入表格**：该知识的具体讲解位置在第 3 章的 3.1.4 节。

1. 添加项目符号和编号

使用编号或项目符号组织文档可以让文档层次分明、条理清晰，重点更为突出。所以为文档添加项目符号和编号，是用户使用 Word 时必须掌握的操作。

（1）添加设置项目符号

Word 2010 中包含了很多类型的项目符号，用户可以根据选择对项目符号进行添加，也可以对项目符号进行编辑。下面将在文档中添加项目符号，并对添加的项目符号进行编辑，使其从黑色变为白色，其具体操作如下：

示例文件 　资源包\素材\第 3 章\在线交易注意事项 .docx
资源包\效果\第 3 章\在线交易注意事项 .docx

STEP 01 ▶ 选择添加项目符号的文本

打开"在线交易注意事项 .docx"文档，选择除标题外的所有文本。

选择【开始】/【段落】组，单击"项目符号"按钮 ⋮☰ 旁的 ▾ 按钮。在弹出的下拉列表中选择"定义新项目符号"选项。

STEP 02 ▶ 选择添加符号

打开"定义新项目符号"对话框，在其中单击 符号(S)... 按钮。

STEP 03 设置添加符号

打开"符号"对话框，在列表框中选择 ✲ 选项。

单击 确定 按钮，返回"定义新项目符号"对话框。

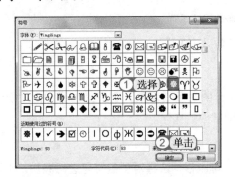

技巧秒杀——选择更多符号

在"符号"对话框的"字体"下拉列表框中选择不同的字体，其下方选项栏中的符号也会发生变化。

STEP 04 设置颜色

在"定义新项目符号"对话框中，单击 字体(F)... 按钮。打开"字体"对话框，在"字体颜色"下拉列表框中选择"白色"选项。

依次单击 确定 按钮。返回 Word 工作界面，即可看到选中的文本前添加了白色的项目符号。

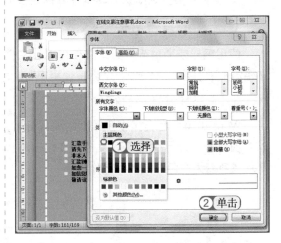

（2）添加编号

在制作办公文档时，对于按一定顺序或层次结构排列的项目，例如，合同条款、总结等，可以为其添加编号。需要注意的是，编号的级别应该比项目符号高，即项目符号下不能有编号，编号下可以有项目符号。

为了使文档结构性变强，用户可以使用多级列表将文档的层次表现出来。输入一级标题后，按"Enter"键后再按"Tab"键，将级别更改为二级。输入二级标题，按"Enter"键后再按"Tab"键，将级别更改为三级。输入完成后，单击【开始】/【段落】组中的"多段列表"按钮 ，在弹出的下拉列表中选择列表样式。

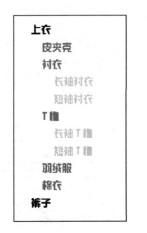

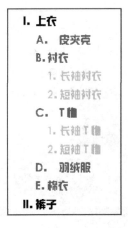

2. 使用艺术字

艺术字是经过特殊艺术处理过的文字，和普通文字相比，艺术字更醒目、美观。当输入或选择艺术字后将激活一个"格式"选项卡，在其中可以对艺术字格式进行编辑。使用艺术字的方法很简单，主要有两种方法，下面分别进行讲解。

⊃ **将普通文字转换为艺术字**：选中需要转换的普通文字，选择【插入】/【文本】组，单击"艺术字"按钮 ４。被选中的普通文字将被转换为艺术字。

⊃ **通过"编辑艺术字文字"对话框**：选择【插入】/【文本】组，单击"艺术字"按钮 ４，打开"编辑艺术字文字"对话框。在其中设置"字体、字号"后，再在"文本"对话框中输入需要转换为艺术字的文本，最后单击 确定 按钮。

3. 添加水印

在制作一些宣传类文档和会议文档时，都会在文档中添加水印。会议文档中一般都是以添加文字水印为主，而宣传类文档则是添加图片。需要注意的是，添加图片类水印一定要谨慎，如果使用不恰当，往往会使文档看起来很凌乱，不易阅读。下面在文档中添加一个标志图像水印，其具体操作如下：

示例
文件

资源包\素材\第3章\邀请函.docx、无尽搜索 LOGO.png
资源包\效果\第3章\邀请函.docx

STEP 01 ▶ 选择插入图片水印

打开"邀请函"文档，选择【页面布局】/【页面背景】组，单击"水印"按钮 。在弹出的下拉列表中选择"自定义水印"选项。

打开"水印"对话框，选中 ⊙ 图片水印(I) 单选按钮，单击 选择图片(P)... 按钮。

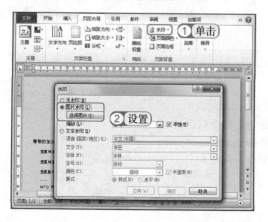

STEP 02 ▶ 选择图片

在打开的"插入图片"对话框中选择"无尽搜索 LOGO"图像，单击 插入(S) 按钮。返回"水印"对话框，单击 确定 按钮。在文档页面中间即会出现一个图片水印。

关键提示——冲蚀的作用

设置图片水印时，在"水印"对话框中，最好选中 ☑ 冲蚀(W) 复选框。该复选框可以降低图片的对比度，使添加图片水印的文档背景看起来不杂乱。

3.3 制作会议通知

本例将制作一张会议通知，通过该通知可将如会议大致事宜、时间和地点等，告知需参加会议的人员。制作完成后的最终效果如下图所示。

关于季度销售总结的会议通知

编号：BDHY-TZ(2013)1001-021

【会议时间】：2013 年 9 月 30 日（周一）下午 2:00

【会议地点】：二楼会议室

【会议议题】：

- ◎　个人销售量
- ◎　顾客类型
- ◎　市场分析
- ◎　整体数据分析

【会议性质】：讨论■　通报□　听审□　决定□　其他□

【密级程度】：内部■　绝密□　机密□　秘密□　一般■

【会议主持】：张总监

【会议记录】：雨晴

【参与人员】：销售部所有成员

【会议时长】：4.5 小时

【备注事项】：如参会人员对时间和内容有异议，可提前沟通

【会议资料】：请在 9 月 27 日到销售部雨晴处领取

销售部

2013 年 9 月 23 日

示例
文件

资源包＼素材＼第3章＼季度销售总结会议通知.txt
资源包＼效果＼第3章＼会议通知.docx
资源包＼实例演示＼第3章＼制作会议通知

各行业、部门都会召开会议，而且召开会议前都会发布一则会议通知，通知参与会议人员开会的相关信息。

不同性质和结构的公司，发布会议通知的渠道不同，常见的有口头通知、公示通知、邮件通知和短信通知等。前两种通知方式适用于参加人员范围小的情况，而一些大公司会使用两种通知方式，其中邮件通知是最常用的通知方式。

短信通知由于其特殊性，一般长度都较短。但应该有的信息元素都不能缺少，如开会人员、涉及部门、会议名称、时间、地点、发件部门和发件时间等，若有会议资料等还需要提示下载会议资料的位置。

撰写邮件通知时，严谨度比短信通知高。由于电子邮件的编写长度比手机短信长很多，所以撰写通知的人员可以将内容尽可能地写清楚，且会议资料也可以随同邮件以附件的形式发送给参与开会的人员。

公示通知的制作方法基本和邮件通知相同，只是在制作完成后直接用打印机打印出来，最后再招贴出来即可。

要完成本例的制作，需要掌握几个关键知识点。这几个关键知识点的内容以及其知识的难易程度如下：

⟳ 输入文本（★★）　　　　⟳ 插入时间（★★★）
⟳ 设置图片项目符号（★★）　⟳ 绘制分割线（★★★）

3.3.1　输入通知正文

在输入通知正文前，用户需先创建一个空白文档，再在其中输入通知正文并设置格式，其具体操作如下：

STEP 01 ▶ 输入正文

新建一个空白 Word 文档，打开"季度销售总结会议通知 .txt"文档。参照文该档内容在 Word 文档中输入通知正文。

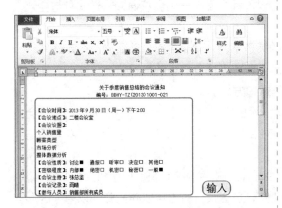

STEP 02 ▶ 设置项目对话框对齐方式

选中"会议议题"下的所有文本。选择【开始】/【段落】组，单击"项目符号"按钮 ≔ 旁的 ▾ 按钮。在弹出的下拉列表中选择"定义新项目符号"选项。

打开"定义新项目符号"对话框，在"对齐方式"下拉列表框中选择"居中"选项。再单击 符号(S)… 按钮。

STEP 03 ▶ 选择项目符号

打开"符号"对话框，在列表框中双击 ◎ 选项。自动关闭"符号"对话框，返回"定义新项目符号"对话框。最后单击 确定 按钮。

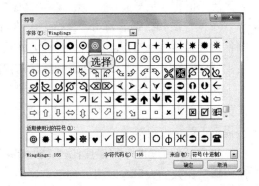

STEP 04 ▶ 为部分文字设置字体

将鼠标光标定位在"【会议时间】："文本前。按住"Alt"键的同时，将光标从【会议时间】："文本前拖动到"【会议资料】："文本后。此时文档中将会出现一个蓝色的矩形框，该框中的文本为被选中状态。

选择【开始】/【字体】组，设置"字体"为"方正大黑简体"。

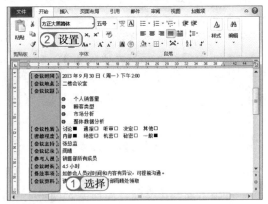

关键提示——如何设置会议通知字体

会议通知是一种正式的办公文档，所以在设置时不能使用过于花哨的字体，而应该选择一些较为方正的字体。

3.3.2 设置通知标题

输入完文字后，要使通知更加醒目，还可在文档中的标题后插入分割线，其具体操作如下：

STEP 01 设置标题和编号格式

选中通知标题，选择【开始】/【字体】组，设置"字体、字号"为"黑体、二号"，单击"加粗"按钮 **B**。

选中编号文本，选择【开始】/【字体】组，设置"字体"为"黑体"。

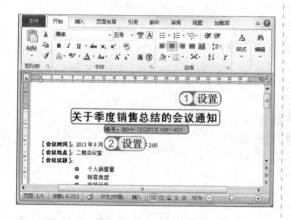

STEP 02 插入分割线

选择【插入】/【插图】组，单击"形状"按钮。在弹出的下拉列表中选择"直线"选项。按住"Shift"键，使用鼠标从左向右进行拖动绘制直线。

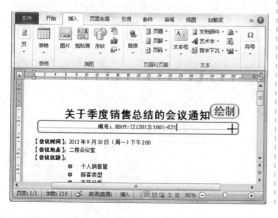

STEP 03 编辑分割线

选择【格式】/【形状样式】组，单击"形状轮廓"按钮，在弹出的下拉列表中选择"红色"选项。

再次单击"形状轮廓"按钮，在弹出的下拉列表中选择【粗细】/【2.25磅】选项。

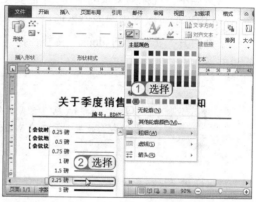

STEP 04 插入时间

将分割线移动到编号下方，再将鼠标光标移动到文档最后。选择【插入】/【文本】组，单击"日期和时间"按钮。

在打开的对话框中，设置"语言（国家/地区）、可用格式"为"中文（中国）、2013年8月16日"，单击 确定 按钮。

为什么这么做？

在一些文档中，有些需要对时间格式有一定的要求，为了防止误输入，就需要使用"日期和时间"对话框插入日期时间。

3.3.3 关键知识点解析

在制作本例所需要的关键知识点中，"输入文本"的相关知识已经在第 2 章的 2.1.1 节中进行了详细介绍，这里不再赘述。下面主要对没有介绍的关键知识点进行讲解。

1. 设置图片项目符号

当文档中出现并列关系的语句时，需要使用项目符号使浏览者快速掌握语句之间的关系。在 Word 中不但可以使用图形作为项目符号，还可以将图片设置为项目符号。

下面打开"工作计划 .docx"文档，并导入外部的图片，将其设置为项目符号，其具体操作如下：

资源包 \ 素材 \ 第 3 章 \ 工作计划 .docx、项目符号 .png
资源包 \ 效果 \ 第 3 章 \ 工作计划 .docx

STEP 01 选择需设置项目符号的文本

打开"工作计划 .docx"文档，选择"质量工作目标"的文本。

选择【开始】/【段落】组，单击"项目符号"按钮 ≡，在弹出的下拉列表中选择"定义新项目符号"选项。

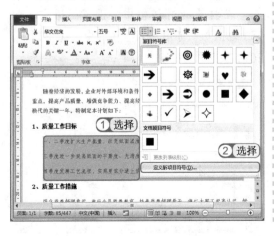

STEP 02 设置添加图片项目符号

打开"定义新项目符号"对话框。单击 图片(P)... 按钮。

打开"图片项目符号"对话框，在其中单击 导入(I)... 按钮。

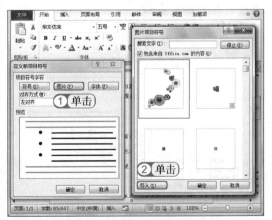

STEP 03 ▶ 选择添加的图片项目符号

在打开的对话框中选择"项目符号.png"图片，单击 添加(A) 按钮。返回"图片项目符号"对话框，在其中选择刚刚添加的图片。

依次单击 确定 按钮，返回 Word 操作界面。

STEP 04 ▶ 为其他文本添加项目符号

使用相同的方法为"质量工作措施"文本下的所有文本添加相同的项目符号。

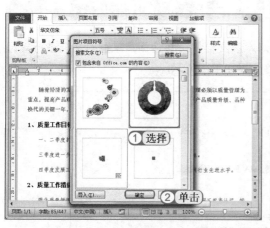

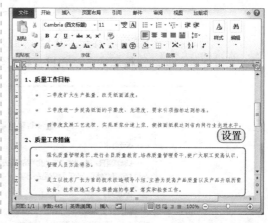

关键提示——再次设置相同图片项目符号的注意事项

当用户将图片导入图片项目符号对话框中后，图片将会一直保存在其中。等下次用户需要添加相同的图片项目符号时，只需在"图片项目符号"对话框中寻找，不需再次导入图片。

2. 插入时间

在 Word 文档中插入时间，可通过选择【插入】/【文本】组，单击"日期和时间"按钮，在打开的对话框中进行设置。但在实际操作中，用户只需在需要插入时间的位置输入和年份日期相关的部分数字和符号，Word 即会在上方提示询问是否要输入该格式的时间。如输入 2013 年，再按"Enter"键，即可输入当前系统时间。

── 输入"2013"年

── 按"Enter"键后的效果

3. 绘制分割线

除了通过使用绘制形状的方式绘制文档的分割线外，用户还可通过设置文本格式的方式绘制下划线。其方法是：选择需要绘制分割线位置的上一排文本，选择【开始】/【字体】组，单击"下划线"按钮 u 。再单击"下划线"按钮 u 旁的 ▾ 按钮，在弹出的下拉列表中选择下划线的颜色和样式。

需要注意的是，由于这种方法是为文本设置下划线。所以绘制的分割线会和文本贴合得很紧。所以若想绘制一条和上下行文字距离相等的分割线，建议在需要插入分割线的位置输入一排空格。再单击"下划线"按钮 U，添加下划线。有文本格式的位置才能设置下划线，所以用户可通过设置空格的位置设置下划线的长短。

3.4 审核活动安排文档

本例将审核一份微博活动安排文档，通过对本篇文档的审核让用户掌握对文档进行修订和添加批注的方法。审核后的活动安排文档最终效果如下图所示。

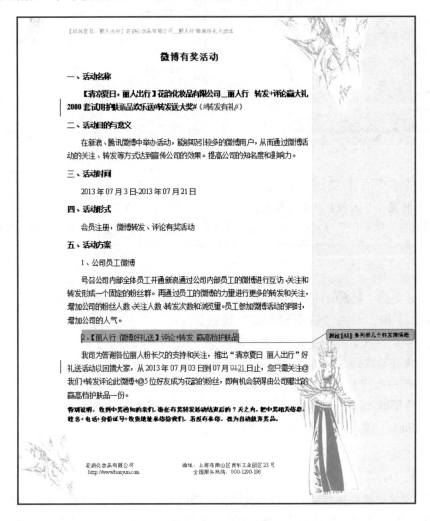

【成双显日, 靓人出行】花韵化妆品有限公司__靓人行 微博好礼大放送

六、抽奖条件和规则

获奖规则: 符合以下三个条件方可参加抽奖

1、关注@花韵

2、并至少@转关5好友, 转播并评论越多易中奖。

3、听众的被关注度（粉丝）大于 50 个。

获奖规则: 优质评论、转发次数及@好友数排名前十者, 还可获得本公司赠送的高档睡衣一套；凡是参与微博活动者按统计系统随机派发奖品,高档护肤品一份  批注 [A2]: 添加奖品图片

七、预期效果

　　通过新浪、腾讯微博的活动推广, 增加公司微博的粉丝数量和关注转发率, 在粉丝数量方面目前是 23462 人, 达到粉丝数量增加 3000 的预期, 在活动转发次数的方面能够大约达到日转发在 300 次。增加公司的知名度和影响力。

八、预计中奖人数: 1000 人　　　　　　　　　　　　　　批注 [A3]: 中奖人数确定?

九、活动支持: 花韵化妆品有限公司微博活动海报、奖品、奖品图片提供。

本次活动由@花韵举办, 公司拥有最终解释权。

以上资料由花韵化妆品有限公司提供

www.huayun.com

花韵化妆品有限公司　　　　　地址: 上海市青山区青华工业园区23号

http://www.huayun.com　　　　全国服务热线: 800-1290-198

◎ **案例背景** ◎

　　活动安排是公司销售、营销部门经常会撰写的办公文档。因部门不同, 写作的活动安排也有所不同。销售部门所撰写的活动安排一般是以推销产品、以较低的成本卖出更多的产品为目的, 所以其活动预算较少, 活动也相对简单。

而营销部门则是以提高公司或产品知名度前提为准，在资金允许的情况下，以不同渠道吸引消费者对公司或者产品的注意力。

本例将审阅的是一份微博有奖活动文档，微博营销是近几年凸起的一个营销渠道。妥善使用甚至能比很多传统营销媒介，如报纸广告、杂志广告等更有效果，因此现在很多公司都很看中微博营销。目前常见的微博有奖活动，通常是以赠送一些用户感兴趣的小礼品来吸引客户关注，再通过转发微博，最后在转发微博的人群中进行抽奖。

在撰写微博活动安排时，一定要多列举出几条简单、易于记忆的微博。这样让转发的人有更多选择，而不会显得太过枯燥。其次，中奖流程应该简单易懂，否则部分消费者可能因为流程复杂而无意参加。最后，微博有奖活动的小礼品，一般可使用公司自行生产、价钱相对便宜的王牌产品，或是寻找合作伙伴，由合作伙伴提供实用性、诱惑力高的产品。

◎关键知识点◎

要完成本例的制作，需要掌握几个关键知识点。这几个关键知识点的内容以及其知识的难易程度如下：

⊃添加批注（★★）　　　　　　⊃添加修订（★★★）

3.4.1 为文档添加批注

一般上级领导在查阅下级交给的文档时，都会先对文档进行浏览。如果问题较大会返回下级修改。在实际操作中，如果看完后直接给下级讲解需要修改的内容，可能会出现因为问题太多而忘记讲解、没有讲解到需要修改的位置等情况。为了避免出现这种情况，可对文档进行批注，其具体操作如下：

STEP 01▶ 选中需批注的文字

打开"微博转发有奖活动 .docx"文档，选中"2、【丽人行 微博好礼送】评论＋转发 赢高档护肤品"文本。

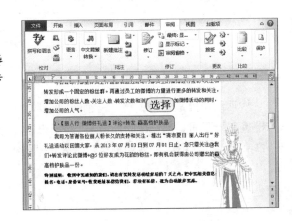

STEP 02 ▶ 新建批注

选择【审阅】/【批注】组，单击"新建批注"按钮 。此时文档右边将出现一个批注框。

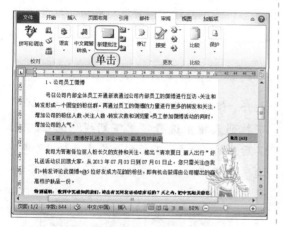

STEP 03 ▶ 输入批注内容

单击批注框，在其中输入批注内容。这里输入"多列举几个转发微博语"。

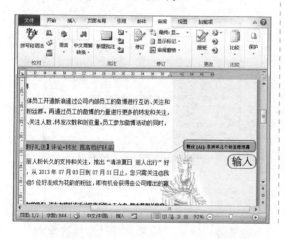

STEP 04 ▶ 继续添加批注

使用相同的方法在文档的其他位置添加批注。

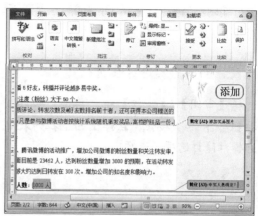

技巧秒杀——删除批注

若用户标错了批注还可以将其删除，常用的删除方法有以下两种。

◯ 通过快捷菜单：右击需要删除的批注，在弹出的快捷菜单中选择"删除批注"命令。

◯ 通过功能面板：选择需要删除的批注，选择【审阅】/【批注】组，单击"删除批注"按钮 。

技巧秒杀——快速查看批注的信息

若是被批注的文档很长，用户可以通过选择【审阅】/【批注】组，单击"上一条"按钮 或"下一条"按钮 ，在批注之间来回浏览。

3.4.2　对文档进行修订

　　对于一些小的语序或者错别字，用户可不使用批注标注，而只需使用修订的方式对文档进行编辑。当整个文档审阅完成后，返回下级确定修订的地方是否需要修订即可，其具体操作如下：

STEP 01▶ 设置修订选项

选择【审阅】/【修订】组，单击"修订"按钮 📝 下的 ▾ 按钮。在弹出的下拉列表中选择"修订选项"选项。

STEP 02▶ 设置修订的文字效果

打开"修订选项"对话框，在"插入内容"下拉列表框中选择"单下划线"选项。在其后方的"颜色"下拉列表框中选择"青色"选项，单击 确定 按钮。新插入的文字将会变为青色。

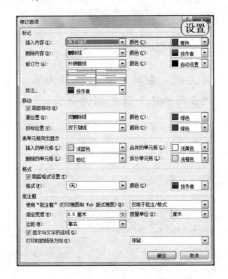

技巧秒杀——显示原始文档

　　在添加修订后的文档中，会出现修订的文本。若想查看没被修订的文件，可选择【审阅】/【修订】组，在"显示以供审阅"下拉列表框中选择"原始状态"选项。

为什么这么做?

　　启用"修订"功能后，用户每次插入文字、删除文字以及对格式的修改都会被标示出来。为了让之后查看文档的用户更容易查看到修改的位置，最好在修订前先设置插入内容、删除内容的格式。

STEP 03 修订文档

选择【审阅】/【修订】组，单击"修订"按钮。

选中"一、活动名称"文本下第3排中的"瓶"文本，再输入"品"文本。可见"瓶"文本将变为白色并带有删除符号，添加的"品"文本将变为青色，加下划线。

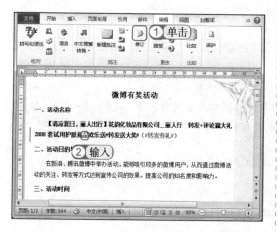

STEP 04 继续修订文档

使用相同的方法将"2、【丽人行 微博好礼送】评论＋转发 赢高档护肤品"文本下的第2行中的"01"文本修改为"21"文本。

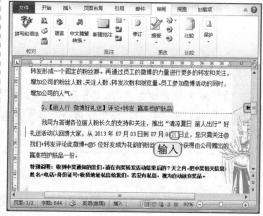

3.4.3 关键知识点解析

1. 添加批注

在一个文档中可以添加多个批注，而一个文档还可能被多个用户审阅，每个用户都可以对文档进行批注。为了区别添加这些批注的批注人，在进行批注前可对 Word 进行设置，以使批注用户名有所分别。下面讲解在 Word 中设置批注用户名的方法，其具体操作如下：

STEP 01 打开"Word 选项"对话框

选择【文件】/【选项】命令，打开"Word 选项"对话框。在其中选择"常规"选项卡。

在"缩写"文本框中输入需要设置的新批注用户名，这里输入"张总"。最后单击 确定 按钮。

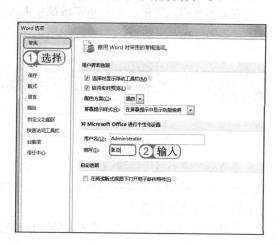

STEP 02 进行批注

选中需要进行批注的文本，选择【审阅】/【批注】组，单击"新建批注"按钮 。即可看到批注框中出现的批注用户名发生了改变。

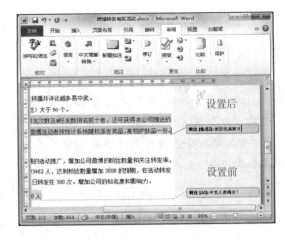

技巧秒杀——改变批注框颜色

为了使文档更加美观，用户可更改批注框的颜色使其更加符合文档风格，其方法是：打开"修订选项"对话框，在"标注"栏的"批注"下拉列表中选择需要的颜色后，单击 确定 按钮，即可更改批注框的颜色。

2. 添加修订

在为文档添加修订并返回修改时，用户需要阅读修订的部分，再经过实际情况接受修订或是拒绝修订。接受修订和拒绝修订的方法分别如下。

⊃ 接受修订：在浏览修订的位置并确定修订的内容正确后，就可以执行接受修订操作。其方法是，将鼠标光标定位在修订的位置，选择【审阅】/【更改】组，单击"接受"按钮 。此时，修订的内容将替换掉原始的内容。

⊃ 拒绝修订：在浏览修订的位置发现修订的内容不正确，就需执行拒绝修订操作。其方法是，将鼠标光标定位在修订的位置，选择【审阅】/【更改】组，单击"拒绝"按钮 。

在浏览修订内容时，用户也可以单击【审阅】/【更改】组的 上一条 按钮和 下一条 按钮，在上一条修订和下一条修订之间迅速切换。

▌3.5 高手过招

1. 拼写检查

在 Word 中不但可以通过修订方式手动对文档进行审阅，在实际工作中，还可通过 Word 自动进行拼写检查。启动拼写检查后，若是文档中输入的文字、单词有拼写问题，将会以红色和绿色波浪线进行标示。

下面将在 Word 中设置在输入时检查拼写和标记语法错误，其具体操作如下：

STEP 01 选择"选项"命令

启动 Word 2010，选择【文件】/【选项】命令。

STEP 02 设置检查功能

打开"Word 选项"对话框，选择"校对"选项卡。

在"Word 中更正拼写和语法时"栏中选中 ☑ 键入时检查拼写(P) 和 ☑ 键入时标记语法错误(M) 复选框。单击 确定 按钮。

2. 插入、删除单元格

在最开始插入标题时，可能会因为前期预计不足，从而使表格的行、列太多或不够。此时，用户需要通过插入或删除单元格的方法对表格中的单元格进行编辑。插入、删除单元格的方法分别如下。

⊃ **插入单元格**：将鼠标光标定位在需要插入的行或列，选择【布局】/【行和列】组，在其中单击需要插入的位置按钮；或将鼠标光标定位在需要插入的行或列，再右击，在弹出的快捷菜单中选择要插入的位置命令。

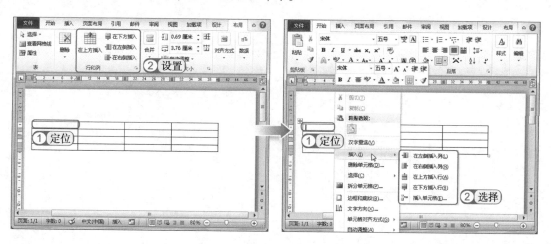

○ 删除单元格：选择要删除的行或列，选择【布局】/【行或列】组，单击▣按钮下的 ▾ 按钮，
在弹出的下拉列表中选择"删除行"或"删除列"选项即可；或选择要删除的行或列，
再右击，在弹出的快捷菜单中选择"删除行"或"删除列"命令即可。

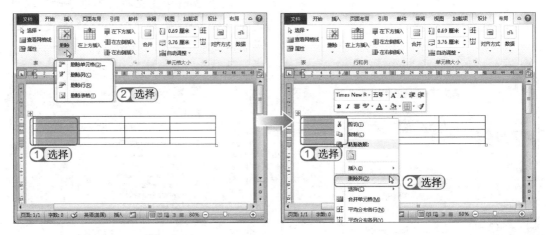

3. 简繁体转换

一些文件中有繁体字，为了符合正常的阅读习惯以及办公文档的规范性，需将繁体字转
换为简体字。其方法是：选择需要转换为简体字的繁体字，再选择【审阅】/【中文简繁转换】组，
单击"繁转简"按钮简。反之，也可单击该组中的"简转繁"按钮繁将简体字转换为繁体字。

本章将对企业人力资源管理中经常使用到的劳动合同、招聘简章、求职信息登记表、签到卡等进行制作。通过这几个实例的制作，让用户对人力资源管理中常见的几个办公文档的写作与制作方法有一定的了解，并将其运用到实际的工作生活中。

Word 2010 ▶

Chapter

第 4 章

Word 与人力资源管理

4.1 制作劳动合同

　　劳动合同是发生特殊情况时的法律依据，所以在撰写时应该面面俱到，本例将制作一份雇佣正式职工的劳动合同。通过该文档明确划分雇佣双方的关系、责任和义务。其最终效果如下图所示。

编号：＿＿＿＿＿＿＿

劳 动 合 同 书

甲　方：＿＿＿＿＿＿＿＿＿＿

乙　方：＿＿＿＿＿＿＿＿＿＿

签订日期：＿＿＿年＿＿＿月＿＿＿日

广州易得家具有限责任公司

甲方（用人单位）名称：　广州易得家具有限责任公司　

法定代表人（主要负责人）：　张海涛　

注册地址：　广州省易北区东风路易得大楼　

经营地址：　广州省易北区东风路易得大楼　

乙方（劳动者）姓名：＿＿＿＿＿＿＿＿

性别：＿＿＿　出生年月：＿＿＿＿＿＿　联系电话：＿＿＿＿＿＿

居民身份证号码：＿＿＿＿＿＿＿＿＿＿＿

现居住地址：＿＿＿＿＿＿＿＿　邮编：＿＿＿＿＿

户口所在地：＿＿＿＿＿＿＿＿　邮编：＿＿＿＿＿

　　甲乙双方就劳动关系的建立及其权利义务等事宜，根据《中华人民共和国劳动合同法》及有关的劳动法律、法规、行政规章和企业依法制定的规章制度、集体合同，遵循自愿、平等、协商一致的原则，一致同意订立本劳动合同（以下简称合同），共同信守合同所列条款，并确认合同为解决争议时的依据。

第一章　劳动合同期限

　　本合同从用工之日起开始签订，是固定期限合同。
　　合同期从＿＿＿年＿＿月＿＿日起至＿＿＿年＿＿月＿＿日止，其中试用期为从＿＿＿年＿＿月＿＿日起至＿＿＿年＿＿月＿＿日止。

第二章　工作内容和工作地点

　　1、乙方同意根据甲方生产（工作）需要，担任＿＿＿＿＿＿＿岗位

（工种）工作。
　　2、乙方应按照甲方的合法要求，按时完成规定的工作数量，达到规定的质量标准。
　　3、乙方的工作地点为：　广州省易北区　
　　4、甲方在合同期内因生产经营需要或其他原因可调整乙方的工作岗位，或派乙方到本合同约定以外的地点工作，但应协商一致并按变更本合同办理，双方签章确认的协议书作为本合同的附件。

第三章　工作时间和休息休假

　　（一）甲、乙双方同意按以下第＿1＿种方式确定乙方的工作时间：
　　1、标准工时工作制，即每日工作时间不超过八小时，平均每周不超过四十四小时，每周至少休息一天。
　　2、综合计算工时工作制，即经劳动保障部门审批，乙方所在岗位实行以月为周期，总工时不超过＿＿＿＿小时的综合计算工时工作制。
　　3、不定时工作制，即经劳动保障部门批准，乙方所在岗位实行不定时工作制。
　　（二）甲方因生产（工作）需要，经与工会和乙方协商后可以延长工作时间，一般每日不得超过一小时，因特殊原因最长每日不得超过三小时，每月不得超过三十六小时。
　　（三）甲方依法保证乙方的休息权利。乙方依法享受法定节假日、带薪年休假等休假。

第四章　劳动报酬

　　（一）乙方正常工作时间的工资按＿＿＿＿＿＿＿＿＿＿的形式执行，并不低于当地最低工资标准。
　　（二）甲方根据本单位的生产经营状况或政府颁布的工资变动指导线等情况，依法确定本单位的工资分配制度。经甲乙双方协商或者以集体协商的形式，依法确定工资正常变动的具体办法和幅度。
　　（三）甲方每月＿5＿日前以人民币形式支付乙方＿上月＿工资。如遇法定休假日或休息日，则顺延到最近的工作日支付。
　　（四）待岗、无岗、离岗工资
　　待岗、无岗、离岗期间，甲方按照当地最低工资标准支付乙方基本生活

费。
　　（五）甲方依法安排乙方延长工作时间或者在休息日、法定休假日加班的，应按国家相关规定支付加班工资，但乙方休息日加班被安排补休的除外。乙方加班须征得甲方确认同意，否则不计为加班。

第五章　社会保险和福利待遇

　　（一）合同期内，甲乙双方应按国家、自治区和本地区的有关规定，依法参加社会保险，缴纳社会保险费。甲方为乙方办理有关社会保险手续，乙方负担的保险费用由甲方负责从乙方的工资中扣代缴。
　　（二）乙方患病或非因工负伤的医疗待遇按国家和地方有关规定执行。
　　（三）乙方患职业病或因工负伤的待遇按国家及地方有关规定执行。
　　（四）甲方可根据其实际情况为乙方提供其他保险和福利待遇。
　　（五）女工"三期"按国家及地方的有关法律法规执行。
　　（六）乙方有权加入甲方工会的权利。

第六章　劳动保护、劳动条件和职业危害

　　（一）甲方根据国家有关法律、法规，建立安全生产制度，乙方严格遵守甲方的劳动安全制度。双方严禁违章作业，防止劳动过程中的事故发生，减少职业危害。
　　（二）甲方建立、健全职业病防治责任制度，制定并落实职业病防范措施。对工作过程中可能产生的职业病危害及其后果等，甲方应向乙方如实告知，不得隐瞒或者欺骗。
　　（三）甲方根据生产岗位的需要，按照国家有关劳动安全卫生的规定为乙方配制和完善必要的安全防护措施，发放必要的劳动保护用品。

第七章　劳动合同的变更

　　（一）任何一方要求变更本合同的有关内容，都应以书面形式通知对方。
　　（二）甲方变更名称、法定代表人、主要负责人或者投资人等事项，不影响本合同的履行。

（三）甲方发生合并或者分立等情况，本合同继续有效，由承继甲方权利和义务的单位继续履行。

（四）甲乙双方经协商一致，可以变更合同，并办理书面变更手续。变更后的劳动合同文本由甲乙双方各执一份。

第八章　劳动合同解除

（一）经甲乙双方协商一致，本合同可以解除。

（二）乙方提前三十日以书面形式通知甲方，可以解除本合同。乙方在试用期内提前前三日通知甲方，可以解除本合同。

（三）甲方有下列情形之一的，乙方可以解除本合同：

1、甲方未按照劳动合同约定提供劳动保护或者劳动条件的；

2、甲方未按时足额支付劳动报酬的；

3、甲方未依法为乙方缴纳社会保险费的；

4、甲方的规章制度违反法律、法规的规定，损害乙方权益的；

5、甲方以欺诈、胁迫的手段或者乘人之危，使乙方在违背真实意思的情况下订立或者变更劳动合同，致使本合同或者变更协议无效的；

6、法律、行政法规规定乙方可以解除劳动合同的其他情形。

甲方以暴力、威胁或者非法限制人身自由的手段强迫乙方劳动，或者甲方违章指挥、强令冒险作业危及乙方人身安全的，乙方可以立即解除劳动合同，不需事先告知甲方。

（四）乙方有下列情形之一的，甲方可以解除本合同：

1、乙方在试用期内被证明不符合录用条件的；

2、乙方严重违反甲方规章制度的；

3、乙方严重失职，营私舞弊，对甲方造成重大损害的；

4、乙方同时与其他用人单位建立劳动关系，对完成甲方的工作任务造成严重影响，或者经甲方提出，拒不改正的；

5、乙方以欺诈、胁迫的手段或者乘人之危，使甲方在违背真实意思的情况下订立或者变更劳动合同或者使本合同或者变更协议无效的；

6、乙方被依法追究刑事责任的；

（五）乙方有下列情形之一的，甲方提前三十日以书面形式通知乙方或者额外支付乙方一个月工资后，可以解除本合同：

1、乙方患病或非因工负伤，在规定的医疗期满后不能从事本合同约定的工作，也不能从事由甲方另行安排的工作的；

2、乙方不能胜任工作，经过培训、考核不合格或者调整工作岗位，仍不能胜任工作的；

3、本合同订立时所依据的客观情况发生重大变化，致使本合同无法履行，经双方协商未能就变更本合同达成协议的。

（六）乙方有下列情形之一的，甲方不得依据上述约定解除本合同：

1、乙方从事接触职业病危害作业未进行离岗前职业健康检查，或者疑似职业病病人在诊断或者医学观察期间的；

2、乙方在本单位患职业病或者因工负伤并被确认丧失或者部分丧失劳动能力的；

3、乙方患病或者非因工负伤，在规定的医疗期内的；

4、女职工在孕期、产期、哺乳期的；

5、乙方在本单位连续工作满十五年，且距法定退休年龄不足五年的；

6、法律、行政法规规定的其他情形。

第九章　劳动合同终止

（一）有下列情形之一的，本合同终止：

1、劳动合同期满的；

2、乙方开始依法享受基本养老保险待遇的；

3、乙方死亡，或者被人民法院宣告死亡或者宣告失踪的；

4、甲方依法宣告破产的；

5、甲方被吊销营业执照、责令关闭、撤销或者甲方决定提前解散的；

6、法律、行政法规规定的其他情形。

（二）劳动合同期满，有本合同第八章第（六）项规定情形之一的，甲方应当续延乙方合同期至相应的情形消失时终止。但乙方在甲方患职业病或者因工负伤并被确认丧失或者部分丧失劳动能力的劳动合同的终止，按照国家和自治区有关工伤保险的规定执行。

第十章　合同解除或者终止的手续及经济补偿

（一）本合同解除或者终止时，甲方应当为乙方出具解除或者终止劳动合同的证明，并在十五日内为乙方办理档案和社会保险关系转移手续。

（二）甲方应当支付经济补偿的，按照《中华人民共和国劳动合同法》和其他有关规定执行。

第十一章　服务期与竞业限制

（一）如甲方为乙方提供专项培训费用，对其进行专业技术培训，双方作如下约定：

_____

_____

_____

（二）如乙方掌握甲方的商业秘密和与知识产权相关的保密事项，双方作如下约定：

_____

_____

_____

第十二章　劳动争议处理及其他

（一）甲乙双方因履行本合同发生争议，可先协商解决，不愿协商或协商不成的，可以向甲方劳动争议调解机构申请调解，调解无效的，可以向劳动争议仲裁委员会申请仲裁。对仲裁裁决不服的，可以向人民法院起诉。

（二）双方约定：如乙方在应聘过程中或入职后向甲方提供虚假材料，属严重违反甲方规章制度。

1、提供真实证件：身份证、毕业学历证、资格证、健康证、结婚证、荣誉证、户口簿等；

2、如实填写员工登记表、家庭情况、社会关系、社会保险等；

3、居住地、电话、邮编等，若有变化，7 个工作日内报告；

4、有其它工作状况的兼职情况；

5、乙方申明，在签订劳动合同之前，无不良的劳动行为记录；

6、计划生育管理需要，乙方还得告知生育信息、结婚、女工怀孕等事宜和日期。

（三）本合同未尽事宜，按国家和地方有关政策规定办理。在合同期内，如本合同条款与法律法规相抵触的，按相关规定执行。

（四）下列文件规定为合同附件，与本合同具有同等效力。

1、_____

2、_____

3、_____

（五）本合同一式两份，甲乙双方各执一份。

甲方（公章）：　　　　　　　　乙方（签字或盖章）：

签字日期：　年　月　日　　　　签字日期：　年　月　日

示例
文件

资源包\素材\第 4 章\劳动合同 .txt

资源包\效果\第 4 章\劳动合同 .docx

资源包\实例演示\第 4 章\制作劳动合同

◎ **案例背景** ◎

　　劳动合同是每个公司、事业单位都会用到的人力资源文档。为了做到管理方便、统一，劳动合同的内容应该适用于该公司中的所有员工。

　　制定劳动合同的重点是：应该依法而定，只有合法的劳动合同才能产生法律效力。任何一方面不合法的劳动合同，都不能受法律承认和保护；劳动合同的制定必须是雇佣双方协商一致的结果，而不能只是单方意思的结果；雇佣双方的法律地位是平等的，所以在制定劳动合同时，任何一方不得对他方进行胁迫或强制命令。

　　各行各业的情况有所不同，所制定的劳动合同也各有差异。但按法律要求，劳动合同必须要有劳动合同期限、工作内容、劳动保护和劳动条件、劳动报酬、劳动纪律、劳动合同终止的条件、违反劳动合同的责任等条款内容。部分特殊工种还需要另外签署保密协议。劳动合同应包含的条款内容及其含义如下。

　　◔ **劳动合同期限**：法律规定合同期限分为 3 种：固定期限，如 1 年、2 年期限等；无固定期限，合同期限只约定终止合同的条件，一般情况下这种合同会持续到劳动者到达退休为止；以完成一定的工作为期限，这种合同常会使用在建筑项目、公司外派人员上。

　　◔ **工作内容**：用于双方约定工作数量、质量，劳动者的工作岗位等内容。在约定工作岗位时可以约定较宽泛的岗位概念，还可以约定在何种条件下变更岗位的条款等。这样可以使劳动合同更加灵活，便于雇佣双方商量职位问题。

　　◔ **劳动纪律**：用于约定用人单位制定的规章制度，最好将内部规章制度印制成册，作为合同附件加以简要约定。

　　◔ **劳动报酬**：用于约定劳动者的标准工资、加班工资、奖金、补贴等数额以及支付方式等。

　　◔ **劳动保护和劳动条件**：用于约定工作时间和休息休假制度，劳动安全与卫生的措施，以及用人单位为不同岗位劳动者提供的劳动、工作的必要条件，对女工劳动保护措施与制度等。

　　◔ **劳动合同终止的条件**：该条款一般用于无固定期限的劳动合同中，但其他期限种类的合同也可以约定。需注意，雇佣双方不得将法律规定的可以解除合同的条件作为终止合同的条件，以避免出现用人单位应当在解除合同时支付经济补偿金而改为终止合同从而不给予支付经济补偿金。

　　◔ **违反劳动合同的责任**：用于约定一方违约赔偿给对方造成经济损失的赔偿损失的方式，或约定违约金的计算方法，违约金金额注意根据劳动者承受能力来约定。此外，违约是指严重违约，如劳动者违约离职，用人单位违法解除劳动合同等。

◎关键知识点◎

　　要完成本例的制作，需要掌握几个关键知识点。这几个关键知识点的内容以及其知识的难易程度如下：

⊃设置页边距（★★）　　　　　　　　⊃使用格式刷为文本设置格式(★★)

⊃设置字体格式（★★★）　　　　　　⊃插入页码（★★★）

⊃设置段落格式（★★★）

4.1.1　制作合同封面

　　为合同添加封面，可以让不相关的人士无法直接看到文件内容。本例首先新建文档，再设置页面大小，最后根据合同内容制作劳动合同封面。下面将制作合同封面，其具体操作如下：

STEP 01▶ 设置页面大小

启动 Word 2010，选择【页面布局】/【页面设置】组，单击"纸张大小"按钮⬚。在弹出的下拉列表中选择"A4"选项。

STEP 02▶ 设置页边距

在【页面布局】/【页面设置】组单击"页边距"按钮⬚。在弹出的下拉列表中选择"适中"选项。

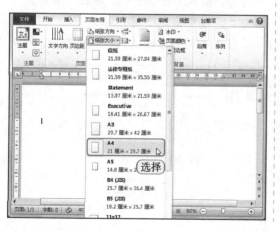

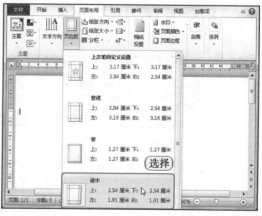

 关键提示——纸张大小的选择

　　由于一般办公使用的打印纸都是 A4 纸张，所以在制作文档前一定要将纸张设置为 A4。若是制作完成后再设置纸张大小，很可能会造成跳版。

STEP 03 输入并设置编号

　　按2次"Enter"键，换行2次。选择【开始】/【字体】组，在其中设置"字体、字号"为"宋体、小四"。

　　输入"编号："文本。

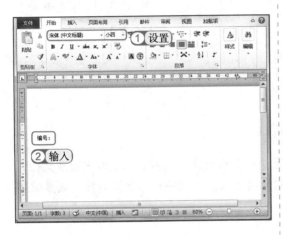

STEP 04 绘制下划线

　　选择【开始】/【字体】组，单击"下划线"按钮 U。按12次空格键，添加下划线。

　　将鼠标光标移动到"编号"前，按空格键将输入的编号移动到文档右边。

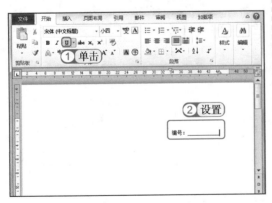

STEP 05 输入并设置标题

　　按3次"Enter"键，换行3次。输入"劳动合同书"文本，选中输入的文本。

　　选择【开始】/【字体】组，设置"字体、字号"为"黑体、小初"，单击"加粗"按钮 B。再次单击"下划线"按钮 U，取消下划线，并居中对齐。

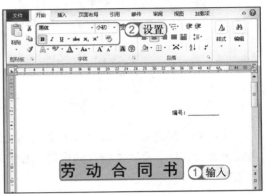

STEP 06 输入并设置甲方乙方

　　按2次"Enter"键，换行2次。选择【开始】/【字体】组，设置"字体、字号"为"楷体、四号"。输入"甲方："，单击"下划线"按钮 U，按空格键绘制下划线。

　　使用相同的方法输入并编辑乙方。

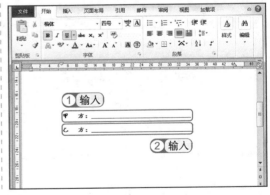

为什么这么做?

　　此处绘制下划线是为标记用户需要填写的合同内容。此外这种下划线还可用于标注合同中一些重点的条款，以及可改写的内容。

STEP 07 输入和编辑签订日期

　　按 3 次 "Enter" 键，换行 3 次。单击 "下划线" 按钮 U，取消下划线。输入 "签订日期：　年　月　日" 文本。

　　再单击 "下划线" 按钮 U，在 "年"、"月"、"日" 前，绘制下划线。

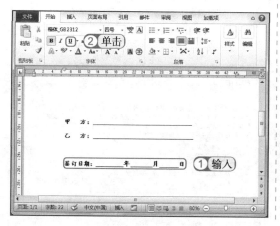

STEP 08 输入、编辑制作部门

　　按 4 次 "Enter" 键，换行 4 次。设置 "字体、字号" 为 "宋体、五号"，输入 "广州易得家具有限责任公司"。

4.1.2　制作合同正文

　　在制作完合同封面后，就可以开始输入和编辑合同正文，并通过设置不同的格式使合同看起来更有条理性，其具体操作如下：

STEP 01 插入分页符

将光标定位在 "广州易得家具有限责任公司" 文本后。

选择【插入】/【页】组，单击 "分页" 按钮。将对齐方式设置为左对齐。

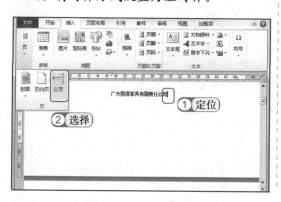

STEP 02 输入合同内容

打开 "劳动合同 .txt" 文本文档，参照文本文档中的内容将合同内容输入到 Word 中，将内容字体格式设置为 "宋体、12" 号。

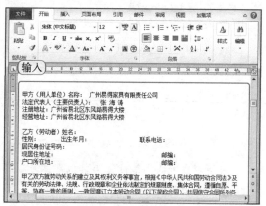

STEP 03 为部分文字添加下划线

先为甲方、乙方的相关信息添加下划线。再为合同期限、岗位工种、工作地点、工作时间、劳动报酬、服务期与竞业限制、合同附件等添加下划线。

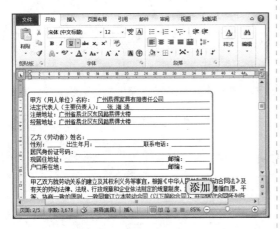

STEP 04 设置字体

将下划线上的文本的字体设置为"楷体"。

为什么这么做?

将下划线上的字体设置为其他字体可以让观赏者更好地识别下划线上的内容。

STEP 05 选择需设置格式的字体

选择"第一章　劳动合同期限"文本。

选择【开始】/【字体】组,单击右下角的 按钮。

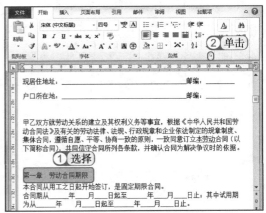

STEP 06 设置标题文字格式

打开"字体"对话框,选择"字体"选项卡。

设置"中文字体、字形、字号"为"黑体、加粗、小二",单击 确定 按钮。

关键提示——对话框的使用

"字体"对话框"字体"选项卡中的选项和【开始】/【字体】组中的选项基本相同,只是在"字体"对话框中更方便设置。

STEP 07 ▶ 使用格式刷

选择【开始】/【段落】组，单击"居中"按钮 ≡，将标题居中。

选择【开始】/【剪贴板】组，双击"格式刷"按钮 ✔。

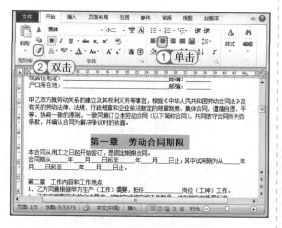

STEP 08 ▶ 为其他标题设置格式

分别选择其他未设置格式的标题。被选择的文字将自动设置为之前设置的标题格式。

设置完成后，再次单击"格式刷"按钮 ✔，取消格式刷状态。

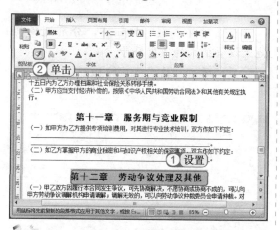

STEP 09 ▶ 选择需设置格式的段落

选择劳动合同期限下的文本。

选择【开始】/【段落】组，单击右下角的 ⌐ 按钮。

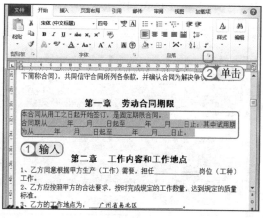

STEP 10 ▶ 设置段落格式

打开"段落"对话框，选择"缩进和间距"选项卡。

设置"特殊格式、行距、设置值"为"首行缩进、固定值、18磅"，单击 确定 按钮。

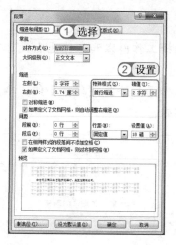

关键提示——格式刷的使用

在实际办公中，不管是制作 Word、Excel 文档，还是制作 PPT 文档，为了减少重复的格式设置，经常会用到格式刷工具。

STEP 11 为其他段落设置格式

选择【开始】/【剪贴板】组，双击"格式刷"按钮 🖊。

分别选择其他未设置格式的段落。被选择的段落将自动设置为之前设置的段落格式。再单击"格式刷"按钮 🖊。

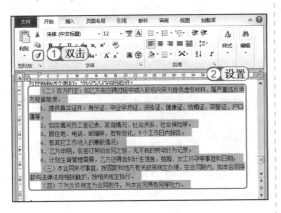

关键提示——重新设置格式

在使用格式刷应用格式后，有些在下划线上输入了文字的段落格式会改变。此时，需要手动再重新设置一次格式。

STEP 12 设置项目符号缩进

选择工作内容和工作地点段落下的项目符号。

选择【开始】/【段落】组，单击右下角 🔲 按钮。

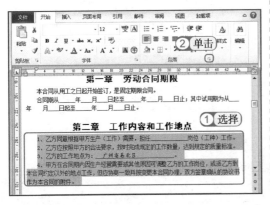

STEP 13 设置缩进值

打开"段落"对话框，选择"缩进和间距"选项卡。

在"左侧"数值框中输入"2字符"，单击 确定 按钮。

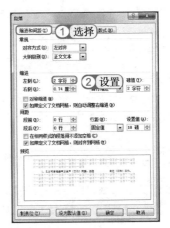

技巧秒杀——其他缩进方法

选择需要设置缩进的文本后，再选择【开始】/【段落】组，单击"减少缩进量"按钮 ⊑ 和"增大缩进量"按钮 ⊒ ，也可设置段落缩进量。

STEP 14 为其他项目符号设置格式

双击"格式刷"按钮 🖊，分别选择其他未设置格式的项目符号。

最后单击"格式刷"按钮 🖊。

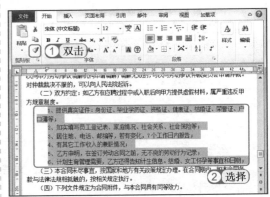

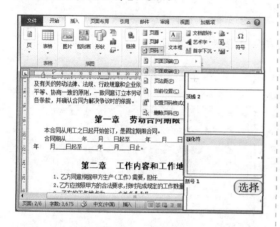

4.1.3 为合同设置页脚

由于劳动合同由很多页组成，为了查阅方便，最好为其插入页码。下面为劳动合同设置页脚，其具体操作如下：

STEP 01 ▶ 选择页码格式

选择【插入】/【页眉和页脚】组，单击"页码"按钮📄，在弹出的下拉列表中选择【页面底端】/【颚化符】选项。

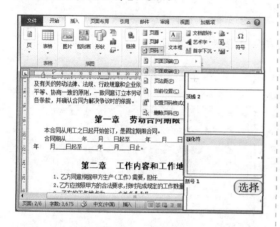

STEP 02 ▶ 设置首页不显示页码

选择【设计】/【位置】组，设置"页脚底部距离"为"1厘米"。将页码的显示位置向下移动。

选择【设计】/【选项】组，选中☑首页不同复选框，设置首页不显示页码。

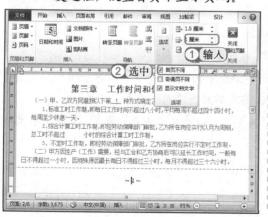

STEP 03 ▶ 设置页码格式

选择【设计】/【页眉和页脚】组，单击"页码"按钮📄，在弹出的下拉列表中选择"设置页码格式"选项。

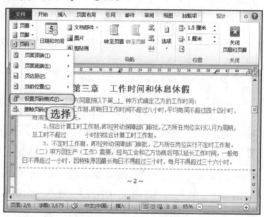

STEP 04 ▶ 设置页码起始数

打开"页码格式"对话框，设置"起始页码"为"0"，单击 确定 按钮。

选择【设计】/【关闭】组，单击"关闭页眉和页脚"按钮❌。

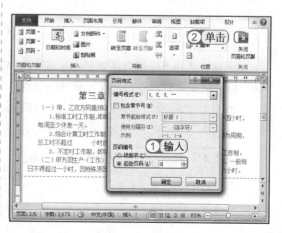

为什么这么做？

一般来说，页码都是从第1页开始的，但由于劳动合同的封面不算在正文中，所以在插入页码时，封面应该算是第0页，所以起始页码应该是第0页。

4.1.4 关键知识点解析

制作本例所需要的关键知识点中，"设置字体格式"、"设置段落格式"等知识已经在前面的章节中进行了详细介绍，此处不再赘述，其具体的位置分别如下：

⊃ 设置字体格式：该知识的具体讲解位置在第2章的2.1.4节。

⊃ 设置段落格式：该知识的具体讲解位置在第2章的2.1.4节。

1. 设置页边距

在Word中已经预设了很多常用的页边距设置，但在制作特别的文档时，用户还需要自行设置页边距。自定义页边距的方法是：选择【页面布局】/【页面设置】组，单击"页边距"按钮。在弹出的下拉列表中选择"自定义边距"选项。打开"页面设置"对话框，在"页边距"选项卡的"页边距"栏中即可对页边距进行设置。

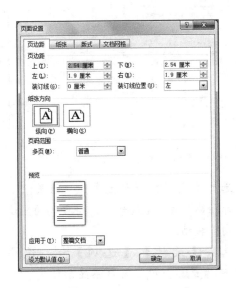

需要注意的是，如果文档打印后需要进行装订，用户在设置页边距时，一定要设置"装订线位置"，并根据装订线方向，调整四周边距的位置情况。

2. 使用格式刷为文本设置格式

使用格式刷可以很方便地将选中的文本格式，赋予到文档中其他需要使用该格式的文本。使用格式刷工具时，单击一次工具按钮和双击工具按钮的作用有所不同，其区别如下：

⊃ 单击工具按钮：单击"格式刷"按钮，格式刷只能应用一次文本样式。

⊃ 双击工具按钮：双击"格式刷"按钮，格式刷可以应用多次文本样式。再次单击"格式刷"按钮时，解除格式刷状态。

3. 插入页码

在 Word 中用户可以随意为文档添加页码，但在实际工作中，并不限于添加阿拉伯数字的页码。在一些索引、目录页中可能会使用到罗马数字甚至是英文字母，下面讲解将页码设置为罗马数字的方法。其具体操作如下：

STEP 01 选择设置页码格式

启动 Word 2010，选择【插入】/【页眉和页脚】组，单击"页码"按钮。在弹出的下拉列表中选择"设置页码格式"选项。

STEP 02 选择页码的显示格式

打开"页码格式"对话框，在"编号格式"下拉列表中即可选择页码的显示格式，这里选择"Ⅰ，Ⅱ，Ⅲ…"选项，单击 确定 按钮。

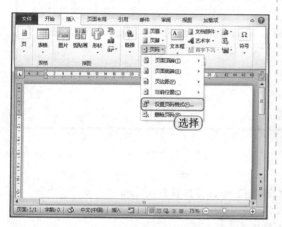

> **关键提示——起始页的其他用法**
>
> 一些大型的文档为了编辑方便可能会分成几个文档来进行编辑。此时，用户会用到"页码格式"对话框中的"起始页码"选项，从页码上串联起几个文档的前后顺序，以方便打印后排列顺序。

‖4.2 制作员工签到表

考勤是人力资源管理的一个重要环节，本例将制作一张员工签到表。通过该表可以记录每个员工的上下班时间情况，以方便对员工的考勤情况进行奖惩，以及计算该月员工的工资情况，其最终效果如下图所示。

中国　烟台　听港·房地产有限责任公司　　　　　　　　　人力资源部制

员工签到表

部　门：会计部　　　　　　　　　　　　　　　　　　　　年　月　日－　日

姓名	日				日				日				日				日				迟到次数	请假次数
	上午		下午		上午		下午		上午		下午		上午		下午		上午		下午			
	签到	签退	签到	签退	签到	签退	签到	签退	签到	签退	签到	签退	签到	签退	签到	签退	签到	签退	签到	签退		
张继																						
曾华荣																						
张华																						
张小莉																						
王益夫																						
李卫东																						
吴晨																						
亦小兰																						
陈思远																						
韩晴																						

说明：1、本签到表应由本人签字；2、如未能按照规定时间签字由主管说明事由，不得弄虚作假；3、本签到表在本月底要汇总办公室，作为薪资考核依据；4、办公室要检查，发现员工没有按照规定严格执行签字制度，要对本人进行处罚。

示例
文件

资源包\素材\第4章\员工签到表.txt、员工签到表.png
资源包\效果\第4章\员工签到表.docx
资源包\实例演示\第4章\制作员工签到表

◎案例背景◎

　　每个公司都有属于自己的一套考勤制度，一些大型的公司由于人员过多，一般会通过考勤机来进行打卡。最后在结算考勤时，由人力资源管理人员到考勤机中提取考勤数据。使用考勤机时，如果有人员需要请假或因外出办公而不能打卡，则需要将请假条递交人力资源管理部或说明不能打卡事由，再将其记录在考勤卡上。最后在计算考勤情况时，将其从缺勤日中减去。

　　对于小型公司来说由于人员数量不多，若使用考勤机反而可能会降低统计考勤情况的效率。所以一般小型公司或一些分公司会通过员工签到表来执行考勤制度。此外，每日的员工签到表并不一定需要人力资源管理人员监督填写，可交由办事文员代劳，月底结算时，再由人力资源管理人员进行统计查看。

员工签到卡有时会被上级领导查阅，所以在制作员工签到卡时，用户可以稍微进行美化。另外，员工签到卡是比较重要的人力资源管理文档，所以若有需要，还可以对其设置密码保护。

◎**关键知识点**◎

要完成本例的制作，需要掌握几个关键知识点。这几个关键知识点的内容以及其知识的难易程度如下：

○ 将文本转换为表格（★★★）　　　　○ 设置文档的页眉（★★）

○ 合并多余单元格（★★）　　　　　○ 为文档设置密码保护（★★★）

○ 为文档添加图片水印（★★★）

4.2.1　输入签到表内容

本例首先新建文档，设置纸张方向，在其中输入签到表内容，最后将文字转换为表格，以制作签到表，其具体操作如下：

STEP 01 ▶ 设置纸张方向

启动 Word，选择【页面布局】/【页面设置】组，在弹出的下拉列表中选择"纸张方向"选项。

STEP 02 ▶ 输入标题

输入"员工签到表"文本。选择输入的文本。

设置"字体、字号"为"汉仪粗圆简、小二"，设置对齐方式为居中。

STEP 03 ▶ 输入表格内容

按两次"Enter"键换行，设置对齐方式为居中对齐。设置"字体、字号"为"宋体、五号"。

打开"员工签到表 .txt"文档，参考文档输入表格内容。在输入内容时，词语和词语之间只能使用一个空格。此外，在部门行下方输入空白行。

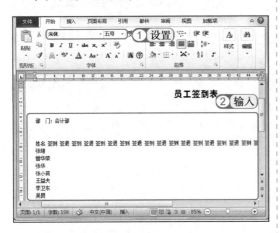

STEP 04 ▶ 将文本转换为表格

选中部门行以下的所有文字。

选择【插入】/【表格】组，单击"表格"按钮▦。在弹出的下拉列表中选择"文本转换成表格"选项。

STEP 05 ▶ 设置表格尺寸

打开"将文字转换成表格"对话框，设置"列数"为"23"。

选中 ⊙空格(S) 单选按钮，以空格为标准进行分栏，最后单击 确定 按钮。

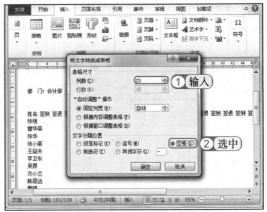

STEP 06 ▶ 合并单元格

选中最后一行的所有单元格，右击，在弹出的快捷菜单中选择"合并单元格"命令。将说明行的单元格进行合并。

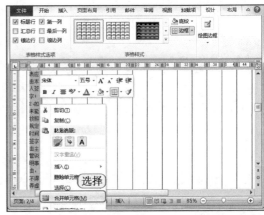

关键提示——控制转换后的表格格式

如果在输入文本时,文本行中多出了多余的空格,则在转换为表格后单元格高度会变得很大,且不能通过拖动单元格的方式来调整单元格高度。

STEP 07 设置表格属性

单击表格左上角的 田 按钮,选中整个表格。

选择【布局】/【表】组,单击"属性"按钮 。

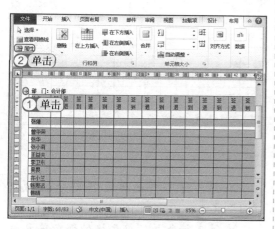

STEP 08 设置表格宽度

打开"表格属性"对话框,选中 ☑指定宽度(W): 复选框。设置其后方的数值框为"28厘米",单击 确定 按钮。

STEP 09 调整表格位置

将鼠标光标移动到部门行的最后,按"Enter"键,插入一个空白行。

单击表格左上角的 田 按钮,将表格拖动到文档中间。

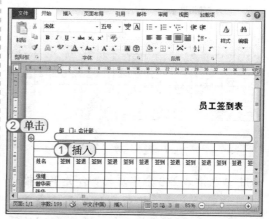

STEP 10 合并单元格

选中姓名单元格,及其上方的两个空白单元格。

右击,在弹出的快捷菜单中选择"合并单元格"命令。

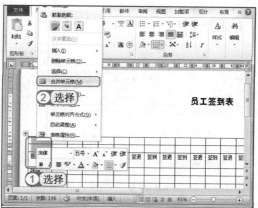

STEP 11 合并表格第一排单元格

选中第1排第2~5个单元格，合并单元格。使用相同的方法，将后面的单元格每4个单元格为一组合并单元格。最后剩下的两个单元格不合并。

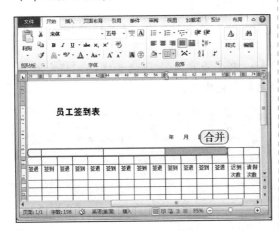

STEP 12 合并表格第二排单元格

选中第2排第2~3个单元格，合并单元格。使用相同的方法，将后面的单元格每2个单元格为一组合并单元格。最后剩下的两个单元格不合并。

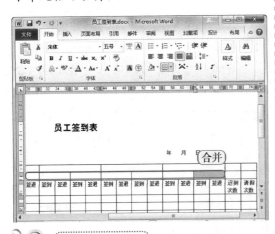

STEP 13 合并多余单元格

选择"迟到次数"和"请假次数"单元格上方的4个单元格，将其合并。

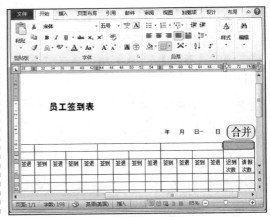

STEP 14 输入数据

在第1行合并的单元格中分别输入"日"文本。

在第2行合并的单元格的偶数单元格输入"上午"文本，在奇数单元格中输入"下午"文本。

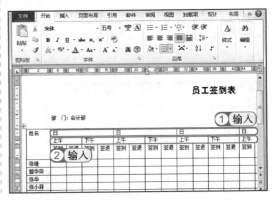

为什么这么做？

在办公表格的制作中，不应出现多余的单元格，所以在制作表格时，对于多余的单元格要尽量合并。合并后，整个表格的结构才会比较简洁，并且易于查看数据。

STEP 15▶ 设置对齐方式

选择除说明行以外的所有表格内容，单击"居中"按钮 ≡ 。使用表格中的内容居中对齐。

STEP 16▶ 设置加粗效果

选择第1、2行单元格中的所有内容，单击"加粗"按钮 **B** ，使选中的内容加粗。

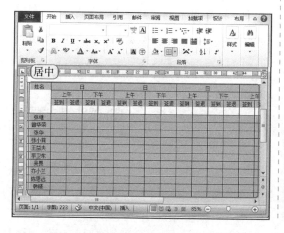

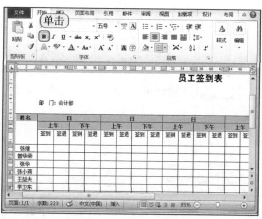

4.2.2 美化签到表

制作完签到表后，用户可对其进行美化，常见的美化方式有添加水印、添加页眉，其具体操作如下：

STEP 01▶ 自定义水印

选择【页面布局】/【页面设置】组，单击"水印"按钮 📄。在弹出的下拉列表中选择"自定义水印"选项。

STEP 02▶ 设置水印

打开"水印"对话框，选中 ⊙图片水印(I) 单选按钮。

取消选中 □冲蚀(W) 复选框。

单击 选择图片(P)... 按钮。

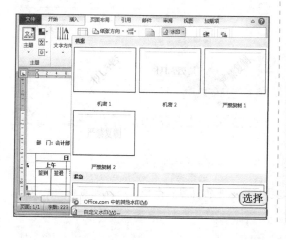

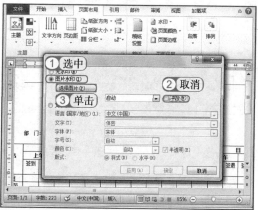

STEP 03 ▶ 选择水印

打开"插入图片"对话框，在其中选择"员工签到表 .png"图像，单击 插入(S) 按钮。返回"水印"对话框，单击 确定 按钮。

STEP 04 ▶ 编辑页眉

发现文档页眉处出现一条黑色直线，选择【插入】/【页眉和页脚】组，单击"页眉"按钮。在弹出的下拉列表中选择"编辑页眉"选项。

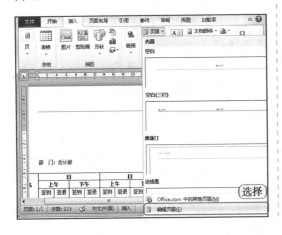

STEP 05 ▶ 删除样式

选择【开始】/【样式】组，单击"样式"栏旁的 ▾ 按钮。

在弹出的下拉列表中选择"清除格式"选项，将页眉上的黑线去掉。

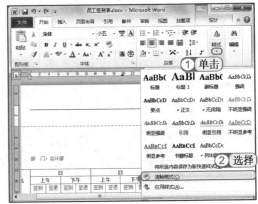

STEP 06 ▶ 输入页眉

设置"字体、字号"为"宋体、五号"，输入"中国　烟台　听港·房地产有限责任公司　　　人力资源部制"文本。

设置对齐方式为居中。

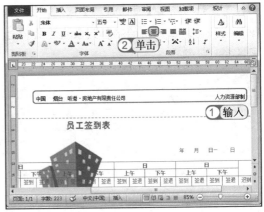

技巧秒杀——其他进入编辑页眉状态的方法

除了通过在下拉列表中选择"编辑页眉"选项，进入编辑页眉状态外，用户还可以通过双击页眉的方法进入页眉编辑状态。

STEP 07 ▶ 退出页眉编辑状态

选择【设计】/【关闭】组，单击"关闭页眉和页脚"按钮 ☒，退出页眉编辑状态。

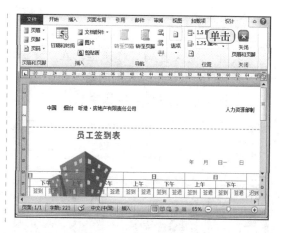

4.2.3 保护签到表

完成签到表美化后，就可以开始为后期保护重要的文档做准备。常见的保护重要文档的方法有：为计算机设置密码、为文件夹设置密码以及为文档设置密码。其中为文档设置密码是最简单且最实用的方法。下面为签到表设置密码保护，其具体操作如下：

STEP 01 ▶ 选择加密方式

选择【文件】/【信息】命令，在打开的界面的中间窗格中单击"保护文档"按钮 🔒。

在弹出的下拉列表中选择"用密码进行加密"选项。

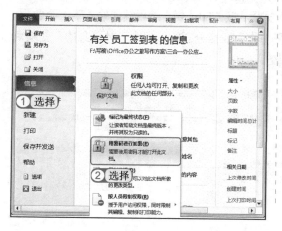

STEP 02 ▶ 设置密码

打开"加密文档"对话框，在"密码"文本框中输入文档的加密密码，这里输入"123456"。

单击 确定 按钮，确认输入。

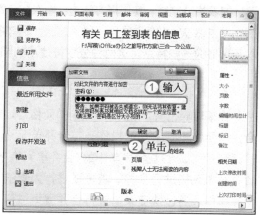

STEP 03 确认密码

打开"确认密码"对话框，在"重新输入密码"文本框中输入刚刚输入的密码。

单击 确定 按钮，确认输入。

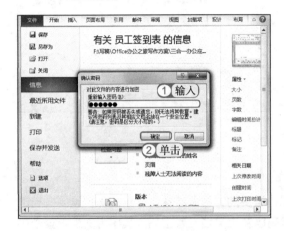

> **关键提示——密码设置技巧**
>
> 在设置密码时，最好设置数字加字母的密码，这样密码的安全性更高。

> **关键提示——打开加密文档**
>
> 为文档设置密码后，不管在哪台计算机上打开该文档，都会先打开"密码"对话框。密码正确后才能浏览文档，若输入的密码错误，则会提示"密码不正确，Word 无法打开文档"。

4.2.4 关键知识点解析

制作本例所需要的关键知识点中，"为文档添加图片水印"知识已经在第 3 章的 3.2.3 节中进行了详细介绍，这里不再赘述。下面主要对没有进行介绍的关键知识点进行讲解。

1. 将文本转换为表格

将文本转换为表格一般适用于较简单，且表格结构较简单的情况，对于一些结构复杂的表格最好还是先搭建表结构，再输入文本。

在 Word 中除使用空格作为表格分隔符来转换表格外，还经常使用制表符作为文本转换为表格的表格分割符，其使用方法是：输入一个数据后，按"Tab"键，然后继续输入下一个数据。此外，虽然 Word 能将逗号、段落符号（回车符）作为表格分割符，但由于其自身的一些特点以及表格的一些特点，这两种分割符使用的都较少。

2. 合并多余单元格

在编辑表格时，除插入、删除单元格外，合并单元格也是常用的操作。在合并单元格时，用户可以通过快捷菜单中的"合并单元格"命令对单元格进行合并。若是要进行大量的合并操作，通过快捷菜单进行合并就太过麻烦，这时，可以选择【布局】/【合并】组，单击"合并单元格"按钮▦，对选中的单元格进行合并。

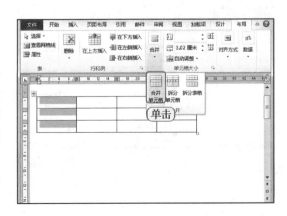

3. 设置文档的页眉

在 Word 中想要美化文档，可以通过设置页眉来实现。一些正式的办公文档在制作时，只会为文档添加入公司名、口号、企业 LOGO 等，这种的版式安排可以让文档整体看起来更加大方、简洁。

而在制作对外宣传的文档时，只添加公司名、口号、企业 LOGO 并不能满足读者对文档的审美要求，此时，用户可以通过绘图工具或导入一些制作好的页眉图片到页眉上进行编辑，但这种编辑方法往往需要用户有一定的美术功底，对于没有接触过美术设计的用户来说有一定难度。其实，用户可以使用 Word 中预设的页眉样式来解决这个问题。只要页眉样式选择恰当，就能得到不错的效果。下面为文档添加 Word 预设的一个页眉样式，其具体操作如下：

示 例
文 件

> 资源包 \ 素材 \ 第 4 章 \ 致辞 .docx
> 资源包 \ 效果 \ 第 4 章 \ 致辞 .docx

STEP 01 选择页眉样式

打开"致辞 .docx"文档，选择【插入】/【页眉和页脚】组，单击"页眉"按钮▤。在弹出的下拉列表中选择需要的页眉样式，这里选择"运动型（奇数页）"选项。

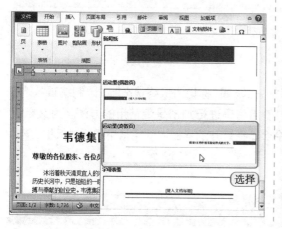

STEP 02 编辑奇数页眉

单击页眉左上角的"键入文档标题"文本，输入"庆典致辞"文本。

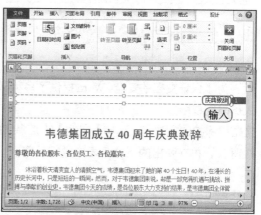

技巧秒杀——修改页眉样式的方法

在插入页眉样式后，用户若觉得效果不满意还可进行修改。其方法是：进入页眉编辑状态，选择【设计】/【页眉和页脚】组，单击"页眉"按钮▤，在弹出的下拉列表中重新选择需要的样式即可。

STEP 03 设置奇偶页不同

将鼠标光标定位到第2页的页眉空白处。

选择【设计】/【选项】组，选中 ☑ 奇偶页不同 复选框。

STEP 04 设置偶数页眉样式

选择【设计】/【页眉和页脚】组，单击"页眉"按钮▤。在弹出的下拉列表中选择"运动型（偶数页）"选项。Word将自动填写页眉内容，选择【设计】/【关闭】组，单击"关闭页眉和页脚"按钮⊠。

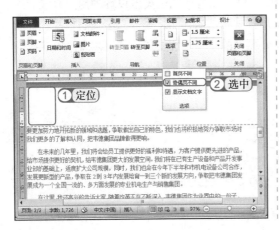

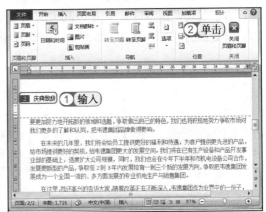

技巧秒杀——其他退出页眉编辑状态的方法

编辑完页眉后，除了单击"关闭页眉和页脚"按钮⊠退出页眉编辑状态外，还可直接双击文档的正文编辑区域退出页眉编辑状态。

4.2.5 为文档设置密码保护

为了保证文档的安全，Word提供了多种保护方式，如"标记为最终状态"、"限制编辑"、"按人员限制权限"、"添加数字签名"等，其中使用密码进行加密是最常用的方法。为文档设置密码保护的方法是：选择【文件】/【信息】命令，在打开的界面中间窗格中单击"保护文档"按钮🔒，再在弹出的下拉列表中进行设置。

‖4.3 制作招聘简章

招聘简章是根据招聘计划制定的，所以招聘简章是招聘计划体现的一个方面。下面制作招聘简章，其最终效果如下图所示。

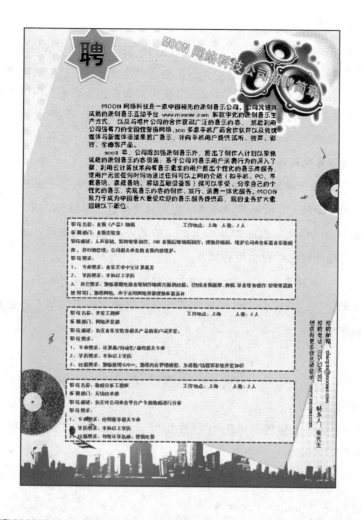

示例
文件

资源包\素材\第 4 章\招聘简章 .txt、背景 .png、光碟 .png、MOON.png
资源包\效果\第 4 章\招聘简章 .docx
资源包\实例演示\第 4 章\制作招聘简章

◎ **案例背景** ◎

　　公司人力资源部门经常会根据用人部门的增员申请，结合企业的人力资源规划和职务
描述书来制定招聘计划，在招聘计划中会拟定招聘的职位、人员数量、资质要求等因素，
并根据实际情况制定招聘方案以及招聘简章。

　　招聘简章的内容一般包括公司情况、福利、招聘职位、人员数量、资质要求、工作地
点、薪资、招聘时间、联系人和联系方式等。其中资质要求中，又因为招聘职位的区别可
能会出现年龄限制、性别限制和学历要求等。

在制作招聘简章时，需要考虑公司的用人部门是要招聘急需立刻上手的工作人员，还是只是普通的需要补充人员。如果是前者，在制定招聘资质时，就应该要求有一定的工作经验，而若只是普通的人员补充，则可以降低要求采用应届大学生。招聘简章根据发布渠道不同，其中包含的内容也有所不同，下面讲解几种发布渠道中需要包含的内容。

- 报纸发布：报纸是传统的发布媒介，主要以文字为主，一般包含了招聘公司名称、招聘条件和联系电话等。

- 网络发布：在各大招聘网站中招贴发布招聘简章，是目前最主要的招聘方式之一。由于网页的页面较大，所以用户可将所有的招聘信息，如招聘公司名称、招聘条件、联系电话和待遇的文字描述都添加上去。若是为了增加说服力，还可以在其中添加一些如公司环境以及福利相关的照片。

- 招聘会发布：招聘发布会由需要招聘人员的公司的人事人员参加，一般需要制作一幅比较大的海报，以宣传公司招聘情况吸引应聘者，再由人事人员给有兴趣的招聘者讲解招聘内容。

◎关键知识点◎

要完成本例的制作，需要掌握几个关键知识点。这几个关键知识点的内容以及其知识的难易程度如下：

- 为文档插入竖排文本框（★★）
- 为形状设置外观和轮廓（★★★）
- 为段落设置边框和底纹（★★★）
- 为图片设置图片效果（★★★）
- 通过水印制作背景（★★）
- 设置艺术字字体（★★）

4.3.1　制作招聘简章背景

本例首先将新建文档，制作招聘简章背景，其中将涉及设置底纹、绘制装饰形状等知识，其具体操作如下：

STEP 01▶输入文本

打开"招聘简章.txt"文档。启动 Word 2010，参考文档内容输入文本。

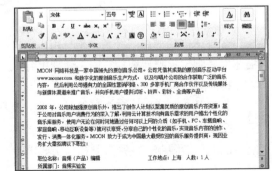

STEP 02 ▶ 自定义水印

选择【页面布局】/【页面背景】组，单击"水印"按钮🖼，在弹出的下拉列表中选择"自定义水印"选项。

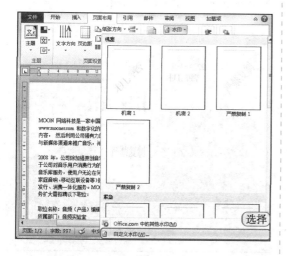

STEP 03 ▶ 设置水印效果

打开"水印"对话框，选中 ⊙图片水印(I) 单选按钮。

设置"缩放"为"300%"，取消选中 □冲蚀(W) 复选框。

单击 选择图片(P)... 按钮。

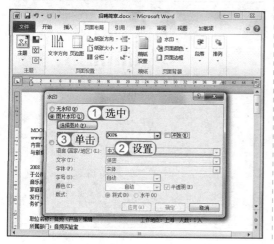

STEP 04 ▶ 选择水印图片

打开"插入图片"对话框，在其中选择"背景.png"图片。

单击 插入(S) ▾按钮。返回"水印"对话框，单击 确定 按钮，插入图片。

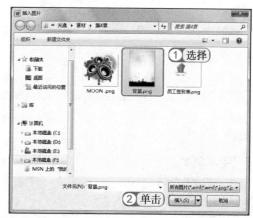

STEP 05 ▶ 编辑页眉

双击页眉部分，进入页眉页脚编辑状态。选择【开始】/【样式】组，单击"样式"栏旁的▾按钮。在弹出的下拉列表中选择"清除格式"选项，将页眉上的黑线去掉。

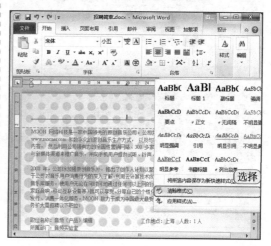

STEP 06 选择绘制形状

在页眉和页脚编辑状态下,选择【插入】/【插图】组,单击"形状"按钮🖵,在弹出的下拉列表中选择□选项。

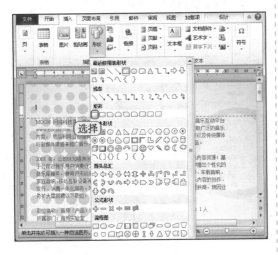

STEP 07 选择绘制形状

拖动鼠标绘制一个矩形,绘制完成后将矩形上方中间的绿色圆点向左边拖动旋转形状,并使矩形形状基本覆盖到所有的文字。

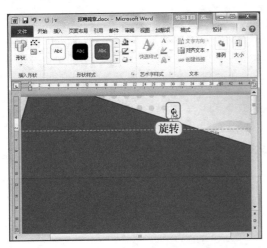

STEP 08 清除形状轮廓

选择【格式】/【形状样式】组,单击"形状轮廓"按钮💿旁的▾按钮。在弹出的下拉列表中选择"无轮廓"选项。

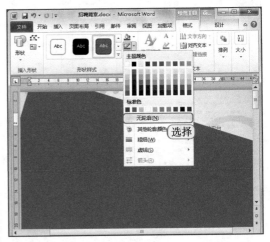

STEP 09 设置填充效果

选择【格式】/【形状样式】组,单击"填充轮廓"按钮💿旁的▾按钮。在弹出的下拉列表中选择"橙色"选项。

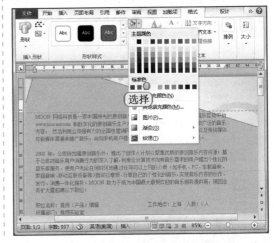

STEP 10 设置形状效果

选择【格式】/【形状样式】组，单击"形状效果"按钮▣旁的▾按钮。在弹出的下拉列表中选择【阴影】/【右下斜偏移】选项。

STEP 11 退出页眉页脚编辑状态

选择【设计】/【关闭】组，单击"关闭页眉和页脚"按钮▣，退出页眉页脚编辑状态。

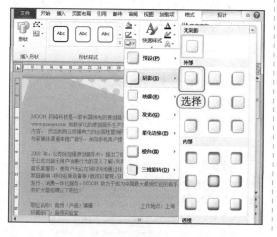

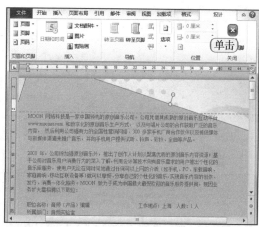

4.3.2 编辑标题

编辑完背景后，用户可以根据背景制作招聘简章的标题，其具体操作如下：

STEP 01 设置艺术字效果

选择【插入】/【文本】组，单击"艺术字"按钮▲。

在弹出的下拉列表中选择"渐变填充 - 黑色，轮廓 - 白色，外部阴影"选项。

STEP 02 输入艺术字

在出现的文本框中输入"聘"文本，选中输入的艺术字。将其移动到文档左上角。

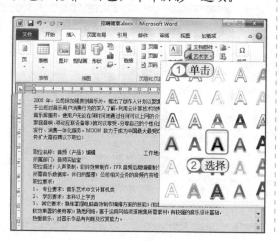

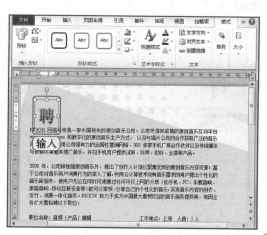

STEP 03 ▶ 设置艺术字效果

设置"字体、字号"为"汉仪粗圆简、50"。

STEP 04 ▶ 继续插入艺术字

选择【插入】/【文本】组，单击"艺术字"按钮 。

在弹出的下拉列表中选择"填充-橙色，强调文字颜色6，轮廓-强调文字颜色6，发光-强调文字颜色6"选项。

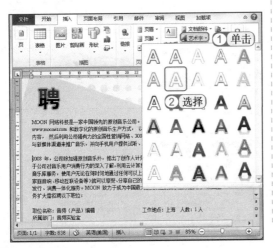

STEP 05 ▶ 旋转艺术字

在出现的文本框中输入"MOON 网络科技公司招聘简章"文本，设置"字体、字号"为"黑体、24"。

将刚输入的艺术字上方中间的绿色圆点向左边拖动旋转艺术字，设置和矩形相同的旋转度。

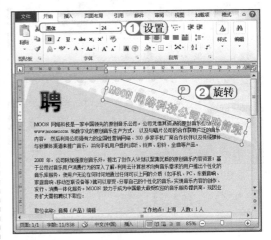

STEP 06 ▶ 插入图片

选择【插入】/【插图】组，单击"图片"按钮 。

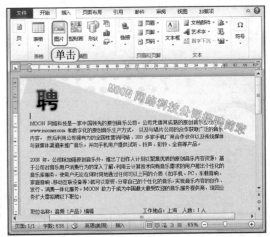

STEP 07 ▶ 选择图片

打开"插入图片"对话框，选择"MOON. png"图片，单击 插入(S) 按钮。

STEP 08 ▶ 设置图像自动换行

在插入的图片上右击，在弹出的快捷菜单中选择【自动换行】/【衬于文字下方】命令。

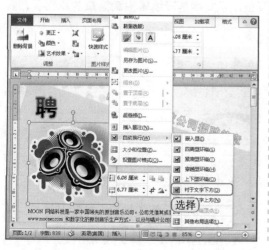

STEP 09 ▶ 设置图片效果

将图片拖动到文档右上角。

选择【格式】/【调整】组，单击"艺术效果"按钮，在弹出的下拉列表中选择"发光散射"选项。

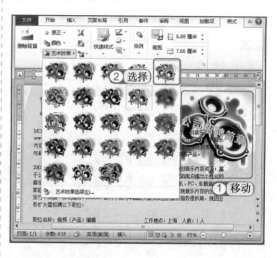

STEP 10 ▶ 选择绘制形状

选择【插入】/【插图】组，单击"形状"按钮，在弹出的下拉列表中选择"七角星"选项。

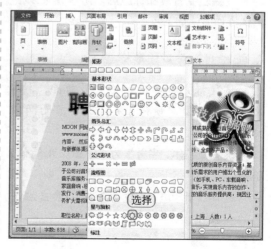

STEP 11 ▶ 设置形状样式

按住"Shift"键，拖动鼠标在文档上方绘制一个比"聘"字略大的七角星。

选择【格式】/【形状样式】组，单击"样式"栏右下角的 ▼ 按钮。在弹出的下拉列表中选择"浅色1轮廓，彩色填充-橙色，强调颜色6"选项。

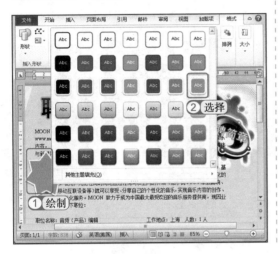

STEP 12 ▶ 设置形状样式

将绘制的七角星覆盖到"聘"艺术字上，右击，在弹出的快捷菜单中选择【自动换行】/【衬于文字下方】命令。

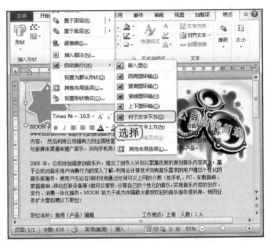

4.3.3 编辑招聘简章正文

在编辑完背景和标题后，用户就可以根据背景以及文字情况编辑招聘简章的正文了，其具体操作方法如下：

STEP 01 ▶ 设置段落样式

将鼠标光标移动到正文最前面，按3次"Enter"键，换行3次。选中前面两段文本。

设置"字体、字号"为"方正少儿简体、小四"。

选择【开始】/【段落】组，单击右下角的 ▼ 按钮。

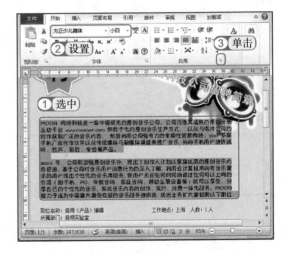

STEP 02 设置缩进样式

打开"段落"对话框,选择"缩进和间距"选项卡。

设置"左侧、右侧、特殊格式、行距、设置值"为"3字符、3字符、首行缩进、固定值、14磅"。单击 确定 按钮。

STEP 03 设置字体格式

选中所有的招聘职位文本,设置"字体、字号"为"黑体、9",并单击"加粗"按钮**B**。

在【开始】/【字体】组单击"字体颜色"按钮**A**旁的·按钮,在弹出的下拉列表中选择"白色、背景1、深色50%"选项。

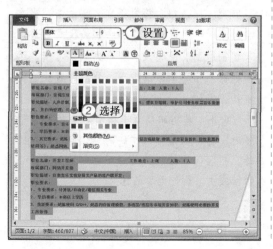

STEP 04 添加边框底纹

选择【开始】/【段落】组,单击"边框和底纹"按钮□旁的·按钮,在弹出的下拉列表中选择"边框和底纹"选项。

STEP 05 设置边框

打开"边框和底纹"对话框,选择"边框"选项卡。

设置"设置"为"方框",在"样式"选项栏中选择第3个选项。

设置"颜色、宽度"为"红色,强调文字颜色2,深色25%、2.25磅"。

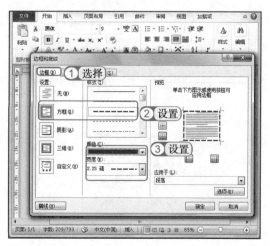

STEP 06 ▶ 设置底纹

在"边框和底纹"对话框中选择"底纹"选项卡。

设置"填充、样式、颜色"为"茶色、背景2、浅色网格、白色、背景1"，单击 确定 按钮。

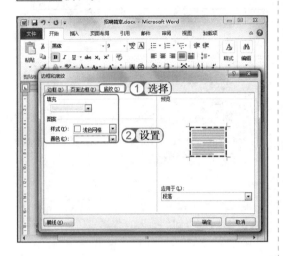

STEP 07 ▶ 复制格式

选择【开始】/【剪贴板】组，双击"格式刷"按钮 。

选中第2个招聘职位的文本段落，应用设置的格式。

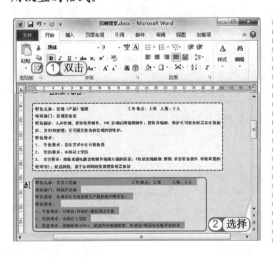

STEP 08 ▶ 取消格式刷工具

选中第3个招聘职位的文本段落，应用设置的格式。

选择【开始】/【剪贴板】组，单击"格式刷"按钮 ，取消使用格式刷工具。

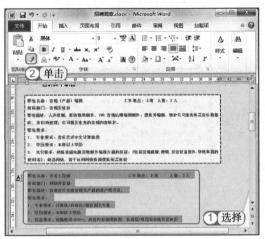

为什么这么做？

为文本段添加边框和底纹并不仅仅是为了美观。一般招聘简章不宜文字过多，当文字过多时，可以通过添加一些线段或者边框来切割版面。使阅读者能根据阅读习惯，迅速地抓住招聘简章的重点，使应聘者快速决定是否应聘。

此外，若招聘简章上需要招聘的职位很多时，可考虑是否制作成两页。但需注意的是，招聘简章的页数最好不要超过3页，否则就失去了制作简章的意义。

4.3.4　输入其他信息

完成招聘简章的整体制作后，用户就可以开始对如招聘日期、联系电话、联系人等其他信息进行添加，方便应招者即时获取简章上没有获取的信息。下面在招聘简章中输入其他信息，并进行追踪美化，其具体操作如下：

STEP 01 绘制竖排文本框

选择【插入】/【文本】组，单击"文本框"按钮。在弹出的下拉列表中选择"绘制竖排文本框"选项。

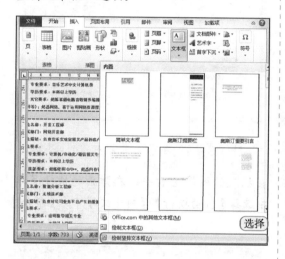

STEP 02 输入文本

在文档右下角绘制一个竖排文本框，在该文本框中输入相关信息。

STEP 03 取消超链接

输入完成后，发现邮箱地址处会出现一个超链接。在输入的邮箱上右击，在弹出的快捷菜单中选择"取消超链接"命令。

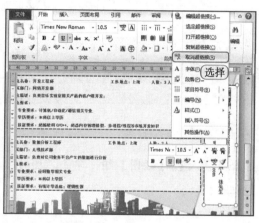

STEP 04 取消文本框的填充背景

选择【格式】/【形状样式】组，单击"形状填充"按钮旁的按钮。在弹出的下拉列表中选择"无填充颜色"选项。

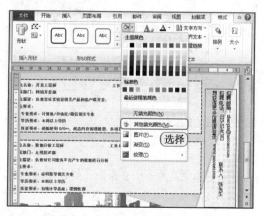

STEP 05 ▶ 去掉文本框的形状轮廓

选择【格式】/【形状样式】组，单击"形状轮廓"按钮 旁的 按钮。在弹出的下拉列表中选择"无轮廓"选项。

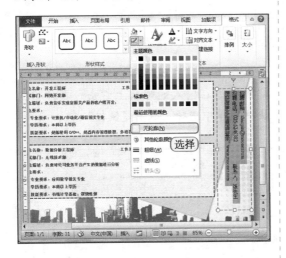

STEP 06 ▶ 插入图像

选择【插入】/【插图】组，单击"图片"按钮 。

STEP 07 ▶ 选择插入的图像

打开"插入图片"对话框，选择"光碟.png"图片，单击 插入(S) 按钮。

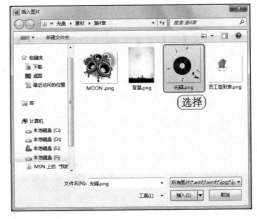

STEP 08 ▶ 选择图像排列方式

在插入的图像上右击，在弹出的快捷菜单中选择【自动换行】/【衬于文字下方】命令。

为什么这么做?

　　由于本例是为一个音乐公司制作招聘简章，为了和普通的招聘简章有所区别，所以在版式和设计元素的应用上更加轻松灵活一些。此外，由于正文中的文字不能左右随意移动，所以最好在编辑完正文后，再根据版式的空白情况进行最终的编辑美化。

STEP 09 ▶ 设置图像效果

选择上步插入的图片，选择【格式】/【调整】组，单击"艺术效果"按钮 。

在弹出的下拉列表中选择"线条图"选项。

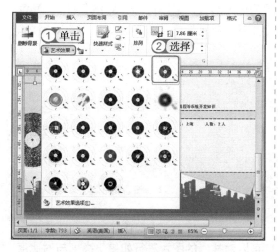

STEP 10 ▶ 复制图像

按"Ctrl+C"快捷键，复制图像。再按"Ctrl+V"快捷键粘贴图像，将图像移动到文档右上角。拖动图像框左下角的空心原点，将图像缩小些。

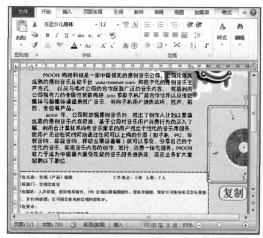

4.3.5 关键知识点解析

制作本例所需的关键知识点中，"通过水印制作背景"知识已经在第3章的3.2.3节中进行了详细介绍，这里不再赘述。下面主要对没有进行介绍的关键知识点进行讲解。

1. 为文档插入竖排文本框

对于文档中的正文来说，可输入的位置都比较固定。在制作一些办公文档的封面或产品海报这样灵活的文档时，为了使文字排版更符合审美且文字能配合图片出现，就需要使用文本框进行制作。

在文档中不但可以插入竖排文本框，还可以插入横排文本框。其插入方法是：选择【插入】/【文本】组，单击"文本框"按钮 ，在弹出的下拉列表中选择"绘制文本框"选项。再进行拖动绘制，绘制完成的文本框可直接像编辑插入的图像一样随意拖动变换大小和位置。

2. 为段落设置边框和底纹

在日常办公中，一些需要重点注意的文字和段落通常需要添加边框和底纹来进行标注，这样才能使读者快速地注意到文档要表达的重点。为文字添加边框和底纹的方法如下。

○ **为文字添加边框**：选择需要添加边框的文字，选择【开始】/【字体】组，单击"字符边框"按钮 。

⊃ 为文字添加底纹：选中需要添加底纹的文字，选择【开始】/【字体】组，单击"以不同颜色突出显示文本"按钮 旁的 按钮，在弹出的下拉列表中选择需要添加的底纹颜色，或选择【开始】/【字体】组，单击"字符底纹"按钮 。

3. 为形状设置外观和轮廓

在为文档添加形状后，为了使其更加美观，用户可为形状设置形状、大小、线条样式、颜色、填充效果和轮廓效果等。在绘制形状后，将自动激活"格式"选项卡，在其中即可对对象随意进行编辑。

未设置前 —— 　　　 —— 设置后

4. 为图片设置图片效果

为文档插入图片后，在【格式】/【调整】组中，可以对插入的图片进行如更正高度与对比度、重新着色、添加艺术效果等编辑，该组常用工具的作用如下。

⊃ "更正"按钮 ：该工具按钮中包含了两种调整图像的方式，其中"锐化和柔化"栏用于对不清晰的照片或是想要得到朦胧、柔和图像效果的图像进行编辑，"亮度和对比度"栏则是对过黑、过亮或过灰的图片进行编辑。

⊃ "颜色"按钮 ：该工具按钮用于设置色调和颜色饱和度，通过该按钮可将图像转换为软色调、冷色调以及某种单色效果。

⊃ "艺术效果"按钮 ：用于为插入的图像添加独特的艺术效果，在制作正式的文档时，该功能按钮一般很少用在主体图片中，而是使用它对文档进行装饰，如设置背景图像或小图标等。

需要注意的是，若想取消对图像的编辑效果，可先选择图像，再选择【格式】/【调整】组，单击"重设图片"按钮 即可。

5. 设置艺术字字体

为文档添加艺术字后，要想使插入的艺术字符合文档的整体风格，还可以对艺术字的字体、字号、文本填充、文本效果和文本轮廓等进行设置。其中设置字体、字号的方法和设置普通文档的方法相同，都是在【开始】/【字体】组中进行的，而对艺术字设置文本填充、文本轮廓和文本效果等，则可通过【格式】/【艺术字样式】组进行编辑。

修改前，艺术字效果较正式，不适合于儿童主题

5月23日儿童馆正式起航

5月23日儿童馆正式起航

修改后，艺术字效果变得更加童趣，符合儿童主题

4.4 高手过招

1. 删除与修改 Word 文档密码

当为文档设置密码保护后，若文档的保密度变得不高，任何人都可使用时，就可以对文档进行解密操作。其方法是选择【文件】/【信息】命令，单击"保护文档"按钮 🔒，在弹出的下拉列表中选择"用密码进行加密"选项。在打开的"加密文档"对话框中将之前设置的密码删除，单击 确定 按钮即可。

若需要修改文档密码，其方法是：打开"加密文档"对话框，将之前密码设置为新密码，单击 确定 按钮。再在打开的"确认密码"对话框中再次输入密码，单击 确定 按钮。

2. 删除页码

添加页码后，若是不再需要页码。用户还可对页码进行删除，删除页码主要有以下两种方法。

⊃ **使用工具选项进行删除**：选择【插入】/【页眉和页脚】组，单击"页码"按钮 ▣。在弹出的下拉列表中选择"删除页码"选项，可一次性将文档中的所有页码都删除。

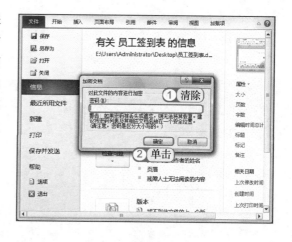

◯ **直接删除**：进入页眉和页脚编辑状态，选中需要删除的页码，按"Delete"键，将其删除。但这种方法一次只能删除一个页码，常用于删除长文档中的部分页码。

3. 设置页码的格式

用户使用普通方法插入的页码格式千篇一律，但是在制作一些特殊文档时，需要重新设置其格式，如给老年人看的文档，可以通过设置将页码的字号设置大一些以符合老年人的阅读习惯，让文档更有价值。

为页码设置格式的方式和设置文本格式的方法基本相同，其方法是：进入页眉和页脚编辑状态，选中任意页码，再在【开始】/【文本】组中进行设置即可。完成后选择【设计】/【关闭】组，单击"关闭页眉和页脚"按钮 ⊠，即可看到该文档中的所有页码都被设置为同一格式。

本章将对企业宣传工作中经常用到的宣传海报、公司订单流程图、问卷调查等进行制作，通过这几个实例的制作，让用户能对使用 Word 美化文档、制作图形等方便的功能掌握得更加熟练，并将其运用到实际的工作生活中。

Word 2010 ➤

C第5章
hapter

Word 与企业宣传

5.1 制作产品宣传海报

本例将制作一张牛仔裤宣传海报，用于展示公司一些热门产品、最新产品。通过该海报可以展示产品的外观、价格和作用等，使消费者更快地了解产品资讯，其最终效果如下图所示。

示例 文件

资源包\素材\第5章\产品宣传海报
资源包\效果\第5章\产品宣传海报.docx
资源包\实例演示\第5章\制作产品宣传海报

◎ 案例背景 ◎

　　海报是一种信息传递的工具，各行各业都会制作海报，常见的海报有商品海报、活动海报等。对于一些单位或公司，由于海报的制作量以及对海报的质量要求并不高，所以并不会雇佣专门的美工人员，而是让公司的一些人员制作海报。

　　海报的排版方法很多，在制作前，一定要注意图像素材以及文字素材的收集。只有当素材足够的情况下才能制作好的海报。在收集好制作素材后，就需要根据海报的确切篇幅和页面的大小精简素材。在制作海报时，要注意海报中的文字一定要少，图片则应该根据海报内容以合适为主，不能太多也不能太少。

　　制作好的海报一般都将被挂在墙上，为了给过往的人们留下视觉印象，海报的尺寸一般都比普通文档大很多，最后再以突出的标志、标题、图形，或对比强烈的色彩，或简练的视觉流程来吸引注意力。常见的海报中需要包含的元素分别介绍如下。

　　⊃ **商品海报**：这类海报用于商品宣传，所以可加入公司 LOGO、名称、商品图案、商品特点、价格和促销活动情况等。

　　⊃ **活动海报**：用于宣传、推广活动，可加入活动名称、活动口号、参加人、活动相关图片、地点、时间和主题等相关信息。

　　⊃ **行政宣传海报**：由政府机关使用，用于向民众宣传政策或观念，可加入宣传剪贴画、宣传语以及部分装饰元素。

◎ 关键知识点 ◎

　　要完成本例的制作，需要掌握几个关键知识点。这几个关键知识点的内容以及其知识的难易程度如下：

　　⊃ 通过图像样式为图像设置效果（★★★）　　⊃ 为文档插入图像（★★）

　　⊃ 通过文本框输入文本（★★★）　　⊃ 旋转图像角度（★★）

　　⊃ 使用形状绘制虚线（★★★）

5.1.1　制作海报背景

　　本例首先需要新建文档，再在文档背景中添加图片，拼贴成一幅完整且符合主题的背景，其具体操作如下：

STEP 01 ▶ 自定义水印

启动 Word 2010，选择【页面布局】/【页面背景】组，单击"水印"按钮▣。在弹出的下拉列表中选择"自定义水印"选项。

STEP 02 ▶ 添加图片水印

打开"水印"对话框，选中◉图片水印(I)单选按钮。

取消选中□冲蚀(W)复选框，设置缩放为"500%"。

单击 选择图片(P)... 按钮。

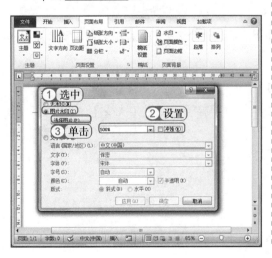

STEP 03 ▶ 选择图片

打开"插入图片"对话框，选择"牛仔背景.png"图像。

单击 插入(S) ▼按钮。返回"水印"对话框，单击 确定 按钮。

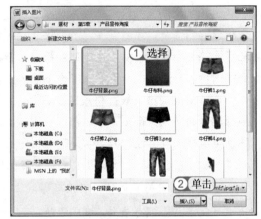

STEP 04 ▶ 编辑页眉

选择【插入】/【页眉和页脚】组，单击"页眉"按钮▣。在弹出的下拉列表中选择"编辑页眉"选项。

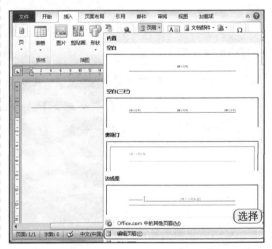

关键提示——管理素材文件

　　在制作宣传海报时，往往有很多的图片素材。为了制作方便，在收集资料时，最好将这些素材文件整理并存放在同一个文件夹中，这样在制作文档中就可以进行随意的调用。此外，如果素材图片过多，最好对它们进行命名分类以提高工作效率。

STEP 05 ▶ 去掉页眉中的黑线

选择【开始】/【样式】组，单击"样式列表"栏右下角的⹀按钮，在弹出的下拉列表中选择"清除格式"选项。

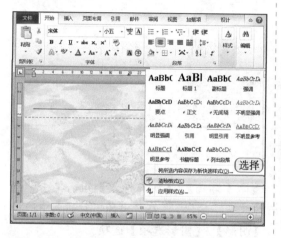

STEP 06 ▶ 退出页眉页脚编辑状态

选择【设计】/【关闭】组，单击"关闭页眉和页脚"按钮 ✕ 。

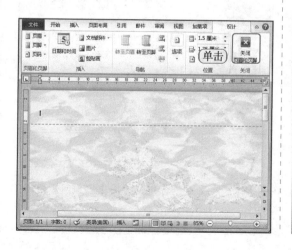

STEP 07 ▶ 插入图片

选择【插入】/【插图】组，单击"图片"按钮 ▦ 。

STEP 08 ▶ 选择插入的图片

　　打开"插入图片"对话框，选择"牛仔布料.png"图像。

　　单击 插入(S) ▾ 按钮。

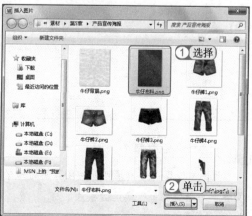

STEP 09 设置图片自动换行

在插入的图像上右击，在弹出的快捷菜单中选择【自动换行】/【衬于文字下方】命令。

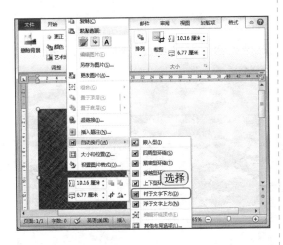

STEP 10 裁剪为梯形

选择【格式】/【大小】组，单击"裁剪"按钮，在弹出的下拉列表中选择【裁剪为形状】/【梯形】选项。

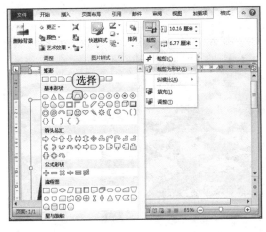

STEP 11 缩放图像大小

选中图像，按住图像右下角的控制点，并向右下拖动放大图像。使其与文档页面高度相同，最后将其移动到文档左边。

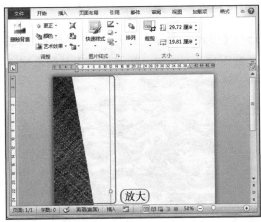

STEP 12 设置图像效果

选择【格式】/【图片样式】组，单击"图片效果"按钮，在弹出的下拉列表中选择【阴影】/【阴影选项】选项。

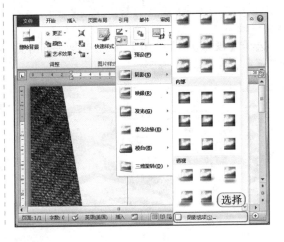

为什么这么做？

为图像设置阴影效果可以使图像更好地融合在背景中。在平面设计中，为图像添加阴影效果是一个很常见也很实用的手法。

STEP 13 设置阴影

打开"设置图片样式"对话框，设置"透明度、大小、虚化、角度、距离"为"55%、110%、47 磅、90°、6 磅"。

单击 关闭 按钮。

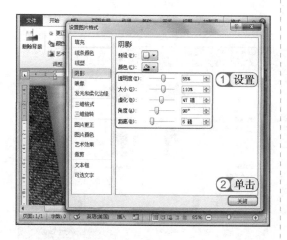

STEP 14 插入形状

选择【插入】/【插图】组，单击"形状"按钮。在弹出的下拉列表中选择"直线"选项。

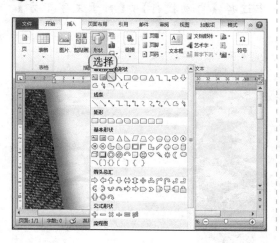

STEP 15 绘制直线

在牛仔布料图像上，从左上向右下拖动鼠标绘制一条斜线。

选择【格式】/【形状样式】组，单击"形状轮廓"按钮，在弹出的下拉列表中选择"白色"选项。

再次单击"形状轮廓"按钮，在弹出的下拉列表中选择【粗细】/【3 磅】选项。

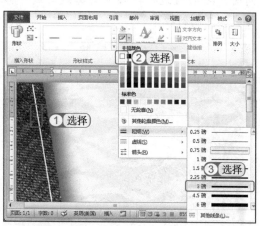

STEP 16 设置虚线

单击"形状轮廓"按钮，在弹出的下拉列表中选择【虚线】/【短划线】选项。

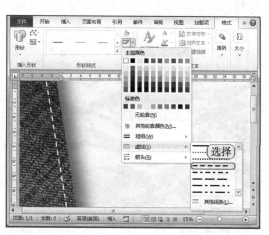

为什么这么做？

在牛仔布料图像上绘制斜线是为了制作针线的痕迹，通过该痕迹突出牛仔布料的质感，并衬托出牛仔裤主题，使文档风格区别于其他海报。

STEP 17 ▶ 复制斜线

选中绘制的斜线，按"Shift+Alt"快捷键的同时，拖动斜线将其移动到斜线右边，释放鼠标复制斜线。

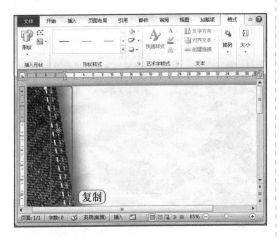

STEP 18 ▶ 插入图片

选择【插入】/【插图】组，单击"图片"按钮📷。

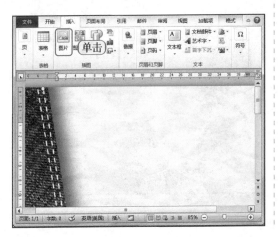

STEP 19 ▶ 选择插入的图片

打开"插入图片"对话框，选择"新品标志.png"图像。

单击 插入(S) ▼ 按钮。

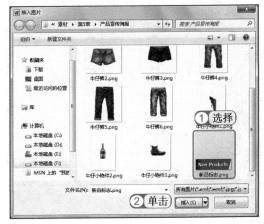

STEP 20 ▶ 设置图片自动换行

在插入的图像上右击，在弹出的快捷菜单中选择【自动换行】/【衬于文字下方】命令。

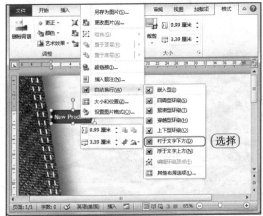

STEP 21▶ 设置图片自动换行

选中新品标志图像，将图像上方的绿色圆点向右稍微拖动旋转图片，使新品标志图像的左边与牛仔布料斜面切合，制作出牛仔裤上缝制的标签效果。

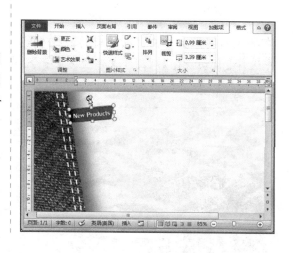

5.1.2　为文档添加商品图案

编辑好海报的背景后，用户即可根据文档背景为海报添加商品以及牛仔元素。其具体操作如下：

STEP 01▶ 插入图片

选择【插入】/【插图】组，单击"图片"按钮。

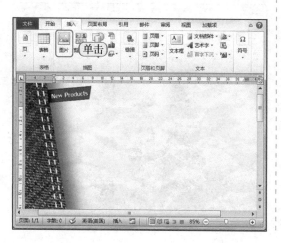

STEP 02▶ 选择插入的图片

打开"插入图片"对话框，选择"牛仔裤1.png"图像。

单击 插入(S) ▼按钮。

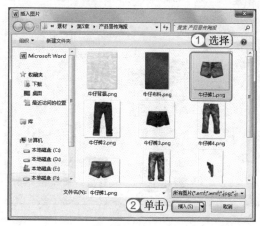

STEP 03 设置图片自动换行

在插入的图像上右击，在弹出的快捷菜单中选择【自动换行】/【浮于文字上方】命令。

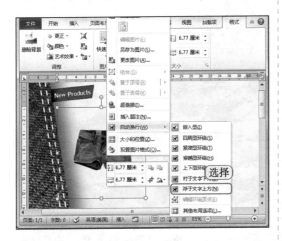

STEP 04 插入其他图像

使用相同的方法将其他图像插入文档，并移动到相应的位置。

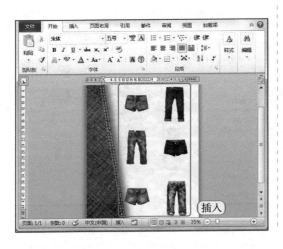

STEP 05 为图像设置样式

选择刚刚插入的6幅图像，选择【格式】/【图片样式】组，在"快速样式"列表框中选择"矩形投影"选项。

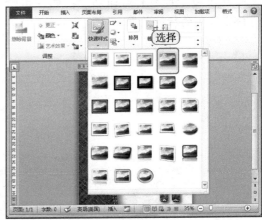

STEP 06 插入装饰图像

打开"插入图片"对话框，将"牛仔小物件1.png"图像插入文档中，并将"自动换行"设置为"衬于文字下方"。最后将其旋转后移动到文档右下角。

关键提示——保证图像大小相同

　　在插入图像时，由于6幅图像的大小有所不同，为了版面的整洁，用户需要将图像调整为基本相同的大小。

STEP 07 为图像设置图像样式

选择刚刚插入的图像，选择【格式】/【调整】组，单击"艺术效果"按钮。在弹出的下拉列表中选择"铅笔素描"选项。

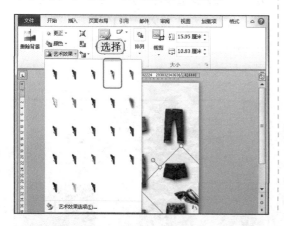

STEP 08 继续插入装饰图像

使用相同的方法，分别插入"牛仔小物件1.png"、"牛仔小物件2.png"图像，并为其设置"铅笔素描"艺术效果。

为什么这么做？

为装饰图像设置"铅笔素描"艺术效果，是为了使装饰图像与商品图像的效果有所区分，使之不会喧宾夺主。此外，为了使装饰图像更好地与海报的版式相结合，所以才会在插入完商品图像后再插入装饰图像。

5.1.3 为海报添加文字

在为海报插入图像后，就可以根据实际情况为海报添加文字说明了。需要注意的是，在实际制作海报时，如果文字和图片都过多，用户还可以先插入一张商品图片，再输入商品相关信息，然后再将制作好的图片、相关信息复制出相应的个数，看该页面是否能容纳这些内容。如果不能容纳，可再对文字内容、排版方式进行精简、调整。下面将为海报添加文字，其具体操作如下：

STEP 01 选择绘制形状

选择【插入】/【插图】组，单击"形状"按钮。在弹出的下拉列表中选择"直线"选项。

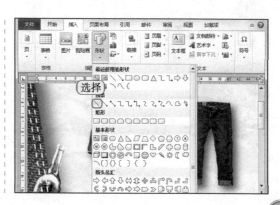

STEP 02 绘制直线

按住 "Shift" 键，在第一排商品图像下方绘制一条直线。

选择【格式】/【形状样式】组，单击"形状轮廓"按钮。在弹出的下拉列表中选择"黑色"选项。

单击"形状轮廓"按钮。在弹出的下拉列表中选择【粗细】/【4.5磅】选项。

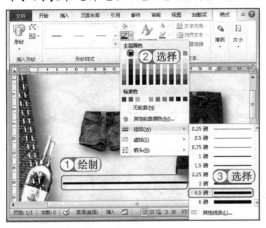

STEP 03 绘制文本框

选择【插入】/【文本】组，单击"文本框"按钮。在弹出的下拉列表中选择"绘制文本框"选项。

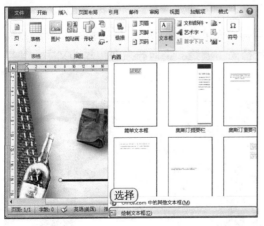

STEP 04 输入价格

在绘制的直线上方绘制文本框，选择【开始】/【字体】组，设置"字体、字号"为"方正大黑简体、初号"。

在文本框中输入"￥139"。

STEP 05 取消文本框的边框

选择【格式】/【形状样式】组，单击"形状轮廓"按钮。在弹出的下拉列表框中选择"无轮廓"选项。

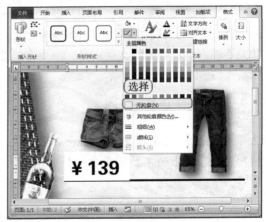

STEP 06 ▶ 取消文本框的填充

选择【格式】/【形状样式】组，单击"形状填充"按钮 🎨。在弹出的下拉列表中选择"无填充颜色"选项。

STEP 08 ▶ 绘制文本框输入商品特点

在第一排商品图像的左上方绘制一个文本框，输入"潮流正品 LOOP 女款 修身美体穿出女人味"文本。

选中输入的文本，再选择【开始】/【字体】组，设置"字体、字号"为"方正粗圆简体、五号"。

选择【开始】/【段落】组，单击"项目符号"按钮 ⯂。

STEP 07 ▶ 输入其他价格

使用相同的方法，绘制黑色直线，并在绘制的文本框中输入价格。

STEP 09 ▶ 去掉文本框轮廓和底纹

选择【格式】/【形状样式】组，设置"形状填充、形状轮廓"为"无填充颜色、无轮廓"。

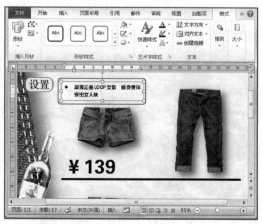

STEP 10 ▶ 制作其他商品介绍

使用相同的方法在第 2 排和第 3 排商品图片上方绘制文本框，为其添加商品介绍。

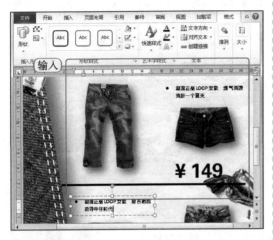

STEP 11 ▶ 选择艺术字格式

选择【插入】/【文本】组，单击"艺术字"按钮 。在弹出的下拉列表中选择"填充 - 橄榄色，强调文字颜色 3，轮廓 - 文本 2"选项。

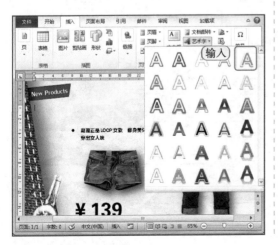

STEP 12 ▶ 输入艺术字

在艺术字文本框中输入"LOOP 女性牛仔裤专区"文本。

选择【开始】/【字体】组，设置"字体、字号"为"方正粗圆简体、小初"，并将该文本框移至页面顶端。

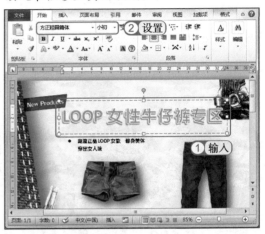

STEP 13 ▶ 绘制文本框

在文档左下角绘制一个文本框，输入"舒适的版型　精致的工艺　超酷的着装风格　新品全面上市"文本，选中输入的文本。

选择【开始】/【字体】组，设置"字体、字号"为"方正粗圆简体、小二"。

单击"字体颜色"按钮 旁的 按钮，在弹出的下拉列表中选择"橙色"选项。

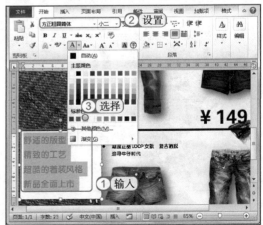

关键提示——快速输入海报内容

为了快速输入价码以及商品简介，用户可使用复制的方法，将之前制作的价码和商品简介复制。最后，修改其中的内容即可。

STEP 14 ▶ 继续设置字体

选中"新品全面上市"文本，设置"字号"为"一号"。将文本框上方的绿色圆点向左拖动旋转文本框。

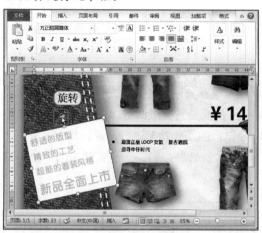

STEP 15 ▶ 取消文本框轮廓填充

选择【格式】/【形状样式】组，设置"形状填充、形状轮廓"为"无填充颜色、无轮廓"。

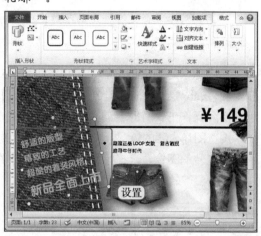

5.1.4 关键知识点解析

制作本例所需要的关键知识点中，"使用形状绘制虚线"、"为文档插入图像"、"通过文本框输入文本"知识已经在前面的章节中进行了详细介绍，此处不再赘述，其具体的位置分别如下。

⊃ **通过文本框输入文本**：该知识的具体讲解位置在第 4 章的 4.3.5 节。

⊃ **使用形状绘制虚线**：需先绘制直线并设置形状轮廓，绘制形状的方法在第 2 章的 2.1.5 节。

⊃ **为文档插入图像**：该知识的具体讲解位置在第 2 章的 2.1.5 节。

1. 通过图像样式为图像设置效果

为使插入到文档中的图像更具特别效果，并不一定需要使用别的图像处理软件对图像进行处理和美化。使用 Word 自带的一些图片样式就能简单、快捷地对图像进行美化，通过图像样式为图像设置效果的方法有 3 种，分别介绍如下。

⊃ **通过"快速样式"列表框设置**：选择需要设置样式的图像后，选择【格式】/【图像样式】组，再在"快速样式"列表框中设置图像的样式即可。快速样式列表框中的样式都是一些常见的样式，操作简单，但其效果不能进行调整。

- 通过"图像样式"按钮 ：选择需要设置样式的图像后，选择【格式】/【图像样式】组，单击"图像样式"按钮 ，在弹出的下拉列表中选择需要添加的样式，再在下一级子菜单中详细对效果进行选择调整。这种方式较"快速样式"列表框效果更加精确。

- 通过"设置图片格式"对话框：选择需要设置样式的图像后，选择【格式】/【图像样式】组，单击右下角的 按钮。打开"设置图片格式"对话框，在其中即可对图片的各种效果进行精确的设置。虽然通过"设置图片格式"对话框能得到最好的效果，但需要用户对参数含义有一定的了解，所以对初学者来说有一定的难度。

2. 旋转图像角度

将图像插入到文档中后，用户可以随意对图像的角度进行设置。最常使用的方法是，选中要旋转的图像后，拖动图像上出现的绿色圆点。使用这种方法能随意对图像角度进行调整。但在实际操作中，有时会遇到一些照片左右方向相反，或是需要顺时针、逆时针旋转后才能正常浏览图像内容的情况。此时，就可以通过 Word 自带的旋转功能进行设置。其方法是：选择需要旋转的图像，选择【格式】/【排列】组，单击"旋转"按钮 ，再在弹出的下拉列表中选择需要旋转的方向即可。

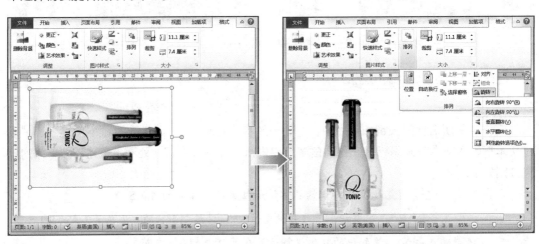

5.2 制作调查问卷

本例将制作一份市场调查问卷，用于获得市场反馈信息，再根据反馈情况对销售方式、产品类型等重新进行调整，以提高销售量，其最终效果如下图所示。

示例文件

资源包\素材\第 5 章\问卷调查
资源包\效果\第 5 章\问卷调查 .docx
资源包\实例演示\第 5 章\制作问卷调查

◎ **案例背景** ◎

　　调查问卷是一种调查方式，通过有意设计的调查问卷，方能得到准确、有针对性的问题回复。

设计问卷，是制作调查问卷的关键。要使被调查者乐于回答问题需要一定的技巧。在制作调查问卷前，一定要确定调查的方向，根据调查方向按逻辑顺序设置题目，一般都是由简单到复杂。再者设计调查问卷还需要简单易懂，不能出现行业中的专业词汇。除此之外，还需要控制调查问卷的题量，一般回答时间不宜超过 10 分钟。

在制作调查问卷前，搜集资料时若有条件可以先对一些调查对象进行访问。这样可以帮助设计者更好地了解消费者的习惯、文化水平等。需要注意的是，调查对象的差异越大，问卷调查就越不易设计，如一个适合家庭妇女的问卷调查就不一定适合职业女性。

目前调查问卷表主要通过两种形式进行发布，一种是网站调查平台，另一种是随产品一起发送，最后由消费者寄回。网站调查平台实现起来较简单，只需将设计好的内容发送到网站上即可。而本例制作的随产品一起发送、最后由消费者寄回的问卷调查，不但需要设计者对问题进行设计，还需要设计者在调查表版式上花一定的功夫，使其看起来符合企业形象。由于本问卷调查需要消费者寄回，所以在设计时，就需要给予消费者一定的好处，促使调查问卷被寄回。

◎关键知识点◎

要完成本例的制作，需要掌握几个关键知识点。这几个关键知识点的内容以及其知识的难易程度如下：

➲ 使用快速样式插入艺术字（★★）　　➲ 为图片设置图片效果（★★★）

➲ 为形状设置外观和轮廓（★★★）　　➲ 通过开发工具添加选项（★★★★）

➲ 为表格添加表格样式（★★★）

5.2.1　制作调查问卷背景

由于调查问卷一般问题较少，且属于一次使用，为了节约成本，调查问卷使用的纸张质量以及纸张大小都不会太大、太好。常见的调查问卷纸张大小一般为 16 开，部分题量较多的调查表纸张略大一些。所以在输入调查问卷前需要先对调查问卷纸张进行设置并添加背景。其具体操作如下：

STEP 01▶ 选择其他页面大小

启动 Word, 新建文档。选择【页面布局】/【页面设置】组, 单击"纸张大小"按钮 ⬚, 在弹出的下拉列表中选择"其他页面大小"选项。

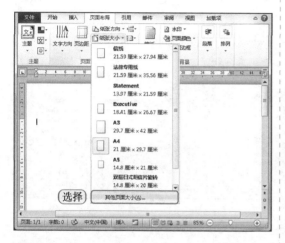

STEP 02▶ 设置纸张大小

　　打开"页面设置"对话框, 选择"纸张"选项卡。

　　在"纸张大小"下拉列表框中选择"16 开(18.4×26 厘米)"选项。

　　单击 ▭确定▭ 按钮。

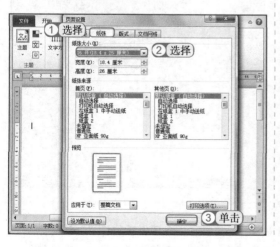

STEP 03▶ 进入页眉编辑状态

选择【插入】/【页眉和页脚】组, 单击"页眉"按钮 ⬚。在弹出的下拉列表中选择"编辑页眉"选项。

STEP 04▶ 去掉页眉多余黑线

双击鼠标进入页眉编辑状态, 将鼠标光标定位到页眉的横线上。选择【开始】/【样式】组, 单击"样式"列表框右下角的 ▾ 按钮。在弹出的下拉列表中选择"清除格式"选项。

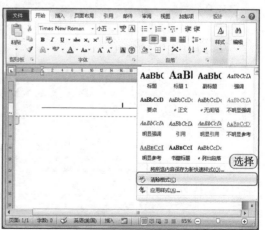

STEP 05 ▶ 插入图像

选择【插入】/【插图】组，单击"图片"按钮 。

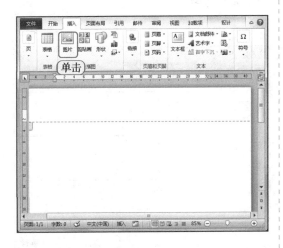

STEP 06 ▶ 选择图片

　　打开"插入图片"对话框，在其中选择"调查问卷背景 .png"图像。

　　单击 插入(S) 按钮。

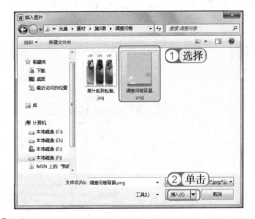

STEP 07 ▶ 设置图像自动换行

在刚插入的图像上右击，在弹出的快捷菜单中选择【自动换行】/【衬于文字下方】命令。

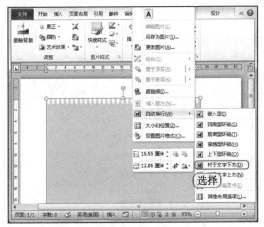

STEP 08 ▶ 放大图像

　　使用鼠标拖动图像右下角的控制点，将图像放大到和文档页面一样大小，并覆盖到页面上。

　　选择【设计】/【关闭】组，单击"关闭页眉和页脚"按钮 。

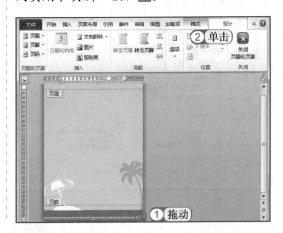

为什么这么做？

　　通过页眉 / 页脚编辑状态将整张图像作为背景时，一定要在插入图像后，将"自动换行"设置为"衬于文字下方"或"浮于文字上方"，否则图像会受到页眉编辑线的影响，致使整个图像不能覆盖到整个页面上。

5.2.2　输入调查问卷标题和开场语

在制作完调查问卷背景后，用户就可以输入调查问卷的标题、开场语以及信息表，其具体操作如下：

STEP 01 输入开场语

选择【开始】/【字体】组，设置"字体、字号"为"黑体、小五"。

按 4 次"Enter"键，换行 4 次。输入开场语。

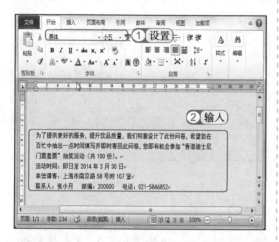

STEP 02 插入图片

选择【插入】/【插图】组，单击"图片"按钮 。

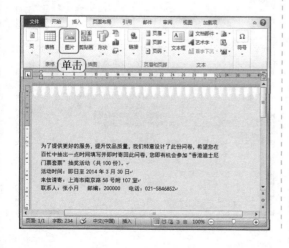

STEP 03 选择图片

打开"插入图片"对话框，在其中选择"果汁系列包装.jpg"图像。

单击 插入(S) 按钮。

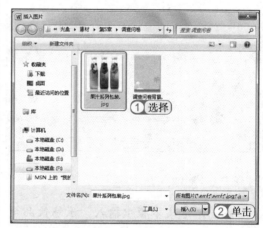

STEP 04 设置图像自动换行

在刚插入的图像上右击，在弹出的快捷菜单中选择【自动换行】/【四周型环绕】命令。

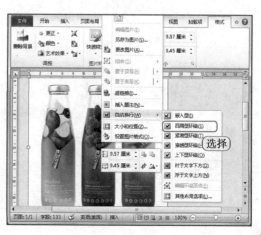

STEP 05 ▶ 选择艺术字样式

选择【插入】/【文本】组，单击"艺术字"按钮 ▲。在弹出的下拉列表中选择"填充 - 橙色，强调文字颜色 6，渐变轮廓 - 强调文本颜色 6"选项。

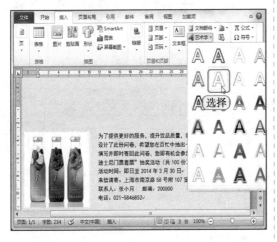

STEP 06 ▶ 输入艺术字

在艺术字文本框中输入"乐悠饮品调查问卷"文本。

选中输入的文本，再选择【开始】/【字体】组，设置"字体、字号"为"方正少儿简体、小初"，将文本框移至页面顶端。

STEP 07 ▶ 设置图像样式

选择插入的"果汁系列包装"图像。

选择【格式】/【图片样式】组，单击"图片效果"按钮 ▯。在弹出的下拉列表中选择【发光】/【橙色，11pt 发光，强调文字颜色 6】选项。

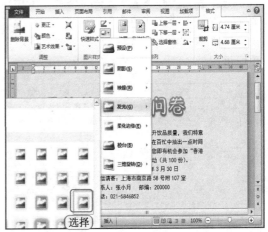

STEP 08 ▶ 插入表格

将鼠标光标移动到文字后，按 4 次"Enter"键，换行 4 次。选择【插入】/【表格】组，单击"表格"按钮 ▦，在弹出的下拉列表中选择"插入表格"选项。

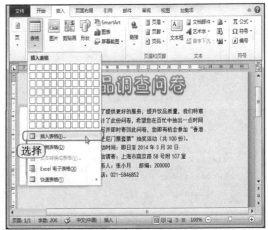

STEP 09 ▶ 设置表格尺寸

打开"插入表格"对话框，设置"列数、行数"为"6、4"。

单击 确定 按钮。

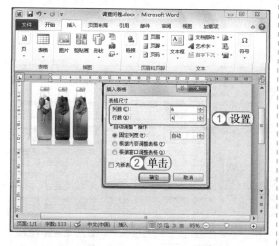

STEP 10 ▶ 输入数据

在刚刚插入的表格中，输入基础信息。

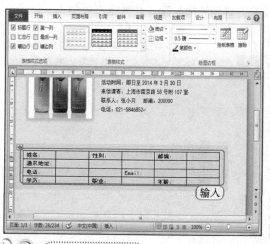

STEP 11 ▶ 合并调整单元格

对"通讯地址、电话、Email"后的单元格进行合并，并拖动鼠标调整其列宽。

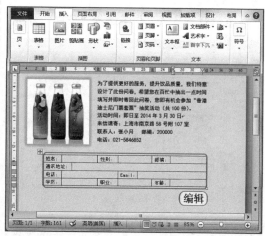

STEP 12 ▶ 设置表格属性

单击表格左上角的⊞按钮选择整个表格。

选择【布局】/【表】组，单击"属性"按钮。

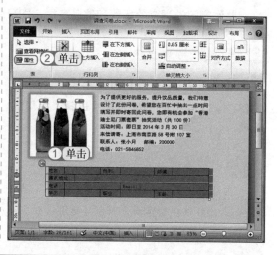

为什么这么做?

制作调查问卷时，在表格中设计学历、职业、年龄和性别等调查数据很重要。只有通过这些数据，其他一些有针对性的问题才会有价值。

设置表格属性

打开"表格属性"对话框，选中☑指定宽度(W)复选框，设置其后方的数值框值为"15厘米"。

在"对齐方式"栏下选择"居中"选项。

单击 确定 按钮。

选择表格样式

选择【设计】/【表格样式】组，单击"表格样式"列表框左下角的 ▼ 按钮，在弹出的下拉列表中选择"浅色底纹-强调文本颜色6"选项。

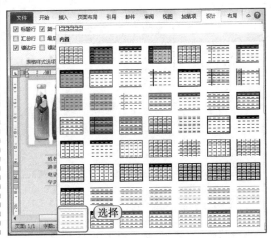

5.2.3 添加调查问卷问题

制作完问卷调查的标题和信息表后，即可输入调查问卷的问题。其具体操作如下：

STEP 01 选择形状

选择【插入】/【插图】组，单击"形状"按钮 ，在弹出的下拉列表中选择"矩形"选项。

 为什么这么做？

虽然调查问卷的形式很随意，但为了显得正式，可以在制作调查问卷时使用一些小标题分割问卷内容。

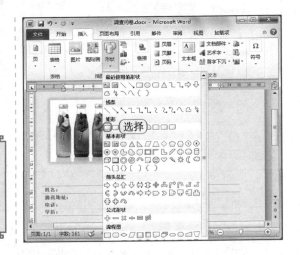

STEP 02 为形状添加文本

在表格上方绘制一个矩形，在绘制的矩形上右击，在弹出的快捷菜单中选择"添加文字"命令。

选择【开始】/【字体】组，设置"字体、字号"为"汉仪粗圆简、小四"。

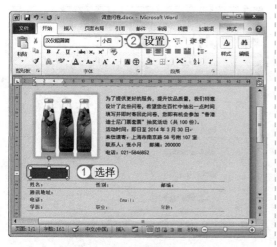

STEP 03 输入文本

在形状中输入"基础资料"文本。

选择【格式】/【形状样式】组，单击"轮廓填充"按钮，在弹出的下拉列表中选择"无轮廓"选项。

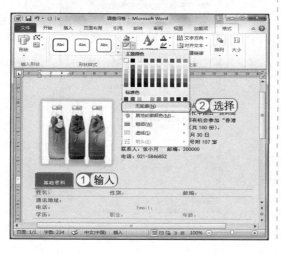

STEP 04 设置形状填充颜色

选择【格式】/【形状样式】组，单击"填充颜色"按钮，在弹出的下拉列表中选择"橙色"选项。

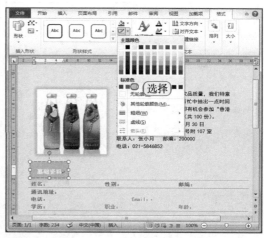

STEP 05 设置映像效果

选择【格式】/【形状样式】组，单击"形状效果"按钮，在弹出的下拉列表中选择"半映像，接触"选项。

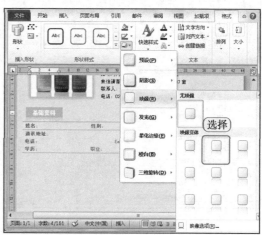

STEP 06 ▶ 复制形状

将鼠标光标定位在表格后面，按3次"Enter"键。选中刚刚编辑的形状，按"Shift+Ctrl"快捷键向下拖动到表格下方。释放鼠标复制一个形状。

STEP 07 ▶ 输入问卷问题

将复制形状上的文本修改为"问卷问题"文本。

在形状下方输入问卷的问题。

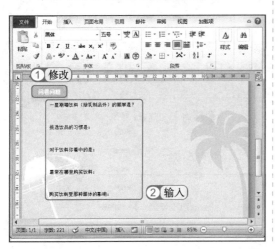

STEP 08 ▶ 添加编号

选中输入的问卷调查。

选择【开始】/【段落】组，单击"编号"按钮 ≡。

选择【开始】/【段落】组，单击 按钮。

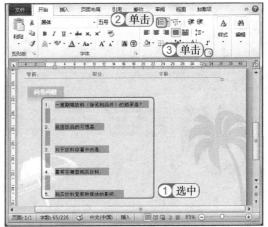

STEP 09 ▶ 设置段落缩进

打开"段落"对话框，在"缩进"栏设置"左侧"为"-3字符"。

单击 确定 按钮。

5.2.4　为调查问卷添加问题选项

为调查问卷添加问题后，还需要添加问题选项。通过问题选项的设计可以诱导用户答题，同时降低回答问卷的难度，使更多的人参与到调查中。下面为调查问卷添加问题选项，其具体操作如下：

STEP 01▶ 设置选项

选择【文件】/【选项】命令。

为什么这么做？

在默认情况下，Word 的主选项卡中没有"开发工具"选项卡。而接下来需要制作的问题选项，需要使用到"开发工具"选项卡中的控件。所以在添加问题选项前，需先设置在操作界面显示"开发工具"选项卡。

STEP 02▶ 添加开发工具

打开"Word 选项"对话框，选择"自定义功能区"选项卡。

在"自定义功能区"选项栏下的"主选项卡"列表中选中☑开发工具复选框。单击按钮。

STEP 03▶ 添加单选按钮

将鼠标光标定位在"性别"后的单元格中。

选择【开发工具】/【控件】组，单击"旧式工具"按钮，在弹出的下拉列表中选择"选项按钮"选项。

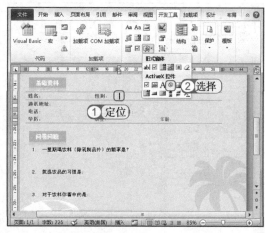

STEP 04 ▶ 为控件设置名称

选择【开发工具】/【控件】组，单击"控件属性"按钮 🖫。

在打开的"属性"对话框中，将"Caption"选项设置为需要显示的选项名称，这里输入"男"。

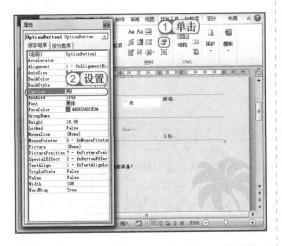

STEP 05 ▶ 设置控件宽高

设置"BackColor"选项，为单选按钮添加底纹颜色，这里设置为"&H00C0E0FF&"。

设置"Height"选项，为单选按钮的高度，这里设置为"14.95"。

设置"Width"选项，为单选按钮的宽度，这里设置为"29.85"。

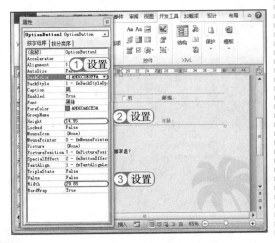

STEP 06 ▶ 为控件宽高

将鼠标光标定位在"男"选项按钮后，使用相同的方法，再次插入一个单选按钮。

在"属性"对话框中，设置"Caption、Height、BackColor、Width"参数为"女、&H00C0E0FF&、14.95、29.85"。

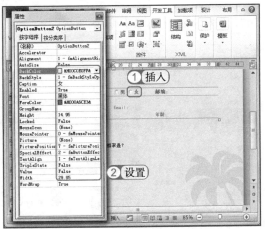

STEP 07 ▶ 添加第一个问题的选项

将鼠标光标定位在第 1 个问题下，并插入 3 个单选按钮，用空格将其分开。再在"属性"对话框中设置"Caption、Height、BackColor、Width"参数。

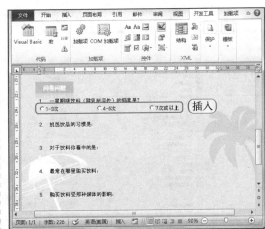

STEP 08 ▶ 添加复选框

将鼠标光标定位在第 2 个问题下。

选择【开发工具】/【控件】组，单击"旧式工具"按钮，在弹出的下拉列表中选择"复选框"选项。

STEP 09 ▶ 设置复选框

在"属性"对话框中设置"Caption、Height、BackColor、Width"参数为"外包装新颖、&H00C0E0FF&、15.05、75.35"。

STEP 10 ▶ 添加其他复选框

使用相同的方法为其他问题添加复选框。

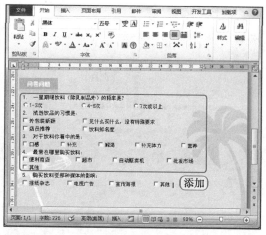

STEP 11 ▶ 选择形状

选择【插入】/【插图】组，单击"形状"按钮，在弹出的下拉列表中选择"直线"选项。

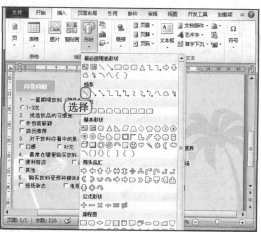

STEP 12 绘制直线

拖动鼠标，在第 4 个问题的"其他"选项后绘制一条直线。

选择【格式】/【形状样式】组，单击"形状轮廓"按钮 。在弹出的下拉列表中选择"黑色"选项。

STEP 13 复制形状

选择刚刚绘制的直线，按"Shift+Ctrl"快捷键向下拖动到最后一个问题的"其他"选项后。释放鼠标复制一条直线。

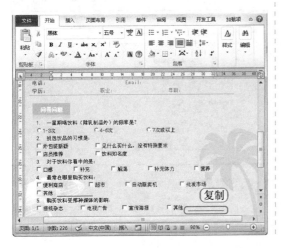

STEP 14 复制形状

在最后一个问题后，按 2 次"Enter"键。输入"注意：请在符合情况的选项上画√"文本。

选择【开始】/【字体】组，设置"字体、字号"为"宋体、小五"。

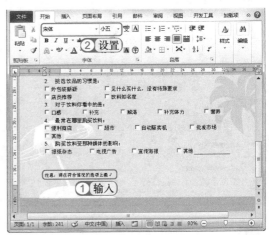

为什么这么做？

在调查问卷中为了获得一些新信息突破口，用户在制作、设计调查问卷时，不妨添加一些简单的需要消费者手写的选项。但手写选项不能太多，过多的手写选项会使填写调查问卷的消费者失去耐心。一般 10 个问题的问卷调查最多设置 2~3 个手写选项。

5.2.5　为调查问卷制作印花

在问卷调查、产品回馈表或产品包装中添加印花，可以从一定程度上提高销售量。有些消费者可能并不会参加调查问卷而会参加收集印花的活动。下面为调查问卷制作印花，其具体操作如下：

STEP 01 插入图片

选择【插入】/【插图】组，单击"图片"按钮。

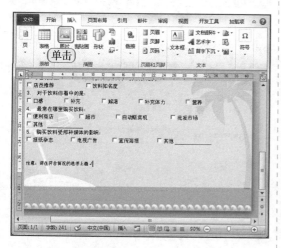

STEP 03 选择图像自动换行

在插入的图片上右击，在弹出的快捷菜单中选择【自动换行】/【浮于文字上方】命令。

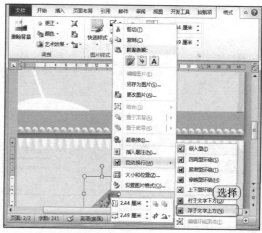

STEP 02 选择图片

打开"插入图片"对话框，在其中选择"印花.png"图像。

单击 插入(S) 按钮。

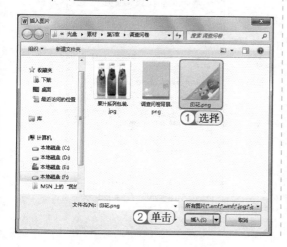

STEP 04 绘制直线

将插入的图像放大后移动到文档的右下角，并在印花的边缘绘制一条斜线。

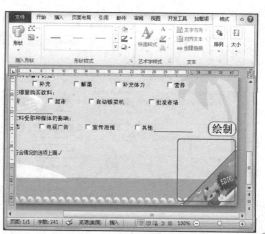

STEP 05 设置斜线粗细

选择绘制的斜线，选择【格式】/【形状样式】组，单击"形状轮廓"按钮，在弹出的下拉列表中选择"黑色"选项。

再次单击"形状轮廓"按钮，在弹出的下拉列表中选择【粗细】/【1.5磅】选项。

STEP 07 输入文字

在文档右下角绘制一个文本框，选择【开始】/【字体】组，设置"字体、字号"为"黑体、7.5"。

在文本框中输入"收集满二十个印花可获得乐悠什锦香甜果汁饮料一打"文本。

选中输入的文本，再选择【开始】/【段落】组，在右下角单击按钮。

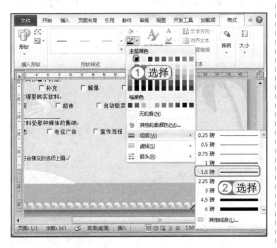

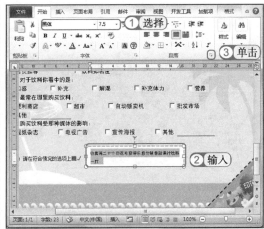

STEP 06 将斜线设置为虚线

单击"形状轮廓"按钮。在弹出的下拉列表中选择【虚线】/【短划线】选项。

STEP 08 设置段落

打开"段落"对话框，设置"行距、设置值"为"固定值、9磅"。

单击 确定 按钮。

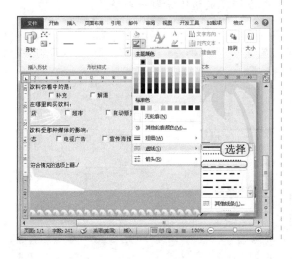

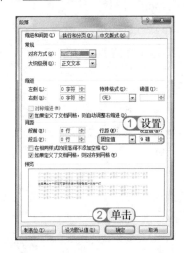

STEP 09 ▶ 去掉文本框边框和填充

旋转文本框，将其移动到印花图像上方。选择【格式】/【形状样式】组，设置"形状轮廓、形状填充"为"无轮廓、无填充颜色"。

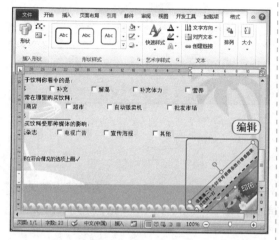

STEP 10 ▶ 绘制文本框

在文档中绘制一个文本框。

选择【插入】/【符号】组，单击"符号"按钮Ω。在弹出的下拉列表中选择"其他符号"选项。

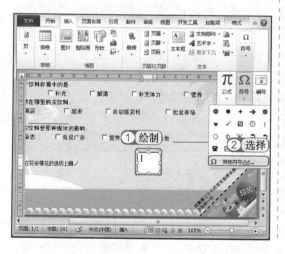

STEP 11 ▶ 选择插入的字符

打开"符号"对话框，在符号列表中选择✂选项。

单击 插入(I) 按钮后再单击 关闭 按钮，返回工作界面。

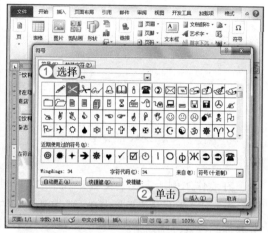

STEP 12 ▶ 设置字符大小

选择插入到文本框中的字符。

选择【开始】/【字体】组，设置"字号"为"二号"。

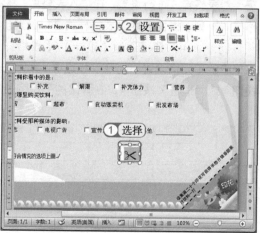

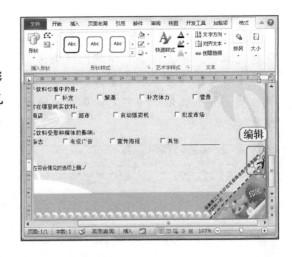

STEP 13 ▶ 编辑文本框

旋转文本框，将其移动到印花图像右上角。选择【格式】/【形状样式】组，设置"形状轮廓、形状填充"为"无轮廓、无填充颜色"。

5.2.6 关键知识点解析

在制作本例所需要的关键知识点中，"使用快速样式插入艺术字"、"为形状设置外观和轮廓"和"为图片设置图片效果"知识已经在前面的章节中进行了详细介绍，此处不再赘述，其具体的位置分别如下。

◯ 使用快速样式插入艺术字：该知识的具体讲解位置在第 3 章的 3.2.3 节。

◯ 为形状设置外观和轮廓：该知识的具体讲解位置在第 4 章的 4.3.5 节。

◯ 为图片设置图片效果：该知识的具体讲解位置在第 4 章的 4.3.5 节。

1. 为表格添加表格样式

在文档中插入表格后，表格的外观都千篇一律，毫无创意。为了使文档看起来不枯燥，需要对表格样式进行设置。在插入表格后，将激活"设计"选项卡，在该选项卡中可以通过"表格样式"列表框快速地对表格样式进行设置。

此外，用户还可通过【设计】/【表格样式】组中的"底纹"按钮　和"边框"按钮　对表格中的单元格设置不同底纹和边框。其方法是：选中需要设置样式的单元格，再单击"底纹"按钮　或"边框"按钮　，在弹出的下拉列表中选择要设置的底纹与边框即可。

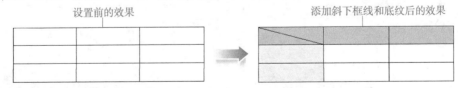

设置前的效果　　　　　　　　　　　　　　添加斜下框线和底纹后的效果

2. 通过开发工具添加选项

使用"开发工具"选项卡能完成很多工作，如编程、制作 **XML**、制作表单和设置安全保护等。对于初学者来说，在实际工作中较常使用的是设置安全保护和制作表单，其使用方法如下。

⊃ 设置安全保护：选择【开发工具】/【保护】组，单击"限制编辑"按钮▤。在打开的"限制格式和编辑"窗格中，即可对编辑者和运行编辑的类型进行设置。

⊃ 制作表单：使用【开发工具】/【控件】组，可以将文档制作成网页表单的格式，如填写注册信息的网页等。用户只需使用控件将表单制作出来，再将其保存为网页格式，就可通过 Word 文档制作网页表单。

‖5.3 高手过招

1. 为图像删除背景

在文档中插入图片后，为了使图像更好地与文档融合，最好去掉图像的背景。需要注意的是，并非所有的图像背景都需要使用专业的图像处理软件将背景删除后再插入 Word。当背景简单且背景色和主体图对比色很大时，就可通过 Word 的"删除背景"功能将背景删除。

下面将在"鞋子.docx"文档中通过"删除背景"功能删除文档中的图像背景。其具体操作如下：

示例文件

资源包\素材\第 5 章\鞋子.docx
资源包\效果\第 5 章\鞋子.docx
资源包\实例演示\第 5 章\为图像删除背景

STEP 01 选择删除背景的图像

打开"鞋子.docx"文档，选择要删除背景的图像。

选择【格式】/【调整】组，单击"删除背景"按钮▤。

STEP 02 调整删除范围

此时，图像背景将变为紫色，即需要删除的部分。拖动删除框，使整只手都包含在删除框中。

在【背景消除】/【关闭】组中单击"保留更改"按钮✓完成本例的制作。

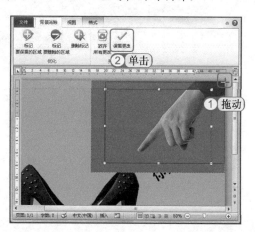

技巧秒杀——重新设置删除区域

有时因为一些图像的对比度不高，而会造成在单击"删除背景"按钮 🔲 后，需要的位置也会变成紫色。此时，用户只需选择【背景删除】/【优化】组，单击"标记要保存的区域"按钮 🟢，再使用鼠标在需要保存的位置上拖动，重新绘制删除区域即可。

2. 裁剪图像

在制作一些方案、策划类的文档时，时常需要插入很多图像素材。这些图像素材可能来自网络，也可能是通过相机实地拍摄的。网上的图像一般在角落的位置有水印，而相机实地拍摄的图像，很可能因为拍摄水平不高而将过多杂乱的内容拍摄到图像中。这时，为了文档的美观以及正规性，需要将图像中的水印或杂乱的内容裁剪掉。

通过 Word，用户可以对图像快速地进行裁剪，其方法是：选择要裁剪的图像，再选择【格式】/【大小】组，单击"裁剪"按钮 🖼️，拖动绘制需要保留部分的裁剪框，按"Enter"键，裁减掉框外的部分。

本章将对日常办公中的一些常用文档进行编辑，通过对这些实例的制作，让用户在使用 Word 制作、美化文档时更加得心应手，轻松完成各种文档的制作。

Word 2010

第 **6** 章

Chapter

Word 与其他应用

6.1 制作采购买卖合同

本例将制作一份办公用品的采购买卖合同，可对公司的办公用品采购工作起到一定的约束、把关作用。同时该合同可以清楚查看所采购货物的名称、单价和总价等情况，并对一些可能会出现问题的解决方法列举出处理依据，其最终效果如下图所示。

办公用品采购买卖合同

甲方：广州博德贸易有限公司
乙方：广州光鼠科技有限公司
　　兹为甲方向乙方购下列货物，双方议定各方面条件如下：

货物名称及规范说明	复印纸（15 箱）、0.38mm 中性笔黑色签字笔（25 盒）、0.38mm 中性笔红色签字笔（25 盒）、2B 木质铅笔（20 盒）、标准型订书机（30 个）、重型订书机（5 个）、曲别针（100 盒）、重型打孔器（1 个）、标准型美工刀（50 把）、瓶型胶水（30 瓶）、封箱器（2 个）
单价	复印纸（234.00/箱）、0.38mm 中性笔黑色签字笔（12.80/盒）、0.38mm 中性笔红色签字笔（12.80/盒）、2B 木质铅笔（15.20/盒）、标准型订书机（11.50/个）、重型订书机（65.00/个）、曲别针（1.20/盒）、重型打孔器（96.00/个）、标准型美工刀（3.60/把）、瓶型胶水（2.90/瓶）、封箱器（8.00/个）
总价	5263.00（伍仟贰佰陆拾叁元整）
交货期限	2013 年 12 月 28 日
交货地点	广州门口工业区巨人路 97 号
运费	150.00（壹佰伍拾元整）
定金	500.00（伍佰元整）
付款方式	乙方必须为甲方提供 17%增值税发票，开票三日内甲方向乙方支付货款。如果乙方没有提供增值税发票，甲方有权拒绝付款
验货	质量以甲乙双方议定的质量标准及相关的国家和行业标准进行检验
延期扣款	若超过交货期限 1 至 3 日内，乙方应付给甲方 200.00（贰佰元整）赔偿金。
解约办法	乙方保证所提供所有产品为甲方所订购的产品，产品符合甲方规定的标准。如果产品质量与甲方规定的标准不符，乙方应负责更换；如更换后仍不能达到甲方规定标准，甲方有权退货，乙方应在两日内双倍退还定金
保证责任	1、办公用品包装应符合产品包装的相应的国家或行业标准 2、由于货物包装不符合标准而引起的损失或采用不充分、不妥善的防护措施而造成的损失，乙方应负担由此产生的一切费用
其他	1、本合同自签订之日起生效 2、本合同一式两份，双方各执一份 3、本合同应按照中华人民共和国的现行法律进行解释

甲方（盖章）：　　　　　　　　　　乙方（盖章）：
法定代表人　　　　　　　　　　　　法定代表人
或其委托代理人（签字）：　　　　　或其委托代理人（签字）：
地址：　　　　　　　　　　　　　　地址：
负责人：　　　　　　　　　　　　　负责人：
联系电话：　　　　　　　　　　　　联系电话：
开户银行：　　　　　　　　　　　　开户银行：
账号：　　　　　　　　　　　　　　账号：
签字日期：　　年　　月　　日　　　签字日期：　　年　　月　　日

示例
文件

资源包\素材\第 6 章\采购买卖合同 .txt
资源包\效果\第 6 章\采购买卖合同 .docx
资源包\实例演示\第 6 章\制作采购买卖合同

◉ **案例背景** ◉

　　买卖合同是很多公司都会用到的，它是经过双方谈判协商一致同意而签订的"供需关系"的法律性经济类合同。

　　在签订合同前，首先要查看供货方的资质，若没有资质，在购买时若出问题，用户很可能会受到经济上的损失。所谓的资质就是查看供货的营业执照，了解其经营范围、对方的资金、信用等情况。需要注意的是，如果进行的是外贸交易，更需要注意查看这一类供货方的资质。若是和某公司的子公司合作，用户不但需要查看子公司的资质情况，还要查看其母公司的资质情况。

　　当双方达成一致之后，才能进入合同制作期。合同内容一定要包括商品数量、规格、单价、交货地点、交货时间、付款方式、双方应承担的义务和违约的责任等。制作完成后交由双方负责人浏览，确定没有问题后签字盖公章。买卖合同和其他合同相同，都为一式两份签字盖公章，直接交由相关部门保管。

　　本例制作的买卖合同由于经常使用，可以制作为表格形式，需要时直接进行手写，最后签字盖章即可。但若一次购买的东西价值较高、数量较多时，则根据采购产品的特点另行撰写，且添加采购清单作为文件附件。

◉ **关键知识点** ◉

　　要完成本例的制作，需要掌握几个关键知识点。这几个关键知识点的内容以及其知识的难易程度如下：

　　⊃ 为表格添加表格样式（★★★★）　　⊃ 加粗边框（★★）
　　⊃ 调整单元格大小（★★）

6.1.1　输入标题和申明

　　本例新建一个文件，根据实际情况设置页边距，然后在其中输入标题和申明，其具体操作如下：

STEP 01 ▶ 自定义页边距

启动 Word 2010，选择【页面布局】/【页面设置】组，单击"页边距"按钮▢。在弹出的下拉列表中选择"自定义边距"选项。

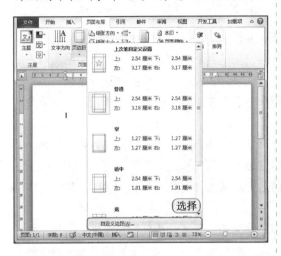

STEP 02 ▶ 设置页边距

打开"页面设置"对话框，设置"上、下、左、右"的页边距均为"1"。

单击 确定 按钮。

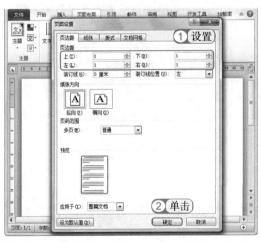

STEP 03 ▶ 输入标题

按"Enter"键换行，将对齐方式设置为居中。设置"字体、字号"为"黑体、二号"。

输入"办公用品采购买卖合同"文本。

STEP 04 ▶ 输入申明

按"Enter"键换行，将对齐方式设置为左对齐。设置"字体、字号"为"宋体、小四"。

输入申明文本。

为什么这么做？

由于该合同是表格形式，所以为了容纳更多的内容，需要尽可能地将表格制作得比较宽大。设置页边距影响着页面内容的多少，所以在输入标题前就应该先设置页边距。

6.1.2　为合同插入并编辑表格

在为合同输入标题和申明后就可以开始在文档中插入表格并根据内容调整表格，其具体操作如下：

STEP 01 ▶ 插入表格

按"Enter"键换行。选择【插入】/【表格】组，单击"表格"按钮▦，在弹出的下拉列表中选择"插入表格"选项。

STEP 02 ▶ 设置表格尺寸

打开"插入表格"对话框，设置"列数、行数"为"2、13"。

单击 确定 按钮。

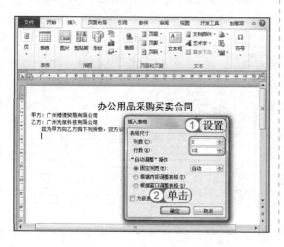

STEP 03 ▶ 在表格中输入合同事项

在刚插入的表格中输入主要的合同事项。

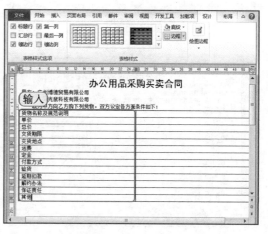

STEP 04 ▶ 调整单元格大小

选中表格中的文字，将其对齐方式设置为居中。

将鼠标指针移动到列分割线上，当指针变为◀▶形状时，向左拖动调整单元格列宽。

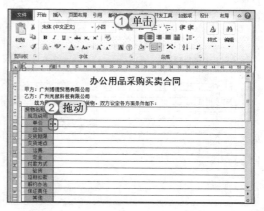

为什么这么做?

将合同制作为表格后，不但能降低填写难度，还能更加方便地修改其中的内容。若有需要，可以将其保存为空白表格，使用时再添加条款内容。

STEP 05 设置边框粗细

选择【设计】/【绘制边框】组，在其中设置"笔画粗细"为"1.5 磅"。

单击"绘制表格"按钮。

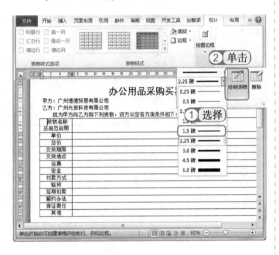

STEP 06 绘制边框

将鼠标指针移动到表格的边框上，沿着表格边框绘制，加粗表格四周的边框。

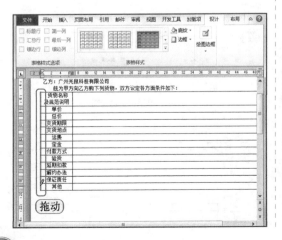

STEP 07 取消绘制状态

选择【设计】/【绘图边框】组，单击"绘制表格"按钮，退出边框绘制状态。

STEP 08 为单元格设置底纹

选择需要设置底纹的单元格。

选择【设计】/【表格样式】组，单击"底纹"按钮旁的 按钮，在弹出的下拉列表中选择"白色，背景 1，深色 15%"选项。

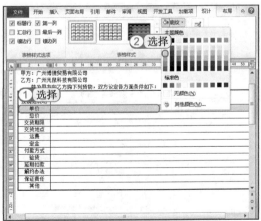

STEP 09 为其他单元格设置底纹

使用相同的方法，隔一排单元格为单元格设置底纹。

技巧秒杀——快速填充底纹

在设置完底纹后，若还要填充一样的底纹。可以选择需要填充底纹的单元格后，直接单击"底纹"按钮 ◈

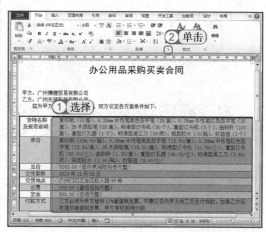

6.1.3 在表格中输入条款和落款

制作好表格后，用户就可以根据实际需要在表格中输入条款和落款，其具体操作如下：

STEP 01 输入合同内容

在表格中输入所有的合同内容。

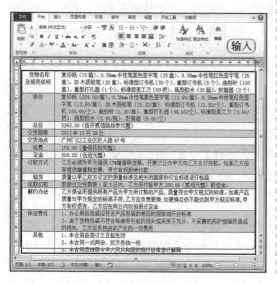

STEP 02 调整段落缩进

选中刚刚输入的合同内容。

选择【开始】/【段落】组，单击 按钮。

关键提示——金额输入的注意事项

为了便于阅读且保证合同金额的安全性，用户在输入阿拉伯数字的金额后，一定要在其后方添加汉字的大写数字，并在大写数字的金额后方添加"整"字，以防不法之徒修改金额。

STEP 03 设置段落缩进

打开"段落"对话框，在"缩进"栏设置"左侧、右侧"缩进值均为"1字符"。单击 确定 按钮。

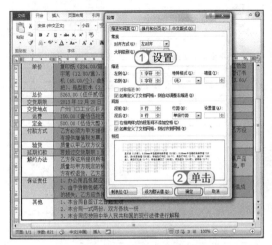

STEP 04 输入落款

将鼠标光标移动到表格后，按3次"Enter"键，再输入甲乙双方填写的内容。

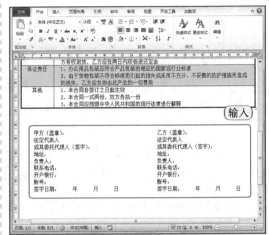

为什么这么做？

由于落款处签字、盖章都需要甲、乙双方在签订合同时填写，所以这里落款部分在制作时不填写任何信息。此外，为了整个文档的结构整齐，需在文档标题和表格上方各添加一行空白行。

6.1.4 关键知识点解析

制作本例所需的关键知识点中，"为表格添加表格样式"知识已经在第5章的5.2.6节中进行了详细介绍，这里不再赘述。下面主要对没有进行介绍的关键知识点进行讲解。

1. 加粗边框

在制作一些表格时，为了使文档看起来更加简洁、美观，通常会使用加粗边框的方法来实现。在实际办公中，用户不但可以通过绘制边框的方式加粗边框，还可以通过"边框和底纹"对话框设置加粗边框的效果。

下面通过使用"边框和底纹"对话框设置边框效果，其具体操作如下：

资源包\素材\第6章\招聘面试记录表.docx
资源包\效果\第6章\招聘面试记录表.docx

STEP 01 选择设置边框和底纹

单击表格左上角的⊞按钮，选中整个表格。

选择【设计】/【表格样式】组，单击"边框"按钮⊞旁的 ·按钮。在弹出的下拉列表中选择"边框和底纹"选项。

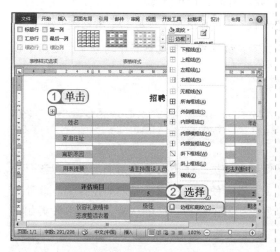

STEP 02 设置内部线条格式

打开"边框和底纹"对话框，在"样式"下拉类表框中选择第4种样式选项。

在"预览"栏中，单击⊞按钮和⊞按钮。

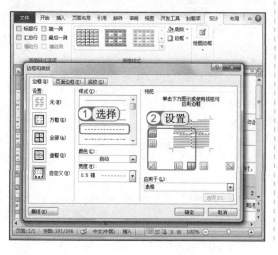

STEP 03 设置边框格式

在"样式"下拉列表框中选择第1种选项。设置"宽度"为"1.5磅"。

在"预览"栏中，单击⊞按钮、⊞按钮、⊞按钮和⊞按钮。

单击 确定 按钮。

STEP 04 查看最终效果

返回Word操作界面，即可看到通过"边框和底纹"对话框设置的边框效果。

2. 调整单元格大小

在 Word 中用户可以通过拖动鼠标的方法调整单元格的大小，也可以指定准确的单元格长、宽值。指定单元格长、宽的方法在表格中有很多单元格，且单元格大小相同时非常实用。指定单元格长、宽的方法有两种，分别介绍如下。

○ **指定单元格长、宽**：选择调整长、宽的单元格，再选择【布局】/【单元格大小】组，在"表格行高"、"表格行宽"数值框中输入行高、行宽即可。

○ **平均分布单元格**：选择需要调整长、宽的单元格，再选择【布局】/【单元格大小】组，单击"分布行"按钮 🎛 和"分布列"按钮 🎛，被选中的单元格将平均分布。这两个按钮常用于制作考勤表等。

6.2 制作员工手册

本例将制作一份酒店员工手册，该手册不仅可以使员工了解自己作为酒店员工应该有的态度、责任和义务，还能使酒店更好地管理员工，进而使酒店的服务品质有所保障。此外，该手册同样具有一定的制约性，可以同时督促酒店和员工履行自己的职责，其最终效果如下图所示。

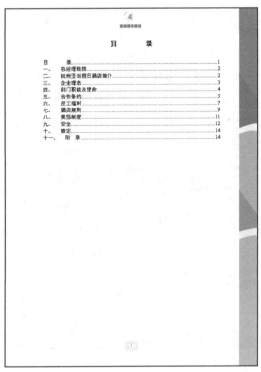

资源包\素材\第6章\酒店.png、亚当假日酒店.png、员工手册.txt
资源包\效果\第6章\员工手册.docx
资源包\实例演示\第6章\制作员工手册

◎案例背景◎

　　员工手册是企业内部的人事制度管理准则，除此之外，员工手册还有传播企业形象、企业文化的功能，通过它能让员工更多地认识到企业的历史，让员工以企业为傲。

员工手册一般是由人事部门拟定，再交由上级管理者审定并开会通过才能使用。员工手册适用于该公司的所有员工，在制定时虽然没有劳动合同的强制性。但通过员工手册可以更好地规范员工的行为，可以说员工手册和劳动合同是相辅相成的，缺一不可。

虽然每个公司、企业所从事的工作有所不同，但常见的员工手册一般需要有以下几方面的内容。

- **手册前言**：对员工手册的目的和效力给予说明。
- **公司简介**：用于介绍公司的历史、宗旨等。使每位员工对公司的过去、现状和文化有一定了解。
- **手册总则**：包括礼仪守则、公共财产、办公室安全、人事档案管理、员工关系、客户关系、供应商关系等条款。有助于员工和公司之间的彼此认同。
- **培训开发**：公司在招聘新员工或是上班一段时间后，都会让员工参加人力资源部组织的入职培训、提高业务素质以及专业技能培训。
- **考核晋升**：为了提高工作质量，需要在一定时间内对员工进行考核，该条款中需要有指标完成情况、工作态度、工作能力、工作绩效、合作精神、服务意识和专业技能等情况。
- **员工福利**：阐述公司的福利政策和为员工提供的福利项目。
- **行政管理**：多为约束性条款。例如，对办公用品和设备的管理、个人对自己工作区域的管理、奖惩等。
- **安全守则**：一般分为安全规则、火情处理和意外紧急事故处理等。
- **手册附件**：与以上各条款相关的或需要员工了解的其他文件。

本例制作的酒店员工手册是属于服务性行业的员工手册，这类手册和从事贸易、生产等类别的员工手册有一定的区别。服务性行业的员工手册需要对员工的形象、着装、对人态度等有详细的要求和对事件应对方法的描述。而从事生产类的员工手册，则会要求员工对着装、消毒和产品好坏筛选等有详细的要求。

◎关键知识点◎

要完成本例的制作，需要掌握几个关键知识点。这几个关键知识点的内容以及其知识的难易程度如下：

- 为文档添加封面（★★★）
- 插入页码（★★）
- 设置段落格式（★★★）
- 为文档插入目录（★★★★★）
- 使用格式刷为文档设置格式（★★★）

6.2.1　制作手册封面

员工手册一般都是编辑好后再交给有美术基础的人员进行编辑美化。一个好的员工手册需要有手册封面，员工手册的封面也直接影响着员工对公司的第一印象，所以在制作时需要融合企业自身的文化元素进行设计。下面将制作员工手册封面，其具体操作如下：

STEP 01 设置封面

启动 Word 2010，选择【插入】/【页】组，单击"封面"按钮，在弹出的下拉列表中选择"堆积型"选项。

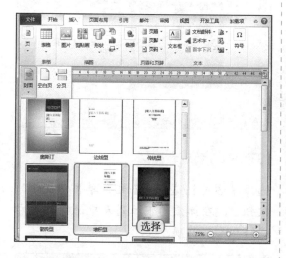

STEP 02 输入名称

在"标题"控件框中输入"员工手册"文本，并设置"字体、字号"为"汉仪粗圆简、38"。

STEP 03 删除副标题控件框

在"副标题"控件框上右击，在弹出的快捷菜单中选择"删除内容控件"命令。

STEP 04 删除其他多余控件框

使用相同的方法将"作者"控件框删除。

在"员工手册"文本下输入"亚当假日酒店"文本，设置"字号"为"18"。

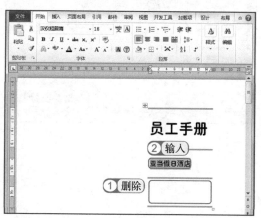

STEP 05 插入图像

选择【插入】/【插图】组，单击"图片"按钮 。

STEP 06 选择图像

　　打开"插入图片"对话框，在其中选择"酒店 .png"图像。

　　单击 插入(S) 按钮。

STEP 07 为图像设置自动换行

　　选择插入的图像。选择【格式】/【排列】组，单击"自动换行"按钮 ，在弹出的下拉列表中选择"衬于文字下方"选项。

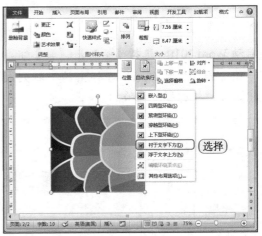

STEP 08 旋转图像

选择【格式】/【排列】组，单击"旋转"按钮 ，在弹出的下拉列表中选择"向右旋转90°"选项。

STEP 09 ▶ 放大图像

将图像放大后移动到页面左边。

STEP 10 ▶ 裁剪图像

选择插入的图像,按"Ctrl+C"快捷键复制图像。

将图像移动到页面右边,选择【格式】/【大小】组,单击"裁剪"按钮。

使用鼠标拖动图像左边的裁剪框,将图像裁剪为如下图所示的效果。

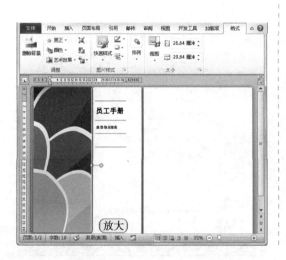

为什么这么做?

虽然使用 Word 的封面功能可以为文档插入封面,但其中提供的封面有限,并不完全适合于制作本例,所以需要在封面模板的基础上对封面进行编辑。

6.2.2 编辑正文

制作完手册封面后,即可开始手册正文的编辑,其具体操作如下:

STEP 01 ▶ 输入正文

打开"员工手册.txt"文档,参照纯文档内容输入员工手册正文。

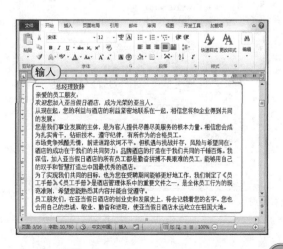

STEP 02 设置以及标题段落格式

选择"一、总经理致辞"文本作为一级标题。

选择【开始】/【段落】组,单击 按钮。

STEP 03 设置段前距和段后距

打开"段落"对话框,选择"缩进和间距"选项卡。

设置"段前、段后"缩进均为"1 行"。

单击 确定 按钮。

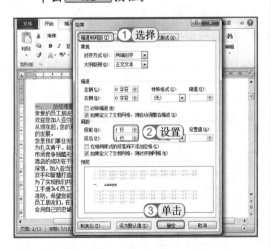

STEP 04 设置段前距段后距

选择【开始】/【字体】组,单击 按钮。打开"字体"对话框,选择"字体"选项卡。

设置"中文字体、字形、字号"为"黑体、加粗、14"。

单击 确定 按钮。

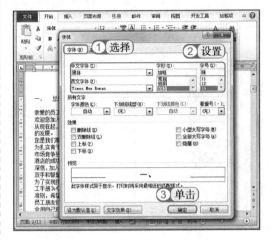

STEP 05 定义一级标题

选择【引用】/【目录】组,单击"添加文字"按钮 ,在弹出的下拉列表中选择"1 级"选项。

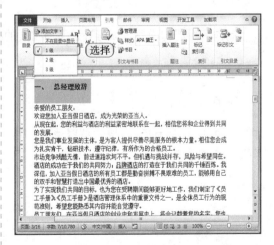

为什么这么做?

在这里定义一级标题是为了便于后面插入页码后，提取手册的目录。这样就不需要用户再手动输入制作目录，并且手动输入目录极易出现错误。一般在制作长文档时，都会使用 Word 自带的功能提取目录。

STEP 06 复制一级标题格式

选择【开始】/【剪贴板】组，双击"格式刷"按钮 。选择文档中的一级标题。完成后再次单击"格式刷"按钮 。

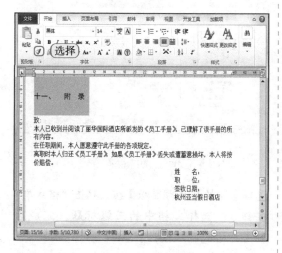

STEP 07 设置二级标题格式

选择"1 经营理念"文本作为二级标题。在【开始】/【段落】组，单击 按钮。

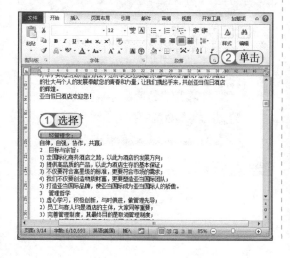

STEP 08 设置二级标题字体格式

打开"字体"对话框，设置"中文字体、字形"为"幼圆、加粗"。

单击 确定 按钮。

STEP 09 设置二级标题缩进

选择【开始】/【段落】组，单击"增加缩进量"按钮 。

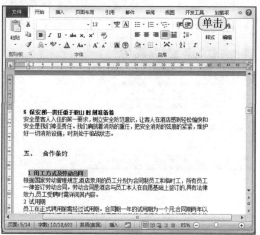

STEP 10 复制二级标题格式

选择【开始】/【剪贴板】组，双击"格式刷"按钮 。选择文档中的二级标题。完成后单击"格式刷"按钮 。

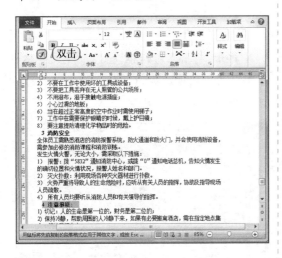

STEP 11 设置三级标题字体格式

选择如下图所示的三级标题。

选择【开始】/【字体】组，设置"字体、字号"为"黑体、11"。

选择【开始】/【段落】组，单击 按钮。

STEP 12 设置三级标题段落格式

打开"段落"对话框，设置"特殊格式、磅值"为"首行缩进、2字符"。

单击 确定 按钮。

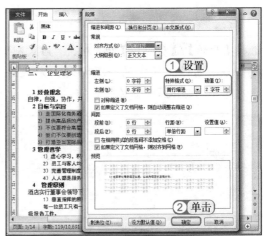

STEP 13 复制三级标题格式

选择【开始】/【剪贴板】组，双击"格式刷"按钮 。选择文档中的三级标题。完成后单击"格式刷"按钮 。

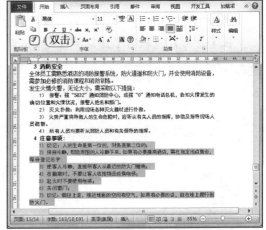

STEP 14 ▶ 设置四级标题字体格式

选择四级标题。

选择【开始】/【字体】组，设置"字号"为"11"，单击"倾斜"按钮 I。

选择【开始】/【段落】组，单击 按钮。

STEP 15 ▶ 设置四级标题段落缩进

打开"段落"对话框，设置"特殊格式、磅值"为"首行缩进、3 字符"。

单击 确定 按钮。

STEP 16 ▶ 复制四级标题格式

选择【开始】/【剪贴板】组，双击"格式刷"按钮 。选择文档中的四级标题。完成后单击"格式刷"按钮 。

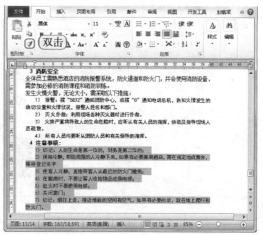

STEP 17 ▶ 编辑页眉

选择【插入】/【页眉和页脚】组，单击"页眉"按钮 ，在弹出的下拉列表中选择"编辑页眉"选项，进入页眉编辑状态。

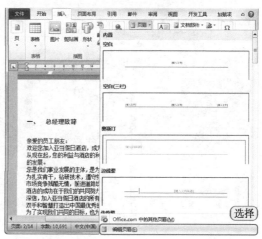

STEP 18 去除多余横线

选择【开始】/【样式】组，在"快速样式"栏中单击 按钮。在弹出的下拉列表中选择"清除格式"选项。

STEP 19 插入图片

在文档中插入"酒店.png"图像，将"自动换行"设置为"浮于文字上方"。放大后将其放置在文档右边。

选择【设计】/【选项】组，选中 ☑ 首页不同 和 ☑ 奇偶页不同 复选框。

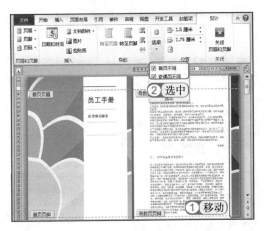

STEP 20 为偶数页复制图像

使用前面的方法将偶数页页眉上出现的横线去掉。将刚刚在奇数页上插入的"酒店.png"图像复制到偶数页的相同位置。

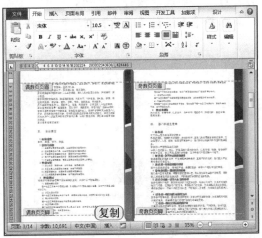

STEP 21 编辑偶数页页眉

将鼠标光标定位在偶数页页眉处，选择【开始】/【字体】组，设置"字体、字号"为"方正粗倩简体、14"设置居中对齐。

输入"亚当假日酒店·员工手册"文本。

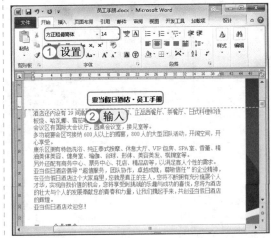

STEP 22 ▶ 编辑奇数页页眉

将鼠标光标定位在奇数页页眉，在文档中插入"亚当假日酒店.png"图像，并在图像上右击，在弹出的快捷菜单中选择【自动换行】/【浮于文字上方】命令。

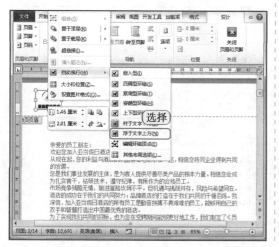

STEP 23 ▶ 退出页眉页脚编辑状态

将插入的图像移动到页眉中间。

选择【设计】/【关闭】组，单击"关闭页眉和页脚"按钮。

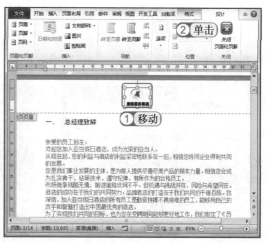

6.2.3 为手册添加页码和目录

为手册编辑完正文以及页眉页脚后，用户就可以根据版式的情况添加页码，最后再在手册中添加目录，以方便查阅手册，其具体操作如下：

STEP 01 ▶ 设置页码格式

选择【插入】/【页眉和页脚】组，单击"页码"按钮，在弹出的下拉列表中选择"设置页码格式"选项。

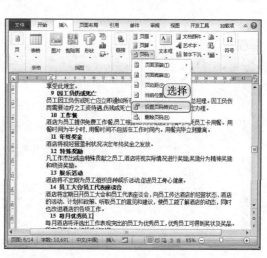

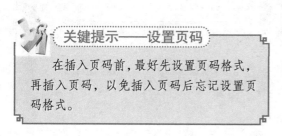

关键提示——设置页码

在插入页码前，最好先设置页码格式，再插入页码，以免插入页码后忘记设置页码格式。

STEP 02 ▶ 设置起始页

　　打开"页码格式"对话框,设置"起始页码"为"0"。

　　单击 确定 按钮。

STEP 03 ▶ 进入奇数页页脚编辑状态

　　双击第1页文档的页脚,进入奇数页页脚编辑状态。

　　选择【开始】/【段落】组,单击"居中"按钮 ≡ 。

STEP 04 ▶ 插入奇数页页码

　　选择【插入】/【页眉和页脚】组,单击"页码"按钮 ,在弹出的下拉列表中选择【当前位置】/【马赛克】选项。

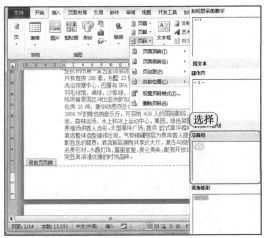

STEP 05 ▶ 插入偶数页页码

　　将鼠标光标定位在偶数页页码中。使用相同的方法在偶数页页脚中间插入马赛克页码。

　　选择【设计】/【关闭】组,单击"关闭页眉和页脚"按钮 ✕ 。

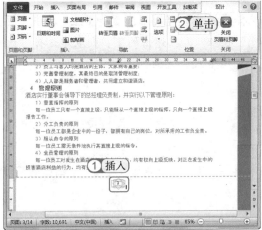

为什么这么做?

由于在之前的操作中已经将起始页设置为 0，所以文档第 1 页变为了偶数页，第 2 页变为了奇数页。此外，由于设置了奇偶不同，所以在进行设置时，需要对奇数页和偶数页分别进行设置。

STEP 06 ▶ 插入空白页

将鼠标光标定位在第 1 页中。选择【插入】/【页】组，单击"空白页"按钮。

STEP 07 ▶ 输入格式

将鼠标光标定位在新添加的页。选择【开始】/【字体】组，设置"字体、字号"为"黑体、三号"。

输入"目　录"文本。

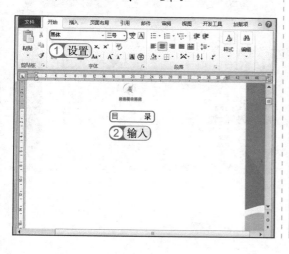

STEP 08 ▶ 设置文本格式

选中输入的文字。选择【引用】/【目录】组，单击"添加文字"按钮，在弹出的下拉列表中选择"1 级"选项，最后将文字居中。

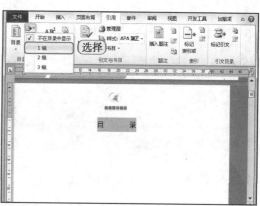

STEP 09 ▶ 插入目录

将鼠标光标定位在目录文本后，按"Enter"键换行。选择【引用】/【目录】组，单击"目录"按钮，在弹出的下拉列表中选择"插入目录"选项。

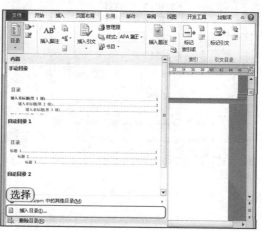

STEP 10 ▶ 设置目录显示方式

打开"目录"对话框，在其中取消选中 ☐使用超链接而不使用页码(H) 复选框。

设置"显示级别"为"1"。

单击 修改(M)... 按钮。

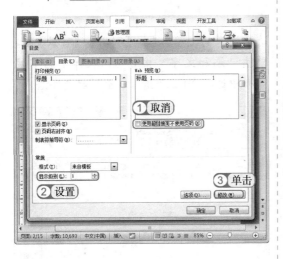

STEP 11 ▶ 修改一级标题格式

打开"样式"对话框，在"样式"列表框中选择"目录1"选项。

单击 修改(M)... 按钮。

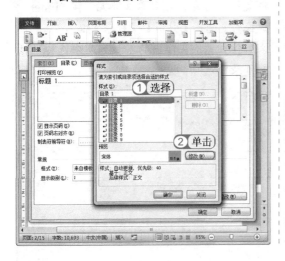

STEP 12 ▶ 设置标题格式

打开"修改样式"对话框，设置"字体、字号"为"幼圆、小四"。依次单击 确定 按钮，返回 Word 编辑窗口。

STEP 13 ▶ 删除多余的目录

选中"目录"上一排的目录文本，按"Delete"键将其删除。

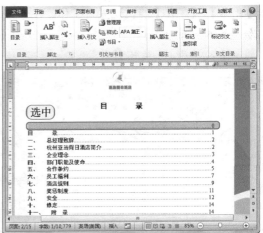

关键提示——目录级别的提取选择

　　本例制作的文档结构相对简单，所以在目录的提取上仅提取了1级目录。但在制作如标书、论文这一类文档长且结构复杂严谨的文档时，为了便于查阅，可提取2级、3级目录。

STEP 14 插入空白页制作封底

　　将鼠标光标移动到文档最后。

　　选择【插入】/【页】组，单击"空白页"按钮，为文档插入空白封底。

STEP 15 插入图像

　　将"酒店.png"图像插入到刚添加的空白页中。选择【格式】/【排列】组，单击"自动换行"按钮，在弹出的下拉列表中选择"浮于文字上方"选项。

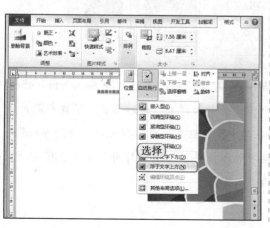

STEP 16 旋转图像

　　选择【格式】/【排列】组，单击"旋转"按钮，在弹出的下拉列表中选择"向右旋转90°"选项。

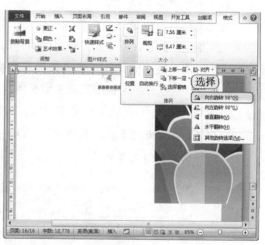

STEP 17 放大图像

　　拖动图像边框，将其放大到和页面一样大小，并将其放置在文档中间。

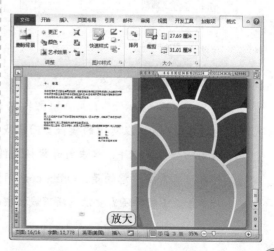

6.2.4　关键知识点解析

制作本例所需要的关键知识点中，"设置段落格式"、"使用格式刷为文档设置格式"和"插入页码"等知识已经在前面的章节中进行了详细介绍，此处不再赘述，其具体的位置分别如下。

- 设置段落格式：该知识的具体讲解位置在第 2 章的 2.1.4 节。
- 使用格式刷为文档设置格式：该知识的具体讲解位置在第 4 章的 4.1.4 节。
- 插入页码：该知识的具体讲解位置在第 4 章的 4.1.4 节。

1．为文档添加封面

美化文档封面也是一项重要的工作，一些正式的机关公文并不需要特别制作封面。但在制作一些商业文档时，为了博得良好的第一印象，最好为文档添加一个封面。虽然 Word 中预设了一些常用、经典的封面，但也并不一定能满足需要。用户还可以通过 Office.com 网站获取封面模板。获取封面模板的方法主要有两种，其具体方法如下。

- 通过 Word 自动获取：启动 Word 2010，选择【插入】/【页】组，单击"封面"按钮。在弹出的下拉列表中选择"Office.com 中的其他封面"选项，再在弹出的列表中选择需要的封面样式。

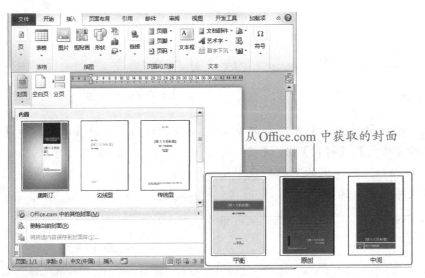

从 Office.com 中获取的封面

- 直接在 Office.com 网站中获取：启动 IE 浏览器，再在地址栏中输入 http://office.microsoft.com，在其中的模板页面中找到需要的封面样式，最后下载。下载后用户将得到一个模板文件，双击打开模板文件在其中修改信息，最后将文件保存为 Word 文件即可。需要注意的是，Office.com 网站中的模板并不仅限于封面，另外还有活动、传单等。下载时还需要注意所下载模板的版本格式。

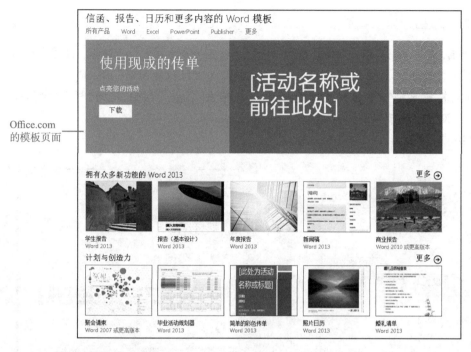

Office.com
的模板页面

2. 为文档插入目录

只要制作长文档，用户不可避免地需要为文档添加单级目录或是多级目录。制作单级目录时，用户并不需要过多地对目录格式进行设置，而在制作多级目录时，为了让读者在第一时间把握目录的结构，最好为每级目录单独设置一种目录样式。

下面在"秘书手册.docx"文档中提取 1、2 级标题并为每级目录单独设置目录样式。其具体操作如下：

资源包 \ 素材 \ 第 6 章 \ 秘书手册 .docx
资源包 \ 效果 \ 第 6 章 \ 秘书手册 .docx

STEP 01 插入目录

打开"秘书手册.docx"文档，将鼠标光标定位在第 2 页的目录文本下。选择【引用】/【目录】组，单击"目录"按钮。在弹出的下拉列表中选择"插入目录"选项。

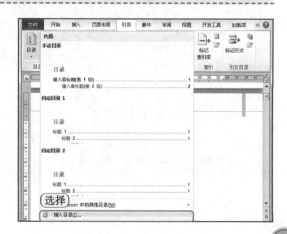

STEP 02 设置目录显示级别

打开"目录"对话框，取消选中
☐使用超链接而不使用页码(H) 复选框。

在"制表符前导符"下拉列表中选择第 5 个选项。设置"显示级别"为"2"。

单击 修改(M)... 按钮。

STEP 03 选择目录 1

打开"样式"对话框，在"样式"列表框中选择"目录 1"。

单击 修改(M)... 按钮。

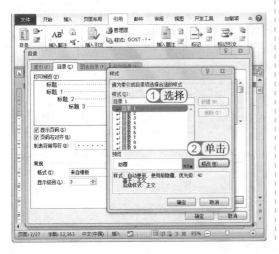

STEP 04 修改目录 1 格式

打开"修改样式"对话框，设置"字体、字号"为"汉仪粗圆简、小四"。

单击 确定 按钮，返回"样式"对话框。

STEP 05 修改目录 2

打开"样式"对话框，在"样式"列表框中选择"目录 2"。

单击 修改(M)... 按钮。

STEP 06 修改目录 2 字体格式

打开"修改样式"对话框，设置"字体、字号"为"黑体、小五"。

单击 格式⑩▾ 按钮，在弹出的下拉列表中选择"段落"选项。

STEP 07 修改目录 2 段落

打开"段落"对话框，设置"左侧、右侧、特殊格式"为"3 字符、0 字符、无"。

单击 确定 按钮。

STEP 08 查看最终效果

依次单击 确定 按钮，返回 Word 操作界面，即可查看插入目录的效果。

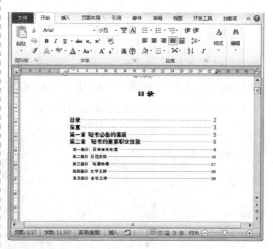

关键提示——目录格式设置技巧

在设置多级目标格式时，为了让浏览者更好地把握文档各级标题的关系一般上级目录字体都会比下一级目录文体大，且下一级目录比上一级目录的缩进值稍大。

当然也并不是所有的上一级目录都必须比下一级目录标题字体大。用户还可以通过设置不同的字体以及颜色来区分不同级别的目录。但一般目录标题中的字体和颜色都不宜超过 3 种，否则会显得混乱。

6.3 高手过招

1. 插入 SmartArt 图形

在 Word 中，用户为表现一些关系往往会绘制形状，再编辑绘制形状。使用这种方法虽然能得到更好的效果，但在实际工作中，这种编辑方式速度极慢，且并不一定得到满意的效果，为避免这种情况，用户不妨使用 SmartArt 图形编辑。

SmartArt 图形是一种专门用于表达数据间对应关系的图形。这些图形的外观简洁、美观。在文档中插入 SmartArt 图形的方法是：选择【插入】/【插图】组，单击 SmartArt 按钮，打开"选择 SmartArt 图形"对话框，选择一种能说明关系的图形，单击 确定 按钮。最后在"在此处输入文字"栏中输入需要添加的文字。

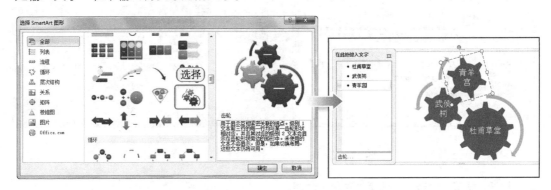

技巧秒杀——编辑 SmartArt 图形

插入 SmartArt 图形后，将会激活"设计"选项卡。在其中的"SmartArt 样式"组中可以对图形的颜色以及样式进行设置。

2. 将文档保存为低版本

现在很多公司和个人仍然在使用 Word 2003 版，但使用 Word 2003 不能打开 Word 2010 制作的文档，在公司或团队中进行资料传阅时，很可能出现此种情况。为了使 Word 2003 能打开 Word 2010 制作的文件，需要将文档保存为低版本。其方法是：选择【文件】/【另存为】命令。打开"另存为"对话框，在"保存类型"下拉列表框中选择"Word 97-2003 文档（*.doc）"选项即可。

Excel 2010 具有强大的制作电子表格和处理数据的功能，能快速计算并分析数据信息，提高工作效率。企业在进行员工信息管理时，可使用 Excel 制作并处理数据，且各类信息一目了然。本章将通过制作员工档案表、员工加班月记录表和公司员工培训成绩表，学习 Excel 在员工信息管理方面的应用。

第 7 章
Chapter

Excel 与员工信息管理

7.1 制作员工档案表

员工档案是指企业劳动部门或者人事部门在招聘、培训、考核和奖惩等工作中形成的有关员工个人基本信息、个人经历、政治思想、业务技术水平、工作表现以及工作变动等情况的文件材料，以便需要时可迅速查阅员工的基本信息。本例将制作员工档案表，并对其进行设置，其最终效果如下图所示。

资源包\效果\第7章\员工档案表.xlsx
资源包\实例演示\第7章\制作员工档案表

◎ 案例背景 ◎

员工档案是全面考察员工的依据，是公司档案的组成部分。员工档案主要由公司的人力资源部进行管理。

因为档案是管理员工的基础，因此，档案具有一定的特殊性。在员工档案表中，能清晰地查看公司各员工的基本信息，在需要时还可快速查找符合条件的员工，提高工作效率。因此，在制作的表格中添加的资料越详尽，就越便于以后查询。

本例制作的员工档案登记表主要包含档案编号、员工工号、姓名、身份证件、出生日期、户口原籍、性别、年龄、部门、职位、入职日期和合同到期时间，先通过数据基本信息完成简单的操作，再通过提取出生日期进行简单的计算，使表格更加完整，方便管理者查看和保存档案。

◎ 关键知识点 ◎

要完成本例的制作，需要掌握几个关键知识点。这几个关键知识点的内容以及其知识的难易程度如下：

⊃ 美化单元格中的字体（★★★）　　　⊃ RIGHT 函数（★★★★）

⊃ 添加边框（★★）　　　　　　　　　⊃ YEAR 函数（★★★）

⊃ 设置单元格对齐方式（★★★）　　　⊃ 函数的嵌套使用（★★★★）

⊃ 拖动鼠标调整列宽（★★）　　　　　⊃ MID 函数（★★★★）

⊃ 设置单元格日期格式（★★★）　　　⊃ MOD 函数（★★★）

⊃ 插入函数（★★★）　　　　　　　　⊃ LEFT 函数（★★★★）

⊃ IF 函数（★★★★）　　　　　　　⊃ NOW 函数（★★）

7.1.1　创建新员工档案表

制作员工档案表，首先应新建工作簿，并对工作簿进行重命名操作，创建员工档案表表格，并在其中输入员工信息，再根据内容设置其格式。其具体操作如下：

STEP 01▶ 新建工作簿

启动 Excel 2010，新建一个空白工作簿，将工作簿命名为"员工档案表"。将鼠标光标移动至工作表标签处，双击 Sheet1 工作表，将工作表重命名为"员工档案表"。

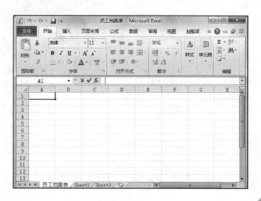

STEP 02 ▶ 合并单元格

选择 A1:N1 单元格区域。

选择【开始】/【对齐方式】组，单击"合并后居中"按钮 。合并选择的单元格。

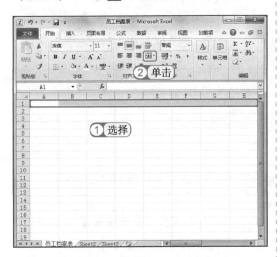

STEP 03 ▶ 设置标题字体和字号

选择 A1 单元格。在其中输入标题"员工档案表"。

选择【开始】/【字体】组，在其中单击"字体"列表框右侧的下拉按钮 ，在弹出的下拉列表中选择"方正水黑简体"选项。

单击"字号"列表框右侧的下拉按钮 ，在弹出的下拉列表中选择"26"选项。

STEP 04 ▶ 输入表头内容

选择 A2:N2 单元格区域，在其中根据档案表的要求输入表头内容。

STEP 05 ▶ 设置表头内容字体和字号

选择 A2:N2 单元格区域。

选择【开始】/【字体】组，在其中单击"字体"列表框右侧的下拉按钮 ，在弹出的下拉列表中选择"方正仿宋简体"选项。

单击"字号"列表框右侧的下拉按钮 ，在弹出的下拉列表中选择"14"选项。

单击"加粗"按钮 ，将表头内容加粗。

STEP 06 ▶ 调整列宽

将鼠标指针移动至 A 列标与 B 列标的分隔线上，当指针呈 十 形状时，向右拖动鼠标，调整单元格列宽，完成后释放鼠标即可完成列宽的调整。

STEP 07 ▶ 调整其他表头列宽

根据以上方法，调整其他表头单元格的列宽，查看完成后的效果。

STEP 08 ▶ 添加边框

选择 A1:N38 单元格区域。选择【开始】/【字体】组，单击"下框线"按钮 右侧的下拉按钮 。

在弹出的下拉列表中选择"所有框线"选项。

STEP 09 ▶ 选择需设置格式的单元格

选择 E3:E38 单元格区域。

右击，在弹出的快捷菜单中选择"设置单元格格式"命令。

关键提示——根据数据调整列宽

在使用鼠标调整列宽时，指针上将出现宽度值，可通过宽度值上的数据，将列宽调整到合适的位置。

STEP 10 设置日期格式

打开"设置单元格格式"对话框,选择"数字"选项卡。

在右侧"分类"列表框中选择"日期"选项。

在左侧的"类型"列表框中选择"*2001年3月14日"选项。

单击 确定 按钮。

STEP 11 设置其他单元格日期格式

根据以上方法,选择K3:L38单元格区域,设置为日期格式。

STEP 12 设置表格居中对齐

选择A2:N38单元格区域。

选择【开始】/【对齐方式】组,在其中单击"居中"按钮≡,将单元格居中对齐。

STEP 13 查看设置后的效果

返回Excel编辑区,查看设置完成后的效果。

7.1.2　编辑员工基本信息

当表格设置完成后，可输入员工的基本信息，并根据基本信息对数据进行基本计算。其具体操作如下：

STEP 01 输入基本内容

在表格中输入"档案编号"、"员工工号"、"姓名"、"身份证件"和"户口原籍"等基本内容。

STEP 03 选择插入的函数

打开"插入函数"对话框，在"或选择类别"下拉列表框中选择"全部"选项。

在"选择函数"列表框中选择"MID"函数选项。

单击 确定 按钮。

STEP 02 单击"插入函数"按钮

选择 E3 单元格。

选择【公式】/【函数库】组，单击"插入函数"按钮 fx。

STEP 04 选择单元格

在"函数参数"对话框中单击"Text"文本框相对应的按钮，选择 D3 单元格。

单击 按钮，返回"函数参数"对话框。

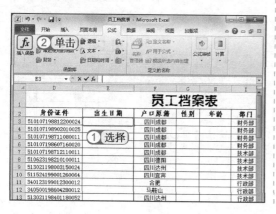

STEP 05 输入提取数据

返回"函数参数"对话框，在"Start-num"相对应的文本框中输入"7"。

在"Num-chars"相对应的文本框中输入"4"。

单击 确定 按钮。

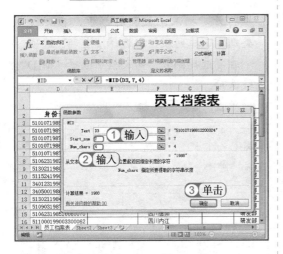

为什么这么做?

公民身份证由以前的15位升级为18位。15位的编排规则为：1~6位为省级地区信息编码，7~12位为出生日期编码，13~15位为顺序编码。18位身份证号码是现在统一采用的身份证编码，其编码规则为：1~6位为省级地区信息编码，7~14位为出生日期编码，15~17位为顺序编码，18位为验证码。

技巧秒杀——输入函数

函数除了使用插入方法进行插入外，还可通过输入公式的方法插入，在选择需要插入的单元格中输入"="号后，再在其中输入需要的函数公式即可。完成后按"Enter"键结束输入并计算出结果。

STEP 06 查找月和日

返回操作界面，可查看从身份证件中提取的年，使用相同的方法，提取月和日。提取年、月、日的公式为"=MID(D3,7,4)&" 年 "&MID(D3,11,2)&" 月 "&MID(D3,13,2)&" 日 ""。

STEP 07 填充公式

选择E3单元格，将鼠标指针在E3单元格的右下角，当指针变成+形状时，按住鼠标左键不放，向下拖动鼠标，至E28单元格，释放鼠标，即可完成公式的填充。

技巧秒杀——快速应用函数

"函数参数"对话框还可通过单击编辑栏中的"函数"按钮 *fx* 快速打开，从而对函数进行应用。

【公式解析】

MID 函数主要用于返回文字字符串中从指定位置开始的指定长度值。公式 MID (D3,7,4) 表示在 D3 单元格中提取的第一个字符位置是第 7，并返回 4 个字符。也就是说，从 D3 单元格中的第 7 个字符开始提取后面 4 个字符，"&"符号为链接符号，主要用于链接相关项，使其成一个整体，这里链接"年"。公式"=MID(D3,7,4)&" 年 "&MID(D3,11,2)&" 月 "&MID(D3,13,2)&" 日 ""表示在 D3 单元格中的第 7 个字符开始提取后面 4 个字符，表示年；从 D3 单元格中的第 11 个字符开始提取后面 2 个字符，表示月；从 D3 单元格中的第 13 个字符开始提取后面 2 个字符，表示日。

STEP 08 ▶ 输入公式，计算性别

选择 G3 单元格。

在编辑栏中输入公式"=IF(MOD(RIGHT(LEFT(D3,17)),2)," 男 "," 女 ")"，按"Enter"键计算其性别。

STEP 09 ▶ 复制公式

选择 E3 单元格，将鼠标指针放在 E3 单元格的右下角，当指针变成 ✚ 形状时，按住鼠标左键不放，向下拖动鼠标，至 E28 单元格，释放鼠标，即可完成公式的复制。

关键提示——公式计算性别

公民身份证是按照男女编排的，区别男女的方法很简单，查看倒数第二位数，单数为男，双数为女。

【公式解析】

STEP 08 的公式中，LEFT 函数表示从左边开始提取字符，RIGHT 函数表示从右边提取字符，MOD 表示返回两数相除所得的余数，IF 函数用于判断。公式"IF(MOD(RIGHT(LEFT(D3,17)),2)," 男 "," 女 ")"表示从左到右开始取 D3 单元格的 1~17 个字符，再通过 RIGHT 函数从右到左取该返回值的倒数 1 位，然后再使用 MOD 函数取余，当余数为 2 的倍数时，性别为"女"，否则为"男"。

STEP 10 计算年龄

选择 H3 单元格。

在编辑栏中输入公式"=RIGHT(YEAR(NOW()-E3),2)"，按"Enter"键，计算第一位员工的年龄。

STEP 11 计算其他员工年龄

选择 H3 单元格，将鼠标指针放在 H3 单元格的右下角，当指针变成 ➕ 形状时，按住鼠标左键不放，向下拖动鼠标，至 H28 单元格，释放鼠标，即可完成其他员工年龄的计算。

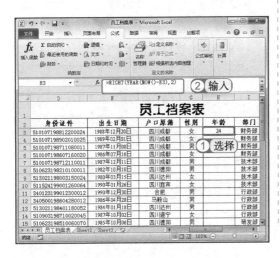

【公式解析】

NOW()-E3 表示当前日期减去 E3 单元格代表的出生日期，公式"=RIGHT(YEAR(NOW()-E3),2)"表示从右取 NOW()-E3 的返回日期年份值的倒数两位数。

7.1.3 关键知识点解析

1. 美化单元格中的字体

美化单元格字体是设置数据样式的一种。Excel 中，默认的字体为宋体、11 号、黑色，但在实际的使用过程中，字体可根据表格的需要进行设置，以便达到美化表格的作用。更改单元格字体可通过选择【开始】/【字体】组，或是右击打开"设置单元格格式"对话框来完成。下面将分别对其进行介绍。

○通过"字体"组美化字体：在"字体"组中包含了常用美化字体的下拉列表框或按钮，如"字体"下拉列表框 宋体 、"字号"下拉列表框 11 、"加粗"按钮 B 、"下划线"按钮 U 、"倾斜"按钮 I 和"字体颜色"按钮 A 等，可美化单元格中的数据。其操作方法为：选择需要设置的单元格区域，单击相应的按钮或在下拉列表中选择相应选项即可。

○通过对话框美化字体：其方法与"字体"组美化相似，选择需要设置字体格式的单元格或单元格区域，右击，在弹出的快捷菜单中选择"设置单元格格式"命令，打开"设置单元格格式"对话框，选择"字体"选项卡，在其中可根据需要对"字体"、"字号"和"颜色"等进行特殊设置，完成后单击 确定 按钮即可。

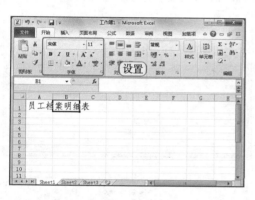

2. 添加边框

除了可设置单元格字体样式外，还可通过添加边框使表格更加美观，条理更加清晰。在 Excel 2010 中添加边框有如下两种方法。

○通过"字体"组添加：选择【开始】/【字体】组，单击"下框线"按钮，在弹出的下拉列表中选择一种边框样式，即可添加所选择的边框。

○通过对话框添加：选择需添加边框的单元格区域，在"设置单元格格式"对话框中选择"边框"选项卡，设置其样式、颜色后，单击 确定 按钮。

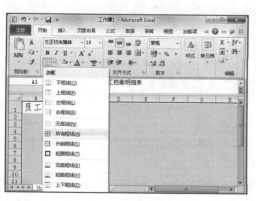
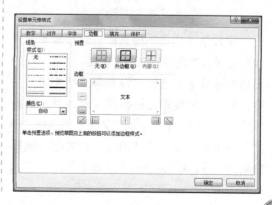

3. 设置单元格对齐方式

让表格数据更加整齐,可通过设置单元格的对齐方式实现。常见的设置对齐方式的方法有两种,分别是通过"对齐方式"组和"设置单元格格式"对话框进行设置。下面分别介绍。

◯ **通过"对齐方式"组设置**:选择需设置对齐方式的单元格区域,选择【开始】/【对齐方式】组,其中包含了6种对齐方式,单击不同的按钮,可设置不同的对齐方式。

◯ **通过"设置单元格格式"对话框设置**:选择需设置对齐方式的单元格区域,打开"设置单元格格式"对话框,选择"对齐"选项卡,在其中选择需设置的对齐方式,单击 确定 按钮即可。

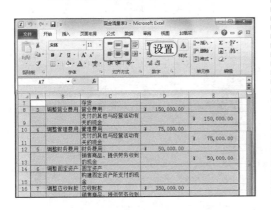

4. 拖动鼠标调整列宽

拖动鼠标调整单元格的列宽是调整列宽最快速的方法,在设置时,只需要将鼠标指针移动至该列标记的分隔线上,当指针呈 ╪ 形状时,按住鼠标左键拖动即可。调整行高与列宽的方法相同,将鼠标指针移动至行高分隔线上,当指针呈 ╪ 形状时,按住鼠标左键拖动即可调整行高。

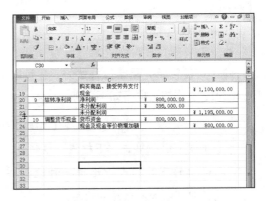

5. 设置单元格日期格式

设置单元格日期格式的方法很简单,只需要选择需要设置日期的单元格,右击,在弹出的快捷菜单中选择"设置单元格格式"命令,打开"设置单元格格式"对话框,选择"数字"选项卡,在"分类"列表框中选择"日期"选项,在右侧的"类型"列表框中选择日期类型后,单击 确定 按钮即可。

6. 插入函数

在 Excel 中可通过"插入函数"对话框插入任意函数，其操作方法为：选择【公式】/【函数库】组，单击"插入函数"按钮 *fx*，打开"插入函数"对话框，在"或选择类别"下拉列表框中选择"全部"选项，在"选择函数"列表框中选择所需函数，单击 确定 按钮，打开"函数参数"对话框，在其中可设置所选参数范围，然后单击 确定 按钮即可。

7. IF 函数

IF 函数用于判断条件的真假，并根据逻辑计算的真假值返回不同的结果。其语法结构为：IF(logical_test,value_if_true,value_if_false)，其中各参数的含义分别如下。

⊃logical_test：表示计算结果为 TRUE 或 FALSE 的任意值或表达式。

⊃value_if_true：表示 logical_test 为 TRUE 时要返回的值。

⊃value_if_false：表示 logical_test 为 FALSE 时要返回的值，该值可省略。

如果 IF 函数的参数包含数组形式，则执行 IF 函数时，数组中的每一个元素都会被计算。IF 函数常常嵌套使用，以判断满足多个条件的值。

8. RIGHT 函数

RIGHT 函数主要用于从字符串右端提取指定个数的字符，其语法结构为：RIGHT(text,num_chars)。其中，各参数的含义及注意事项分别如下。

⊃text：是包含要提取字符的文本字符串。

⊃num_chars：指定要由 RIGHT 提取的字符的数量。当 num_chars 大于文本长度时，RIGHT 返回所有文本；当省略 num_chars 参数设置时，则假设其值为 1。

9. YEAR 函数

YEAR 函数主要用于将系列数据转换为年，常常嵌套使用。其返回值为 1900~9999 之间的整数，主要用于设置年份。其语法结构为：YEAR(serial-number)，其中，serial-number 为一个日期值，包含了要查找的年份和日期。

10. 函数的嵌套使用

除了使用单个函数进行简单计算外，还可使用函数嵌套进行复杂的数据运算，函数嵌套的方法是将一个函数作为另一个函数的参数使用。让函数成一个整体，如函数"IF(SUM(D3:F3)=0,0,AVERAGE(D3:F3))" 使用 IF 函数嵌套 SUM 函数和 AVERAGE 函数，判断当总额为空时，在平均额中输入 0；不为空时，使用 SUM 计算总额。

11. MID 函数

MID 函数表示从字符串中返回指定数目的字符。其语法结构为：MID(text,start_num,num_chars)，其中各参数的含义及注意事项分别如下。

○ text：表示字符串表达式，从中返回字符。

○ start_num：表示 text 中被提取字符的开始位置。当 start 超过了 text 中的字符数目时，MID 将返回零长度字符串（""）。

○ num_chars：表示要返回的字符数。省略、num_chars 超过或等于文本的字符数时，将返回从 start_num 到字符串结束的所有字符。

12. MOD 函数

MOD 函数表示返回两数相除所得的余数，计算结果的正负号与除数相等。其语法结构为：MOD(number,divisor)，其中各参数的含义分别如下。

○ number：表示被除数。

○ divisor：表示除数。当 divisor 为 0 时，函数 MOD 将返回原值 number。

13. LEFT 函数

LEFT 函数表示得到字符串左部指定个数的字符。其语法结构为：LEFT(string,n)，其中各参数的含义分别如下。

○ string：要提取子串的字符串。其中，子串是指可以从中找到的连续的字符串。

○ n：子串长度，其返回值为 string。

14. NOW 函数

NOW 函数用于获取当前的系统日期和时间，其语法结构为：NOW()。NOW 函数没有参数，且包含公式的单元格格式设置不同，则返回的日期和时间的格式也不相同。如下图所示为单元格格式在默认情况下的返回结果。

在使用 NOW 函数时，函数不会随时更新，只有在重新打开工作表或执行含有此函数的宏时，才会随着当前时间发生变化。

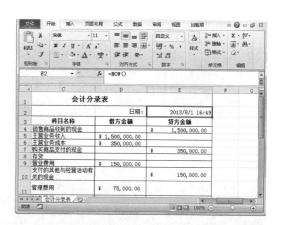

7.2 制作员工加班月记录表

公司因工作需要对工作时间进行延长，应依法安排员工同等时间补休或是支付相应的加班工资。这时，需行政部对员工加班情况进行加班工资计算，并经过人力资源部审核后，移交财务部，由财务部进行统计。本例将新建工作簿，并在新建工作簿中制作"员工加班月记录表"，其最终效果如下图所示。

日期	员工工号	加班人	部门	职务	加班原因	开始时间	结束时间	加班所用时间	工时费	加班费	核准人
					员工加班月记录表						
2013/8/2	SM0001	王欣然	财务部	财务主管	新产品上市	18:00	22:00	4.00	¥ 30.00	¥ 120.00	王欣然
2013/8/2	SM0002	李梦	财务部	出纳会计	新产品上市	18:00	22:00	4.00	¥ 20.00	¥ 80.00	王欣然
2013/8/2	SM0003	王小丽	财务部	出纳会计	新产品上市	18:00	22:00	4.00	¥ 20.00	¥ 80.00	王欣然
2013/8/2	SM0004	王艳红	财务部	出纳会计	新产品上市	18:00	22:00	4.00	¥ 20.00	¥ 80.00	王欣然
2013/8/2	SM0005	曹冰	技术部	技术经理	新产品上市	18:00	22:00	4.00	¥ 30.00	¥ 120.00	王欣然
2013/8/2	SM0006	杨丽	技术部	技术员	新产品上市	18:00	22:00	4.00	¥ 20.00	¥ 80.00	王欣然
2013/8/2	SM0007	付珊霞	技术部	技术员	新产品上市	18:00	22:00	4.00	¥ 20.00	¥ 80.00	王欣然
2013/8/2	SM0008	许华	技术部	技术员	新产品上市	18:00	22:00	4.00	¥ 20.00	¥ 80.00	王欣然
2013/8/2	SM0009	肖天天	行政部	行政主管	新产品上市	18:00	22:00	4.00	¥ 30.00	¥ 120.00	王欣然
2013/8/2	SM0010	周洪	行政部	文秘	新产品上市	18:00	22:00	4.00	¥ 20.00	¥ 80.00	王欣然
2013/8/2	SM0011	周军	行政部	前台接待	新产品上市	18:00	22:00	4.00	¥ 20.00	¥ 80.00	王欣然
2013/8/2	SM0012	自杰	行政部	后勤	新产品上市	18:00	22:00	4.00	¥ 20.00	¥ 80.00	王欣然
2013/8/2	SM0013	陈璐	研发部	研发主管	新产品上市	18:00	22:00	4.00	¥ 30.00	¥ 120.00	王欣然
2013/8/2	SM0014	姚洋	研发部	研发人员	新产品上市	18:00	22:00	4.00	¥ 20.00	¥ 80.00	王欣然
2013/8/2	SM0015	刘晓	研发部	研发人员	新产品上市	18:00	22:00	4.00	¥ 20.00	¥ 80.00	王欣然
2013/8/2	SM0016	肖云	研发部	测试人员	新产品上市	18:00	22:00	4.00	¥ 20.00	¥ 80.00	王欣然
2013/8/2	SM0017	唐晓棠	研发部	测试人员	新产品上市	18:00	22:00	4.00	¥ 20.00	¥ 80.00	王欣然
2013/8/2	SM0018	向喜竹	研发部	测试人员	新产品上市	18:00	22:00	4.00	¥ 20.00	¥ 80.00	王欣然
2013/8/2	SM0019	宋晓	销售部	销售经理	新产品上市	18:00	22:00	4.00	¥ 30.00	¥ 120.00	王欣然
2013/8/2	SM0020	刘沙	销售部	业务员	新产品上市	18:00	22:00	4.00	¥ 15.00	¥ 60.00	王欣然
2013/8/2	SM0021	周涵	销售部	业务员	新产品上市	18:00	22:00	4.00	¥ 15.00	¥ 60.00	王欣然
2013/8/2	SM0022	李贵峰	销售部	业务员	新产品上市	18:00	22:00	4.00	¥ 15.00	¥ 60.00	王欣然
2013/8/2	SM0023	张情	销售部	业务员	新产品上市	18:00	22:00	4.00	¥ 15.00	¥ 60.00	王欣然
2013/8/2	SM0024	龚晓丽	销售部	业务员	新产品上市	18:00	22:00	4.00	¥ 15.00	¥ 60.00	王欣然
2013/8/2	SM0025	文�媛	销售部	业务员	新产品上市	18:00	22:00	4.00	¥ 15.00	¥ 60.00	王欣然
2013/8/2	SM0026	李姝	销售部	业务员	新产品上市	18:00	22:00	4.00	¥ 15.00	¥ 60.00	王欣然
2013/8/2	SM0027	张语	销售部	业务员	新产品上市	18:00	22:00	4.00	¥ 15.00	¥ 60.00	王欣然
2013/8/2	SM0028	李雪	销售部	业务员	新产品上市	18:00	22:00	4.00	¥ 15.00	¥ 60.00	王欣然
2013/8/2	SM0029	张东林	销售部	业务员	新产品上市	18:00	22:00	4.00	¥ 15.00	¥ 60.00	王欣然
2013/8/2	SM0030	龚艾丽	销售部	业务员	新产品上市	18:00	22:00	4.00	¥ 15.00	¥ 60.00	王欣然
2013/8/2	SM0031	张明明	销售部	业务员	新产品上市	18:00	22:00	4.00	¥ 15.00	¥ 60.00	王欣然
2013/8/2	SM0032	李治	销售部	业务员	新产品上市	18:00	22:00	4.00	¥ 15.00	¥ 60.00	王欣然
2013/8/2	SM0033	张星语	广告部	摄影师	新产品上市	18:00	22:00	4.00	¥ 30.00	¥ 120.00	王欣然
2013/8/2	SM0034	李佳佳	广告部	摄影师	新产品上市	18:00	22:00	4.00	¥ 30.00	¥ 120.00	王欣然
2013/8/2	SM0035	李明昂	广告部	摄影师	新产品上市	18:00	22:00	4.00	¥ 30.00	¥ 120.00	王欣然
2013/8/2	SM0036	李醋醋	广告部	美工	新产品上市	18:00	22:00	4.00	¥ 20.00	¥ 80.00	王欣然

基本信息 / 员工加班月记录表 / Sheet3

示例
文件

资源包\素材\第 7 章\员工加班基本资料.xlsx
资源包\效果\第 7 章\员工加班月记录表.xlsx
资源包\实例演示\第 7 章\制作员工加班月记录表

◎ 案例背景 ◎

在规定的工作时间外继续工作叫做"加班",如职工在法定节日或公休假日从事工作的时间。在加班工作期间,用人单位应当按照下列标准支付加班工资。

⊃ 在日标准工作时间以外延长的工作时间,应按照不低于小时工资的 150% 支付加班工资。

⊃ 在休息期间进行工作后,应当安排与其同等的时间进行补休,若不能安排补休,则需按照不低于日或者小时工资的 200% 支付加班工资。

⊃ 在法定节假日工作后,应当按照不低于日或者小时工资的 300% 支付加班工资。

计算加班工资时,应按劳动合同约定的劳动者本人的工资标准进行计算。如劳动合同没有约定,则按集体合同约定的加班工资进行计算。若劳动合同、集体合同均未约定时,则按劳动者本人正常劳动应得的工资进行计算。经批准实行不定时工作制的劳动者,用人单位可不支付其加班工资。

本例制作的员工加班月记录表就是记录员工加班情况的表格,为计算加班工资做准备。

◎关键知识点◎

要完成本例的制作,需要掌握几个关键知识点。这几个关键知识点的内容以及其知识的难易程度如下:

⊃ 在公式中引用单元格数据（★★★）　　　　⊃ INT 函数（★★★）

⊃ 设置会计专用符号（★★★★）

7.2.1 制作员工加班月记录表框架

员工加班月记录表主要包含日期、员工工号、加班人、职务、加班原因和开始时间等。下面将在员工基本信息表中创建"员工加班月记录表 .xlsx",录入员工基本信息,并对其进行设置,其具体操作如下:

STEP 01 ▶ 新建工作簿

打开"员工加班基本资料 .xlsx"工作簿,将工作簿名称重命名为"员工加班月记录表"。将鼠标指针移动至工作表标签处,双击 Sheet2 工作表标签,将工作表重命名为"员工加班月记录表"。

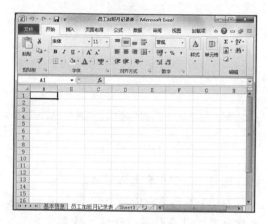

STEP 03 ▶ 合并单元格

选择 A1:L1 单元格区域。

选择【开始】/【对齐方式】组,单击"合并后居中"按钮,合并选择的单元格区域。

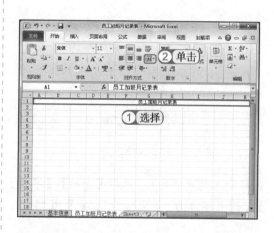

STEP 02 ▶ 输入标题内容

选择 A1 单元格。

在编辑栏中输入"员工加班月记录表"标题。

STEP 04 ▶ 设置标题格式

选择【开始】/【字体】组,在其中设置字体为"方正舒体",字号为"26",并单击"加粗"按钮,将字体加粗。

STEP 05 ▶ 输入字段内容

选择 A2:L2 单元格区域，在其中输入下图所示的字段内容。

STEP 06 ▶ 设置字段样式

选择输入的表头字段，选择【开始】/【字体】组，设置字体为"华文行楷"，字号为"14"。

STEP 07 ▶ 调整列宽

将鼠标指针移动至 A 列与 B 列标记的分隔线上，当指针呈十形状时，向右拖动鼠标，调整单元格列宽，完成后释放鼠标，完成列宽调整。根据此方法调整其他单元格的列宽。

STEP 08 ▶ 引用单元格

选择 B3:B38 单元格区域。

在 B3 单元格中输入 "=" 号。单击 "基本信息" 工作表标签，切换工作表。

STEP 09 ▶ 选择引用区域

选择 A3:A38 单元格区域，按"Ctrl+Enter"快捷键引用单元格区域。

STEP 10 ▶ 引用其他单元格数据

根据以上方法，选择 C3:E38 单元格区域和 J3:J38 单元格区域，并引用"基本信息"表中的 B3:D38 单元格区域和 E3:E38 单元格区域。

STEP 11 ▶ 输入其他内容

在"日期"、"加班原因"、"开始时间"、"结束时间"列输入对应内容，并查看输入后的效果。

STEP 12 ▶ 添加边框

选择 A1:L38 单元格区域。选择【开始】/【字体】组，单击"下框线"按钮右侧的下拉按钮。

在弹出的下拉列表中选择"所有框线"选项。

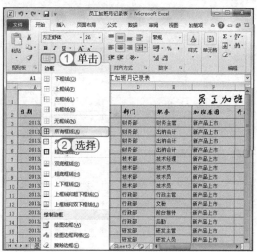

STEP 13 ▶ 调整行高

选择 A3:L38 单元格区域。

选择【开始】/【单元格】组，单击"格式"按钮下方的下拉按钮。

在弹出的下拉列表中选择"行高"选项。

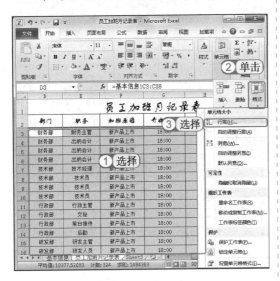

STEP 14 ▶ 输入行高

打开"行高"对话框，在"行高"文本框中输入"18"。

单击 确定 按钮。

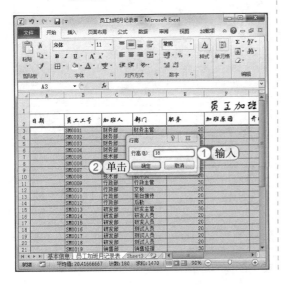

STEP 15 ▶ 设置表格居中对齐

选择 A2:L38 单元格区域。

选择【开始】/【对齐方式】组，在其中单击"居中"按钮，将单元格居中对齐。

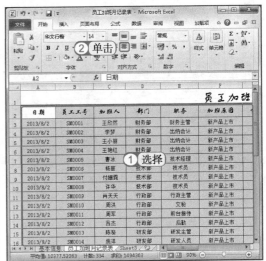

STEP 16 ▶ 输入数据

返回工作表，查看设置后的框架效果。

7.2.2 计算加班费

在计算员工的加班费时，员工加班内容不同，所获得的加班费也会不相同。在"员工加班月记录表"中将根据加班内容的不同来计算加班工资，其具体操作如下：

STEP 01 计算加班所用时间

选择 I3 单元格。

在编辑栏中输入公式"=INT(24*(H3-G3))"，按"Enter"键计算加班所用时间。

STEP 03 计算加班费

选择 K3 单元格。

在编辑栏中输入公式"=I3*J3"，按"Enter"键计算加班费。

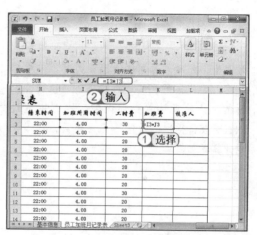

STEP 02 计算其他加班时间

选择 I3 单元格，将鼠标指针移至 I3 单元格的右下角，当指针变成╋形状时，按住鼠标左键不放，向下拖动鼠标，至 I38 单元格，释放鼠标，即可完成其他员工加班时间的计算。

STEP 04 计算其他员工加班费

选择 K3 单元格，将鼠标指针移至 K3 单元格的右下角，当指针变成╋形状时，按住鼠标左键不放，向下拖动鼠标，至 K38 单元格，释放鼠标，即可完成其他员工加班费的计算。

【公式解析】

INT 函数主要用于将数值向下取整为最接近的整数。公式"=INT(24*(H3-G3))"表示按整数的形式计算 H3-G3（即加班时间）的小时数，24 指一天有 24 个小时。

为什么这么做？

在 Excel 中，使用时间减去时间将得到时间值，此时的时间值不能作为其他的数据计算，因此，需要通过函数将时间值转化为数值，让数据计算更加简便。本例中通过 INT 函数将得出的数值转化为整数，让下一步计算更加简单。

STEP 05 选择单元格区域

选择 J3:K38 单元格区域。

选择【开始】/【数字】组，在右下角单击 按钮。

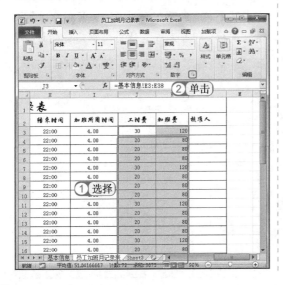

STEP 06 设置货币符号显示

在打开的对话框左侧的"分类"栏中，选择"会计专用"选项。

在"小数位数"数值框中输入"2"。

在"货币符号"下拉列表框中选择"￥"选项。

单击 确定 按钮。

STEP 07 输入核准人姓名

在"核准人"列中输入核准人姓名，并查看设置完成后的效果。

7.2.3　关键知识点解析

1. 在公式中引用单元格数据

在公式中引用单元格数据分为引用同一工作簿中其他工作表中的单元格数据和引用其他工作簿中的单元格数据两种，下面将分别介绍其引用方法。

⊃引用同一工作簿中其他工作表中的单元格数据：在输入公式状态下，单击工作表标签，在打开的其他工作表中选择需要引用的单元格，按"Enter"键。

⊃引用其他工作簿中的单元格数据：引用其他工作簿中的单元格数据与引用同一工作簿中的数据方法相同，只是引用单元格数据前，将出现所引用的工作簿名称，并在工作簿名称后显示所引用的工作表和单元格位置。

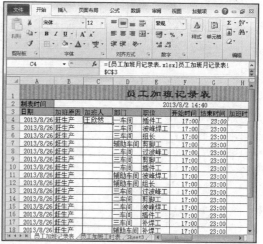

2. INT 函数

INT 函数主要用于将数值向下取整为最接近的整数，其语法结构为：INT(number)。其中，number 表示需要进行向下舍入取整的实数。例如，"=INT(8.9)"表示 8.9 向下取整，返回的结果为 8。

3. 设置会计专用符号

会计专用符号是"设置单元格格式"对话框"数字"选项卡中的一种形式。当选择此选项后，将可设置货币显示符号以及小数位数，设置完成后，单击 确定 按钮，即可将设置的内容显示在所选单元格中。

7.3 制作公司员工培训成绩表

员工培训完成后，人事部门会根据科目进行考试，并对考试成绩进行统计，从而制作出公司员工培训成绩表，使员工培训成绩一目了然。本例将制作"公司员工培训成绩表"，并计算员工培训成绩，其最终效果如下图所示。

	基本信息			培训科目					成绩		名次
员工工号	姓名	部门	联系电话	法律知识	财务知识	电脑操作	商务礼仪	公司流程	平均成绩	总成绩	
SN0001	王晓	财务部	15982230548	88	92	89	87	82	87.6	438	1
SN0002	李梦洁	财务部	13404040085	84	93	84	84	85	86	430	4
SN0003	王小丽	财务部	15982230548	85	89	82	84	83	84.6	423	10
SN0004	王艳红	财务部	15982230549	83	93	75	85	87	84.6	423	10
SN0005	曹红	技术部	15982230550	76	80	85	86	82	81.8	409	25
SN0006	杨丽	技术部	15982230551	77	80	86	82	86	82.2	411	21
SN0007	王珊霞	技术部	13404040043	90	82	84	79	84	83.8	419	12
SN0008	许华	技术部	13404040045	86	81	91	79	82	83.8	419	12
SN0009	肖天天	行政部	13404040047	91	85	81	90	81	85.6	428	7
SN0010	周洪	行政部	15982230555	89	84	76	89	86	84.8	424	9
SN0011	周军	行政部	15982230556	88	81	80	90	89	85.6	428	7
SN0012	吕杰	行政部	15982230557	87	86	82	92	87	86.8	434	2
SN0013	陈程	研发部	15982230558	79	80	79	89	84	82.2	411	21
SN0014	姚洋	研发部	15982230521	75	82	90	86	86	83.8	419	12
SN0015	刘晓	研发部	15982230560	77	81	88	87	85	83.6	418	17
SN0016	肖云	研发部	15982230568	87	83	89	88	82	85.8	429	5
SN0017	唐晓棠	研发部	15982230562	85	81	90	78	81	83	415	19
SN0018	向若竹	研发部	15982230563	75	84	92	82	86	83.8	419	12
SN0019	宋晓	销售部	13808180024	92	84	88	81	84	85.8	429	5
SN0020	刘沙	销售部	15802480024	84	80	78	82	87	82.2	411	21
SN0021	周迪	销售部	15505450025	82	75	80	72	85	78.8	394	34
SN0022	李勇峰	销售部	15983302430	87	72	79	76	83	79.4	397	32
SN0023	张倩	销售部	13808180027	84	79	78	78	86	81	405	29
SN0024	童晓琳	销售部	13808180030	88	82	80	80	89	83.8	419	12
SN0025	文慧媛	销售部	13808180039	89	71	78	82	84	80.8	404	30
SN0026	李峰	销售部	13805280036	89	72	79	87	86	82.6	413	20
SN0027	张梦	销售部	13808180039	74	72	73	80	87	77.2	386	35
SN0028	李蕾	销售部	13808180044	89	75	82	80	85	82.2	411	21
SN0029	张东林	销售部	13808180045	85	78	81	81	82	81.4	407	26
SN0030	童艾丽	销售部	13808180060	82	75	74	81	84	79.2	396	33
SN0031	张明明	销售部	13808180051	83	80	72	79	86	80	400	31
SN0032	李治	销售部	13808180054	82	81	80	75	89	81.4	407	26
SN0033	张星语	广告部	13808180057	84	80	81	82	90	83.4	417	18
SN0034	李佳佳	广告部	15982230542	72	82	76	83	93	81.2	406	28
SN0035	李明	广告部	13404040084	91	84	79	87	93	86.8	434	2

◎ 案例背景 ◎

员工培训是指公司出于开展业务及培育人才的需要，采用各种方式对员工进行的有目的、有计划的培养和训练活动，目的是使员工不断更新知识，为公司创造价值。

公司员工培训成绩表主要是根据公司每个员工的培训情况，以及培训中的最后考试分数和平时培训的表现情况制作的表格，用于考查员工在培训期间对培训科目的掌握情况。

常见的公司员工培训成绩表主要包含员工基本信息、公司的培训科目、成绩 3 方面内容。

⊃员工基本信息: 包含员工的代码、姓名、部门和电话等, 是员工培训表的基本组成部分。

⊃公司的培训科目: 主要指公司所培训的科目。

⊃成绩: 指成绩的统计值, 一般包含平均成绩和总成绩两类。

◎关键知识点◎

要完成本例的制作，需要掌握几个关键知识点。这几个关键知识点的内容以及其知识的难易程度如下:

⊃重命名工作表标签（★★★）　　　⊃冻结单元格（★★★★）

⊃设置底纹（★★）　　　⊃SUM 函数（★★★）

⊃RANK 函数（★★★）　　　⊃AVERAGE 函数（★★★）

7.3.1　制作公司员工培训成绩基本表结构

员工培训成绩基本表主要包括员工工号、姓名、部门、联系电话、培训科目、平均成绩、总成绩和名次等内容。通过在表格中输入数据，并设置填充颜色，能让表格更加美观，更便于查看。其具体的操作步骤如下:

STEP 01 ▶ 新建工作簿

启动 Excel 2010，新建一个空白工作簿，将工作簿命名为"公司员工培训成绩表"。将鼠标指针移动至工作表标签处，双击 Sheet1 工作表标签，将工作表重命名为"公司员工培训成绩表"。

STEP 02 ▶ 输入标题内容

选择 A1 单元格。

在编辑栏中输入标题"公司员工培训成绩表"。

STEP 03 ▶ 合并单元格

选择 A1:L1 单元格区域。

合并单元格，并设置其字体为"方正准圆简体"，字号为"28"，并单击"加粗"按钮 B，将字体加粗。

STEP 04 ▶ 填充颜色

选择 A1 单元格。选择【开始】【字体】组，单击"填充颜色"按钮右侧的下拉按钮。

在弹出的下拉列表中选择"蓝色，强调文字颜色1，淡色40%"选项。

STEP 05 ▶ 设置字体颜色

单击"字体颜色"按钮▲右侧的下拉按钮▼。

在弹出的下拉列表中选择"蓝色，强调文字颜色1，深色50%"选项。

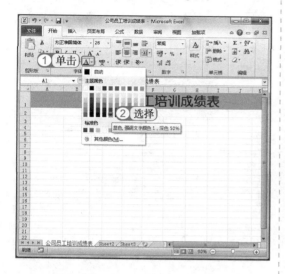

STEP 06 ▶ 输入字段内容

选择 A2:L3 单元格区域，在其中根据公司员工培训成绩表的要求输入表头字段内容。

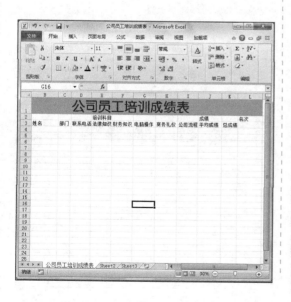

STEP 07 ▶ 合并字段单元格

选择 A2:D2、E2:I2、J2:L2 和 L2:L3 单元格区域，分别执行合并单元格操作，并查看合并后的效果。

STEP 08 ▶ 设置字段内容的字体和字号

选择 A2:L3 单元格区域。

设置其字体为"方正楷体简体"，字号为"14"。

STEP 09 ▶ 设置边框

选择 A1:L38 单元格区域，调整合适的列宽和行高，设置边框为"所有边框"，并设置对齐方式为居中。

STEP 10 ▶ 冻结首行

选择【视图】/【窗口】组，单击"冻结窗格"按钮。

在弹出的下拉列表中选择"冻结首行"选项。

STEP 11 ▶ 查看冻结后的效果

将窗口调整到表格底部，查看冻结后的显示效果。

STEP 12 ▶ 输入基本内容

在表格中输入基本内容和培训科目的成绩，查看输入完成后的效果。

7.3.2　计算公司员工培训成绩表

员工的培训成绩主要包括平均成绩、总成绩和名次等信息，通过公式和函数可让计算变得更加简单，其具体操作如下：

STEP 01 ▶ 计算第一位员工的总成绩

选择 K4 单元格。

在编辑栏中输入公式"=SUM(E4:I4)"，按"Enter"键计算该员工的总成绩。

STEP 03 ▶ 计算第一位员工的平均成绩

选择 J4 单元格。

在编辑栏中输入公式"=AVERAGE(E4:I4)"，按"Enter"键计算该员工的平均成绩。

STEP 02 ▶ 计算其他员工的总成绩

将鼠标指针移动至 K4 单元格右下角，当指针呈＋形状时，拖动鼠标至 K39 单元格，释放鼠标，即可计算其他员工培训的总成绩。

STEP 04 ▶ 计算其他员工的平均成绩

将鼠标指针移动至 J4 单元格右下角，当指针呈＋形状时，拖动鼠标至 J39 单元，释放鼠标，即可计算其他员工的平均成绩。

计算第一位员工的名次

选择 L4 单元格。

在编辑栏中输入公式"=RANK (K4,$K$4:$K$38)",单击编辑栏左侧的"输入"按钮 ✓，计算出该员工的名次。

计算其他员工的名次

将鼠标指针移动至 K4 单元格右下角，当指针呈 + 形状时，拖动鼠标至 K39 单元格，释放鼠标，即可计算其他员工的名次。

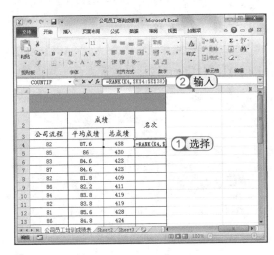

7.3.3 关键知识点解析

1. 重命名工作表标签

在创建工作表时，工作表标签中显示的名称以默认的"Sheet"开头，为了便于用户识别和区分，可为工作表进行重命名。重命名工作表常见的方法有以下两种。

⊃ 双击工作表标签进行重命名：选择需要重命名的工作表标签，并双击此标签，此时标签呈可编辑状态，输入新的标签名称，单击其他位置或按"Enter"键，即可完成重命名操作。

⊃ 使用"重命名"命令：选择需要重命名的工作表标签，在其上右击，在弹出的快捷菜单中选择"重命名"命令，此时标签呈可编辑状态，输入新的工作表名称或按"Enter"键，完成重命名的操作。

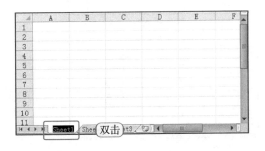

2. 设置底纹

设置底纹是为了让表格更加美观。通常设置底纹的方法有两种，一种是通过单击"填充"按钮 🎨 进行设置；另一种是通过选择需要设置的单元格，在其上右击，在弹出的快捷菜单中选择"设置单元格格式"命令，在打开的对话框中选择"填充"选项卡，在其中选择需要设置底纹的颜色，单击 ⬛确定 按钮完成设置。

3. 冻结单元格

用户在处理数据量较大的表格时，使用冻结单元格功能可以根据需要固定表格中的某个区域，从而使得计算和处理表格时能随时进行查找和对比。在 Excel 中，冻结单元格或单元格区域的常见情况有以下 3 种。

⊃ **冻结首列**：选择【视图】/【窗口】组，单击"冻结窗格"按钮▦，在弹出的下拉列表中选择"冻结首列"选项，可使用户在滚动工作表时保持单元格的首列可见。

⊃ **冻结首行**：与冻结首列单元格的方法相同，只是在选择时选择"冻结首行"选项。通过此设置，可使用户在滚动工作表时保持单元格的首行可见。

⊃ **冻结拆分窗格**：当用户需要冻结选择的单元格区域时，可通过冻结拆分窗口来完成此操作。选择【视图】/【窗口】组，单击"拆分"按钮▦，在选中单元格上面和左边将出现两条拆分线，整个窗口将呈 4 部分分布，拖动垂直滚动条，可同时改变两个窗口中的显示数据，再单击"冻结"按钮▦，在弹出的下拉列表中选择"冻结拆分窗格"选项，即可完成拆分冻结。

4. RANK 函数

RANK 函数主要用于返回某数字在一列数据组中相对于其他数值的大小排位。其语法结构为：RANK(number,ref,order)，其中各项参数的介绍分别如下。

⊃ number：为需要找到排位的数字。

⊃ ref：为数字列表数组或对数字列表的引用。参数 ref 中的非数值型参数将被忽略。

⊃ order：指排位的方式。当参数 order 为 0 或省略时，Excel 2010 对数字的排位将基于参数 ref 按照降序进行排列。当参数 order 不为 0 时，则 Excel 2010 对数字的排位将基于参数 ref 按照升序进行排列。

5. SUM 函数

SUM 函数用来计算某一单元格区域中所有数字之和，是 Excel 中使用最多的函数之一。其语法结构为：SUM(number1,number2,...)，其中各项参数的介绍分别如下。

⊃ number1：指需要相加的第一个数值参数，为必选。

⊃ number2,...：指需要相加的 2~255 个数值参数，为可选。

在该函数中，每个参数都可以是区域、单元格引用、数组、常量、公式或另一个函数的结果。

6. AVERAGE 函数

AVERAGE 函数主要用于返回参数平均值（算术平均），其语法结构为：AVERAGE(number1,number2,...)。其中，参数 "number1,number2,..." 表示要计算平均值的 1 ～ 30 个参数，可以为数字、数字的名称、数组或引用。

7.4 高手过招

1. 单元格的相对引用

相对引用指引用当前单元格公式所在的位置，当单元格所在位置发生变化时，引用会随着位置发生变化。判断是否为相对引用的方法是：在工作表中复制包含有相对引用公式的单元格，将公式粘贴到其他单元格中，被粘贴的公式将会指向与当前公式所在位置对应的其他单元格，如下图所示。

2. 单元格的绝对引用

绝对引用是指引用当前单元格公式的所在位置，当单元格所在位置发生变化时，单元格始终保持不变。其结果与包含公式的单元格位置无关。其使用方法为：选择需要绝对引用的公式，在列标和行号前分别添加 "$" 符号，按 "Enter" 键，再通过复制和粘贴的方法将其引用到目标单元格，可发现数据并未改变，如下图所示。

3. 单元格的混合引用

混合引用是指相对引用与绝对引用的混合运用。指在公式中对部分单元格地址进行相对引用，对部分单元格地址进行绝对引用，通常表现为：绝对引用列，相对引用行；或绝对引用行，相对引用列。在使用过程中，所在单元格的位置发生改变，相对引用将改变，而绝对引用则保持不变。

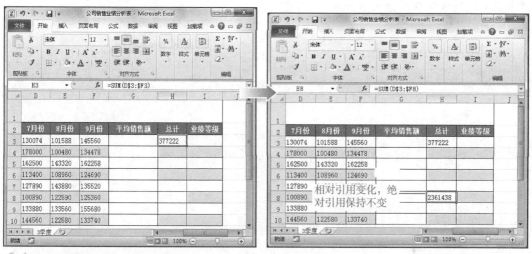

关键提示——"F4"键的引用转换功能

"F4"键可在 3 种引用之间灵活转换。当选择的单元格采用的是相对引用时，按"F4"键可将其转换为绝对引用，若需转换为混合运用，只需要按两次"F4"键，即可完成混合引用的转换，若需要还原为相对引用，可再按一次"F4"键，将引用还原为原始形态。

4. 认识公式中的错误

错误值是输入公式中的常见问题，当输入的公式不能进行正确的运行时，单元格中显示的并不是计算结果，而是错误值。常见的错误值有 #NUM!、#REF!、#VALUE!、#DIV/0!、#NULL!、#N/A、#NAME? 和 #### 等，下面将对这些错误值分别进行介绍。

⊃ #NUM! 错误值：在数字参数的函数中使用了无法识别的参数。

⊃ #REF! 错误值：引用了一个无效的单元格。

⊃ #VALUE! 错误值：在输入的公式中含有错误类型的参数。

⊃ #DIV/0！错误值：输入公式时，除数为 0。

⊃ #NULL! 错误值：使用了不正确的单元格引用。

⊃ #N/A 错误值：在输入的公式中缺少函数参数。

⊃ #NAME? 错误值：使用的参数操作类型出错，或是删除了正在运行公式的名称。

⊃ #### 错误值：输入的公式过长，并超过了单元格所包含的量。

5. 自动检查公式中的错误

在单元格中输入公式后，系统将自动对其进行检测，当存在错误后，将返回错误值并在其右侧显示 ⬦ 按钮。单击该按钮，可在弹出的下拉列表中查看错误的原因、帮助信息或取消错误值。

产品销售是指生产的完成品、代制品、代修品、自制半成品等产品和工业性作业的销售。在 Excel 中，可通过制作销售业绩表和销售预测分析表，使企业对产品的销售额和未来的销售情况进行计算、分析，从而制定一套适合产品发展的方案。本章将分别制作销售业绩表和销售预测分析表。

Excel 2010

C 第 8 章
hapter

Excel 与产品销售

8.1 制作销售业绩表

销售业绩表是指通过员工一段时间的工作，并根据员工的销售量或者销售额对员工的业绩进行汇总，这样不但方便员工查看，而且方便公司管理者查看本期的销售量，好为后期的分析做准备。本例将在新建的工作簿中制作"销售业绩表"，并按总销售额的百分比来计算业绩提成，其最终效果如下图所示。

销售业绩表								
日期	员工编号	员工姓名	产品名称	单价（元）	销售数量（台）	总销售额（元）	提成率	业绩提成（元）
2013/7/1	SM00101	王怡	三星笔记本电脑	4566	9	41094	2%	821.88
2013/7/2	SM00102	唐晓	三星笔记本电脑	4566	12	54792	3%	1643.76
2013/7/3	SM00103	张杰	三星笔记本电脑	4566	10	45660	2%	913.2
2013/7/4	SM00104	唐琳	华硕笔记本电脑	4722	8	37776	2%	755.52
2013/7/5	SM00105	王峰	惠普笔记本电脑	3800	7	26600	1%	266
2013/7/6	SM00106	宋丽	三星笔记本电脑	4566	8	36528	2%	730.56
2013/7/7	SM00107	张立	索尼笔记本电脑	8200	9	73800	3%	2214
2013/7/8	SM00108	王卓	索尼笔记本电脑	8200	9	73800	3%	2214
2013/7/9	SM00109	李勇	戴尔笔记本电脑	4812	10	48120	2%	962.4
2013/7/10	SM00110	张帅	索尼笔记本电脑	8200	12	98400	3%	2952
2013/7/11	SM00111	童晓琳	索尼笔记本电脑	8200	10	82000	3%	2460
2013/7/12	SM00112	蔡明	华硕笔记本电脑	4722	8	37776	2%	755.52
2013/7/13	SM00113	张名杰	华硕笔记本电脑	4722	8	37776	2%	755.52
2013/7/14	SM00114	肖小云	华硕笔记本电脑	4722	10	47220	2%	944.4
2013/7/15	SM00115	唐晓棠	三星笔记本电脑	4566	15	68490	2%	2054.7
2013/7/16	SM00116	向芸	三星笔记本电脑	4566	10	45660	2%	913.2
2013/7/17	SM00117	宋茜	惠普笔记本电脑	3800	9	34200	2%	684
2013/7/18	SM00118	刘江	惠普笔记本电脑	3800	7	26600	1%	266
2013/7/19	SM00119	周舟	惠普笔记本电脑	3800	6	22800	1%	228
2013/7/20	SM00120	李勇峰	戴尔笔记本电脑	4812	8	38496	2%	769.92
2013/7/21	SM00121	周娟	戴尔笔记本电脑	4812	9	43308	2%	866.16
2013/7/22	SM00122	王珊珊	索尼笔记本电脑	8200	7	57400	3%	1722
2013/7/23	SM00123	张佳丽	惠普笔记本电脑	3800	7	26600	1%	266
2013/7/24	SM00124	李晓娟	华硕笔记本电脑	4722	10	47220	2%	944.4
2013/7/25	SM00125	蔡桂昌	戴尔笔记本电脑	4812	12	57744	3%	1732.32
2013/7/26	SM00126	张玲	戴尔笔记本电脑	4812	10	48120	2%	962.4
2013/7/27	SM00127	刘晓江	戴尔笔记本电脑	4812	10	48120	2%	962.4
2013/7/28	SM00128	肖云	华硕笔记本电脑	4722	11	51942	3%	1558.26

销售业绩表 / Sheet2 / Sheet3

示例
文件

资源包\效果\第8章\销售业绩表.xlsx
资源包\实例演示\第8章\制作销售业绩表

◎ 案例背景 ◎

销售业绩指在有限时间内实现的销售量或销售额，提升销售业绩时应注意以下几方面的问题。

⊃ **前期问题**：质量好的产品，一定比质量差的产品更具优势，也更受客户的青睐，因此提升产品的质量，对提升销售业绩是很有作用的。销售人员也是提升业绩的重要部分，销售人员能力越高，销售业绩越好。

⇒ **发现问题**：当业绩得不到提升，那么其销售模式必然存在问题，所以若需提升业绩，应找出存在的问题并有效地进行解决。

⇒ **针对问题**：针对此商品的购买群体，制作针对性的商品样式，让商品符合购买群的实际需要。

本例制作的销售业绩表主要指根据上面的 3 个问题制作的商品销售统计表，其目的在于统计销售情况，计算员工的销售奖金，是销售统计的重要部分。

◉关键知识点◉

要完成本例的制作，需要掌握几个关键知识点。这几个关键知识点的内容以及其知识的难易程度如下：

⇒ 设置字体样式（★★★）

⇒ 添加边框（★★）

⇒ 设置工作表标签颜色（★★★）

⇒ 套用表格样式（★★★★）

⇒ 隐藏网格线（★★）

⇒ 通过"数字"组设置数据的显示格式（★★★）

⇒ IF 函数（★★★）

8.1.1 制作销售业绩表框架

制作员工销售业绩表，首先应新建工作簿，再对工作簿进行重命名操作，设置工作表标签的颜色，并在其中输入标题和字段内容，再根据内容设置其格式，其具体操作如下：

STEP 01 ▶ 新建工作簿

启动 Excel 2010，并将新建的工作簿重命名为"销售业绩表"，将鼠标指针移动至工作表标签处，双击 Sheet1 工作表标签，将工作表重命名为"销售业绩表"。

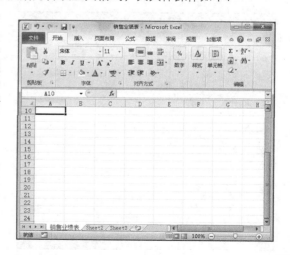

STEP 02 ▶ 设置工作表标签颜色

选择【开始】/【单元格】组，单击"格式"按钮。

在弹出的下拉列表中选择"工作表标签颜色"选项。

在弹出的子列表中选择"橄榄色，强调颜色 3"选项。

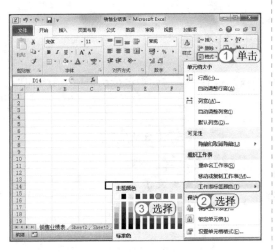

STEP 03 ▶ 输入标题内容

选择 A1 单元格。

在编辑栏中输入"销售业绩表"，按"Enter"键，完成标题的输入。

STEP 04 ▶ 设置字体样式

选择 A1:I1 单元格区域，在其上右击，在弹出的快捷菜单中选择"设置单元格格式"命令，打开"设置单元格格式"对话框，选择"字体"选项卡。

在"字体"栏的列表中选择"方正水黑简体"选项。

在"字号"栏的列表中选择"24"选项。

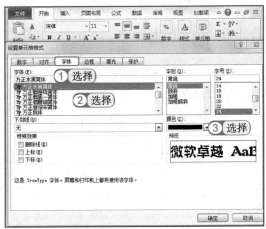

STEP 05 ▶ 合并单元格

选择"对齐"选项卡。

在"文本控制"栏中选中 ☑合并单元格(M) 复选框。

单击 确定 按钮。

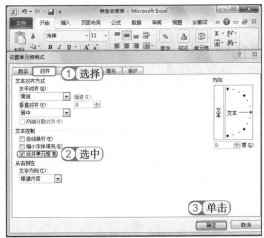

STEP 06 设置居中对齐

返回窗口，选择 A1 单元格。

选择【开始】/【对齐方式】组，单击"居中"按钮 ≡，将标题居中对齐。

STEP 08 设置字段内容

选择 A2:I2 单元格区域，调整行宽并设置字体为"方正水黑简体"，设置字号为"24"，并将单元格文本进行居中对齐。

STEP 07 输入字段内容

选择 A2:I2 单元格区域，在其中输入下图所示的字段内容。

STEP 09 选择日期格式

选择 A3:A30 单元格区域。

选择【开始】/【数字】组，单击"常规"下拉列表框右侧的下拉按钮·。

在弹出的下拉列表中选择"短日期"选项。

STEP 10 设置边框

选择 A1:I30 单元格区域。选择【开始】/【字体】组，单击"下框线"按钮右侧的下拉按钮。

在弹出的下拉列表中选择"所有框线"选项。

STEP 11 取消网格线

选择【页面布局】/【工作表选项】组，取消选中的 查看 复选框，即可取消表格中的网格线。

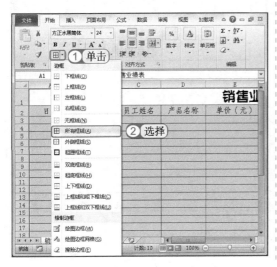

8.1.2 计算销售业绩表

销售业绩表包含总销售额、提成率和业绩提成。在本例中，销售人员的提成方法是按总销售额的百分比来计算的，其具体操作如下：

STEP 01 输入基本信息

在 A3:F30 单元格区域中输入基本信息，并根据表格内容设置行高。

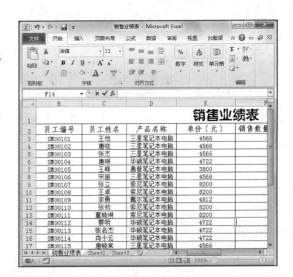

STEP 02 ▶ 计算总销售额

选择 G3 单元格。

在编辑栏中输入公式 "=E3*F3"，按 "Enter" 键计算其总销售额。

STEP 03 ▶ 计算其他员工总销售额

将鼠标指针移动到 G3 单元格右下角，当指针变为 + 形状时，向下拖动鼠标至 G30 单元格，计算出其他员工的总销售额。

STEP 04 ▶ 计算提成率

选择 H3 单元格。

在编辑栏中输入公式 "=IF(G3>=50000, "3%",IF(G3>=30000,"2%", "1%"))"，按 "Enter" 键计算提成率。

STEP 05 ▶ 计算其他员工提成率

将鼠标指针移动到 H3 单元格右下角，当指针变为 + 形状时，向下拖动鼠标至 H30 单元格，计算出其他员工的提成率。

【公式解析】

本例主要是按照总销售额计算销售人员的提成，公式"=IF(G3>=50000,"3%",IF(G3>=30000, "2%","1%"))"表示当总销售额大于50000时，提成3%；当总销售额大于30000且小于50000时，提成2%；当总销售额小于30000时，提成1%。

STEP 06 计算业绩提成

选择I3单元格。

在编辑栏中输入公式"=G3*H3"，按"Enter"键计算业绩提成。

STEP 07 计算其他员工业绩提成

将鼠标指针移动到I3单元格右下角，当指针变为＋形状时，向下拖动鼠标至I30单元格，计算出其他员工的业绩提成。

8.1.3 美化销售业绩表

美化表格主要是为了让工作表更加专业与美观，常见且快速美化表格的方法是"套用表格格式"，其具体操作如下：

STEP 01 计算业绩提成

将鼠标指针移动至单元格左上角，按键，全选表格中的单元格。

单击"居中"按钮，将所有单元格设置为居中对齐。

STEP 02 ▶ 套用表格样式

　　选择【开始】/【样式】组，单击"套用表格样式"按钮▦。

　　在弹出的下拉列表中选择"表样式中等深浅2"选项。

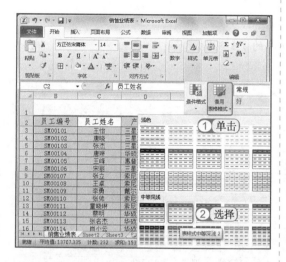

STEP 03 ▶ 输入数据来源

　　打开"套用表格式"对话框。在"表数据的来源"文本框中输入"=$A$2:$I$30"。

　　单击 确定 按钮。

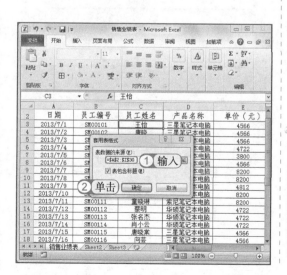

STEP 04 ▶ 查看完成后的效果

返回工作表查看完成设置后的效果。

![销售业绩表效果图]

技巧秒杀——删除表格样式

　　当不需要运用表格样式，或是表格样式运用错误时，可删除表格样式，其方法为：在工作表中选择需要删除样式的单元格区域，选择【开始】/【编辑】组，单击"清除"按钮 右侧的下拉按钮，在弹出的下拉列表中选择"清除格式"选项即可完成表格样式的清除。

为什么这么做?

　　销售业绩表主要是针对销售部门，通过制定销售金额，再通过总的销售量对员工进行提成奖励。因为销售代表竞争，因此，在选择表格样式时不应过于花哨，通常以冷色调为主。

8.1.4　关键知识点解析

制作本例所需要的关键知识点中，"设置字体样式"、"添加边框"和"IF 函数"知识已经在前面的章节中进行了详细介绍，此处不再赘述，其具体的位置分别如下。

⊃ 设置字体样式：该知识的具体讲解位置在第 7 章的 7.1.3 节。

⊃ 添加边框：该知识的具体讲解位置在第 7 章的 7.1.3 节。

⊃ IF 函数：该知识的具体讲解位置在第 7 章的 7.1.3 节。

1. 设置工作表标签颜色

在 Excel 中，为了区分工作簿中各个工作表，除了可对工作表进行重命名外，还可为工作表标签设置不同的颜色方便区分，其方法是选择需要设置的工作表标签，选择【开始】/【单元格】组，单击"格式"按钮，在弹出的下拉列表中选择"工作表标签颜色"选项。在弹出的子菜单中选择任意颜色即可。

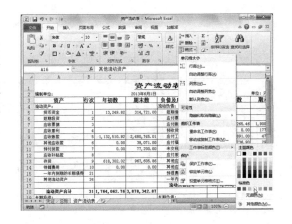

技巧秒杀——自定义工作表标签

在"工作表标签颜色"子菜单中选择"其他颜色"选项，将打开"颜色"对话框，选择"自定义"选项卡，在其中可设置不同的颜色，单击 确定 按钮即可完成颜色的设置。

2. 通过"数字"组设置数据的显示格式

通过"数字"组设置数据的显示格式是在对数据没有特殊格式要求的情况下，选择【开始】/【数字】组中预设的几种格式，快速完成数据格式的设置。"数字"组中提供了"常规"、"数字"、"货币"、"会计专用"、"短日期"、"长日期"、"时间"、"百分比"、"分数"、"科学记数"和"文本"共 11 种默认的格式，只需在【开始】/【数字】组的下拉列表框中进行选择即可。

3. 套用表格样式

套用表格样式是快速设置表格样式的一种功能，通过选择【开始】/【样式】组，单击"套用表格样式"按钮▦，在弹出的下拉列表中选择任意表格样式选项，打开"套用表格样式"对话框。在"表数据的来源"文本框中输入设置的单元格区域，单击 确定 按钮，即可完成套用表格样式的设置。

4. 隐藏网格线

网格线可以帮助用户定位单元格，在完成表格制作后，用户也可隐藏网格线来美化工作表，使单元格效果更加直观。隐藏网格的方法很简单，除了本例所介绍的方法线外，用户还可选择【视图】/【显示】组，取消选中 □ 网格线 复选框。

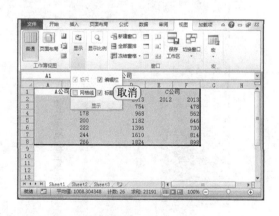

‖8.2 制作销售预测分析表

企业对产品的未来销售情况进行预测分析，可更加准确地了解企业产品的销售情况及市场占有量，为企业的下一步销售推广奠定基础。本例将制作"销售预测分析表"，并创建销量对比图表，对未来市场销售情况进行预测，其终效果如下图所示。

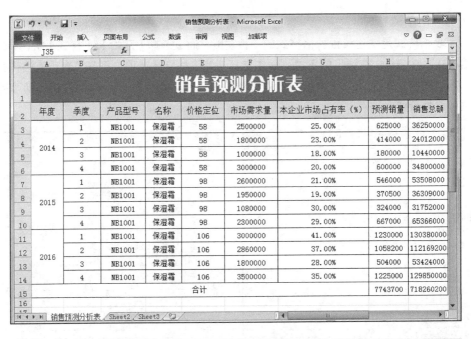

年度	季度	产品型号	名称	价格定位	市场需求量	本企业市场占有率（%）	预测销量	销售总额
2014	1	NB1001	保湿霜	58	2500000	25.00%	625000	36250000
	2	NB1001	保湿霜	58	1800000	23.00%	414000	24012000
	3	NB1001	保湿霜	58	1000000	18.00%	180000	10440000
	4	NB1001	保湿霜	58	3000000	20.00%	600000	34800000
2015	1	NB1001	保湿霜	98	2600000	21.00%	546000	53508000
	2	NB1001	保湿霜	98	1950000	19.00%	370500	36309000
	3	NB1001	保湿霜	98	1080000	30.00%	324000	31752000
	4	NB1001	保湿霜	98	2300000	29.00%	667000	65366000
2016	1	NB1001	保湿霜	106	3000000	41.00%	1230000	130380000
	2	NB1001	保湿霜	106	2860000	37.00%	1058200	112169200
	3	NB1001	保湿霜	106	1800000	28.00%	504000	53424000
	4	NB1001	保湿霜	106	3500000	35.00%	1225000	129850000
合计							7743700	718260200

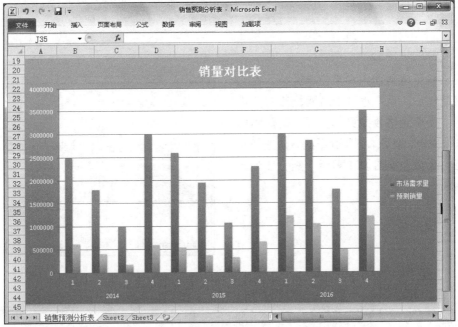

示例文件

资源包\效果\第8章\销售预测分析表.xlsx

资源包\实例演示\第8章\制作销售预测分析表

◎ 案例背景 ◎

销售预测是指对未来一段特定时间内，全部产品或特定产品的销售数量与销售金额的估计。销售预测分析主要是指根据以往的销售情况或使用系统内部内置以及用户自定义的销售预测模型，从而获得的对未来销售情况的预测。销售预测中可直接生成同类型的销售计划，并制定切实可行的销售目标。影响销售预测因素分为以下几类。

- 需求动向：其中包含了流行趋势、爱好变化和生活形态变化等，都会成为产品需求的质与量方面的影响因素，因此，企业应加以分析与预测，以掌握市场的需求动向。

- 经济变动：经济因素是影响商品销售的重要因素，为了提高销售预测的准确性，应特别关注商品市场中的供应和需求情况。

- 同业竞争动向：销售额的高低深受同业竞争者的影响。

- 政府、消费者团体的动向：在分析时，应考虑政府的各种经济政策、方案措施和消费者所提出的各种要求等。

- 营销策略：市场定位、产品政策和价格政策等变更可直接影响销售额。

- 销售方法：销售方法对销售额所产生的影响。

- 销售人员：销售活动是以人为核心的活动，因此人为因素对于销售额的实现具有一定的影响力。

- 生产状况：货源是否充足，也是销售的决定性因素。

销售预测分析表主要是针对销售预测制作的表格，其中包含了产品基本信息、市场需求、市场成长率、企业占有率和预测销量等，通过此表格可直观体现预测后的销量结果，为市场竞争做铺垫。

◎ 关键知识点 ◎

要完成本例的制作，需要掌握几个关键知识点。这几个关键知识点的内容以及其知识的难易程度如下：

- "自动求和"的运用（★★★）
- 创建图表（★★★）
- 设置水平轴标签（★★★★）
- 添加图表标题（★★★）

- 快速设置表格样式（★★）
- 设置发光效果（★★★★）
- 调整图表大小（★★★）

8.2.1 编辑销售预测表

本例中将根据本年度的销售额，预测未来3年的产品销售情况，并计算出预测的销售总额，其具体操作如下：

STEP 01 ▶ 新建工作簿

启动 Excel 2010，并将新建的工作簿重命名为"销售预测分析表"。将鼠标指针移动至工作表标签处，双击 Sheet1 工作表标签，将工作表重命名为"销售预测分析表"。

STEP 02 ▶ 输入标题内容

选择 A1:I1 单元格区域，合并单元格，并在其中输入标题"销售预测分析表"。

STEP 03 ▶ 设置标题样式

设置标题字体为"方正粗倩简体"，设置字号为"26"，设置字体颜色为"白色"，设置填充色为"橄榄色，强调文字颜色3，深色 25%"。

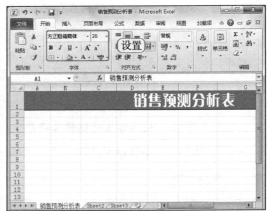

STEP 04 ▶ 设置字段样式

在 A2:I2 单元格中输入字段内容，并设置字号为"12"，设置填充色为"橄榄色，强调文字颜色3，浅色 60%"，调整其行宽。

STEP 05 ▶ 输入基本信息

在 A3:G14 单元格区域中输入基本信息，并合并单元格，再根据表格内容设置行高，查看设置完成后的效果。

STEP 06 ▶ 计算预测销量

　　选择 H3 单元格，

　　在编辑栏中输入公式"=F3*G3"，按"Enter"键计算预测销量。

STEP 07 ▶ 计算其他预测销量

将鼠标指针移动到 H3 单元格右下角，当指针变为+形状时，向下拖动鼠标至 H14 单元格，计算出其他预测销量。

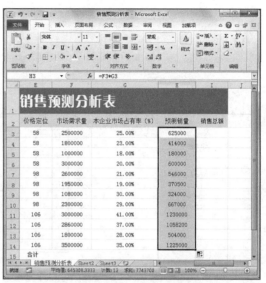

STEP 08 ▶ 计算销售总额

　　选择 I3 单元格，

　　在编辑栏中输入公式"=E3*H3"，按"Enter"键计算销售总额。

STEP 09 ▶ 计算其他销售总额

将鼠标指针移动到 I3 单元格右下角，当指针变为 + 形状时，向下拖动鼠标至 I14 单元格，计算出其他销售总额。

STEP 10 ▶ 计算预测销量总量

选择 H15 单元格。

在编辑栏中输入公式"=SUM(H3:H14)"，按 "Enter" 键计算预测销量合计。

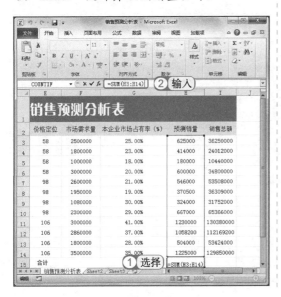

STEP 11 ▶ 自动求和

选择 I15 单元格。

选择【开始】/【编辑】组，单击"求和"按钮 Σ，自动对单元格进行求和处理。

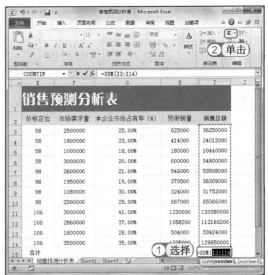

STEP 12 ▶ 查看完成后的效果

选择 A1:I15 单元格区域，为其添加边框，并查看设置完成后的效果。

8.2.2　创建销量对比图表

销售对比图表是对预测销量和市场总需求量的对比，并根据对比图表，查看市场的预期销售情况。本例需先插入图表，再设置图表格式和对图表进行美化，让图表更加美观、专业，其具体操作如下：

STEP 01▶ 选择多个单元格区域

选择F2:F14单元格区域，按住"Ctrl"键不放，选择H2:H14单元格区域，即可将两个单元格区域同时选中。

STEP 02▶ 计算预测销量合计

　　选择【插入】/【图表】组，单击"柱形图"按钮。

　　在弹出的下拉列表中选择"簇状柱形图"选项。

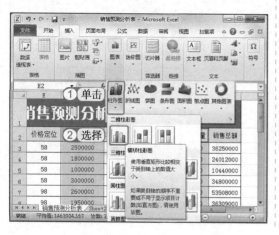

STEP 03▶ 选择图表区

　　选择图表区。

　　选择【设计】/【数据】组，单击"选择数据"按钮。

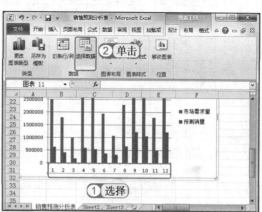

STEP 04▶ 打开"选择数据源"对话框

打开"选择数据源"对话框，在"水平（分类）轴标签"栏中单击编辑(T)按钮。

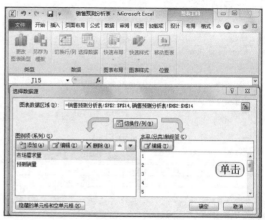

STEP 05 ▶ 选择单元格区域

打开"轴标签"对话框，单击🔲按钮。

选择A3:B14单元格区域，单击🔲按钮。返回"轴标签"对话框。

单击 确定 按钮。

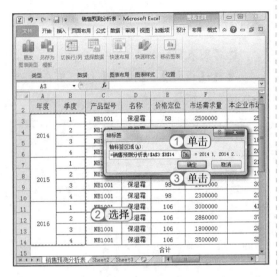

STEP 06 ▶ 查看数据源

返回"选择数据源"对话框，可查看在"水平（分类）轴标签"栏的下拉列表框中的数据发生变化。

单击 确定 按钮。

STEP 07 ▶ 添加图表标题

选择【布局】/【标签】组，单击"图表标题"按钮🔲。

在弹出的下拉列表中选择"图表上方"选项。

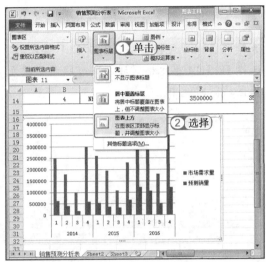

STEP 08 ▶ 查看效果

返回操作界面，可查看到图表上方出现了"图表标题"文本框，在其中输入需设置的标题"销量对比表"。

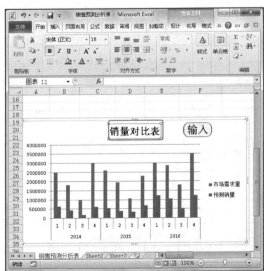

STEP 09 ▶ 快速设置样式

选择【设计】/【图表样式】组，单击"快速样式"按钮。

在弹出的下拉列表中选择"样式 21"选项。

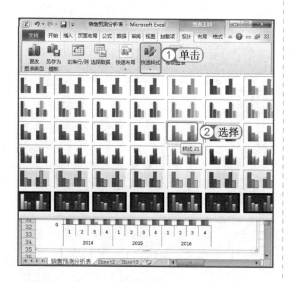

STEP 10 ▶ 设置形状样式

选择图表背景区域，选择【格式】/【形状样式】组，在"形状样式"列表框中选择"中等效果 - 橄榄色，强调颜色 3"选项。

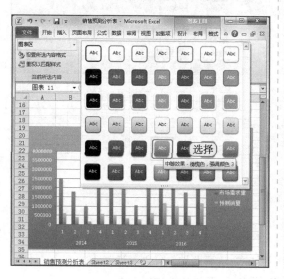

STEP 11 ▶ 设置发光效果

选择【格式】/【形状样式】组，单击"形状效果"按钮。

在弹出的下拉列表中选择"发光"选项。

在弹出的子列表中选择"橄榄色，18pt 发光，强调文字颜色 3"选项。

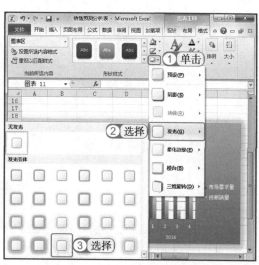

STEP 12 ▶ 查看设置后的效果

返回操作界面，可查看到图表周围出现了橄榄色的发光体。

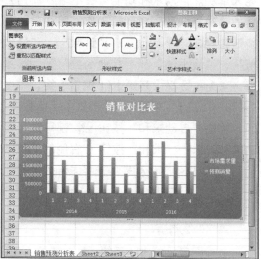

STEP 13 ▶ 调整大小

将鼠标指针移动至图表右下角，当指针呈+
形状时按住鼠标左键不放，拖动至适合位
置后，释放鼠标调整图表大小。

STEP 14 ▶ 查看完成后的效果

设置完成后的效果如下图所示。

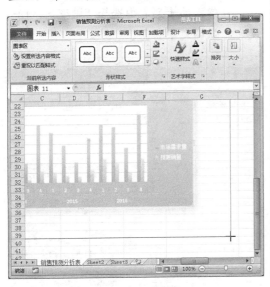

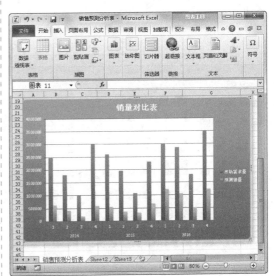

8.2.3 关键知识点解析

1. "自动求和"的运用

当需要对工作表中的某行或是某列进行
求和时，可通过使用 Excel 中的自动求和功
能来解决。自动求和功能可在不输入任何公
式的情况下快速完成计算工作，自动求和功
能还包括求"平均值"、"计数"、"最大
值"、"最小值"和"其他函数"等，其操
作方法为：选择【开始】/【编辑】组，单击
"求和"按钮 Σ，或是选择【公式】/【函数库】
组，单击"自动求和"按钮 Σ，都可进行自
动求和，单击"求和"按钮 Σ 右侧的下拉按
钮，在弹出的下拉列表中选择求和外的其他
选项可实现相应功能。

2. 创建图表

创建图表是制作图表的基础，常见的创建图表的方法有两种，分别是通过【插入】/【图
表】组创建图表和使用对话框创建图表，下面将分别对这两种方法进行介绍。

⟳ 【插入】/【图表】组创建图表：选择需要创建数据单元格的区域，选择【插入】/【图表】组，单击相应的图表按钮，在弹出的下拉列表中选择需要的图表类型创建相应的图表。

⟳ 使用对话创建图表：选择需要创建的数据单元格区域，选择【插入】/【图表】组，在右下角单击▣按钮，打开"插入图表"对话框，在其中选择相应的图表类型后，单击 确定 按钮即可。

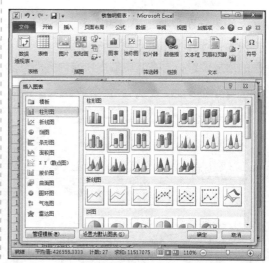

3. 设置水平轴标签

编辑绘图区数据是指将工作表中的新数据以系列的形式添加到图表中，其方法很简单，可通过选择【设计】/【数据】组，单击"选择数据"按钮▦或在图表上右击，在弹出的快捷菜单中选择"选择数据"命令，打开"选择数据源"对话框，在"水平（分类）轴标签"文本框中单击 编辑① 按钮，打开"轴标签"对话框，选择添加区域，单击 确定 按钮。返回"选择数据源"对话框，单击 确定 按钮即可。

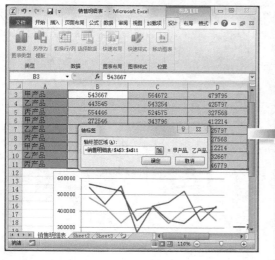

技巧秒杀——删除绘图区中的数据

选择需要删除的系列图表，按"Delete"键即可删除绘图区中的数据，也可通过在工作表中删除不需要的数据将其删除。

4. 添加图表标题

图表标题主要用于说明图表上数据的信息，或是对图表定义新的名称。添加图表标题的方法为：选择【布局】/【标签】组，单击"图表标题"按钮 ，在弹出的下拉列表中选择标题的摆放位置，再在其中输入所需内容即可。

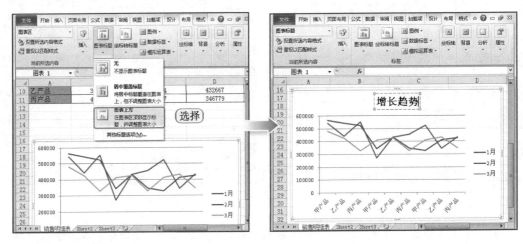

5. 快速设置表格样式

快速设置表格样式的方法在前面例子中已经详细介绍过，其方法为：选择【设计】/【图表样式】组，单击"快速样式"按钮 ，在弹出的下拉列表中选择需要的样式选项即可。设置表格样式是美化图表中最简单的方法，是美化图表的基础。

6. 设置发光效果

设置发光效果是设置形状效果的一种，其方法为：选择【格式】/【形状样式】组，单击"形状效果"按钮 。在弹出的下拉列表中选择"发光"选项。在弹出的子列表中选择"发光"选项即可，除了可设置发光效果外，还可设置"预设"、"阴影"、"映像"、"柔化边缘"、"棱台"和"三维旋转"等，其操作方法与设置发光相同，不一一介绍。

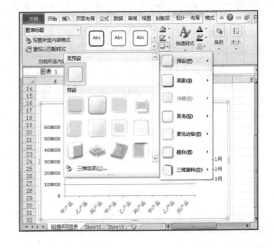

7. 调整图表大小

当发现图表过大或过小时，可通过调整图表大小，将图表以适当的大小显示，其方法为：将鼠标指针移动至图表右下角或左下角，当指针呈＋形状时按住鼠标左键不放进行拖动，至合适大小后释放鼠标即可。

‖8.3 高手过招

1. 应用单元格样式

单元格样式是指具有特定格式的一种单元格设置选项，其方法与例子中套用表格样式相似，只需选择需要应用样式的单元格或单元格区域。选择【开始】/【样式】组，单击"单元格样式"按钮，在弹出的下拉列表中选择需要的样式，即可快速应用此样式。

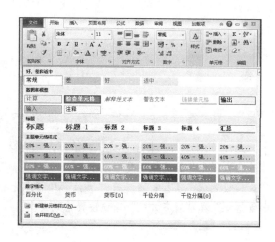

2. 设置坐标轴格式

坐标轴格式设置包含设置坐标轴选项和美化坐标轴两部分，下面将分别对这两部分进行介绍。

◯ 设置坐标轴选项：双击需设置的坐标轴，打开"设置坐标轴格式"对话框，在左侧的列表中选择"坐标轴选项"选项，在右侧的文本框中可设置刻度、单位和横坐标轴交叉等，完成后单击 关闭 按钮即可。

⊃ 美化坐标轴：选择需设置的坐标轴，
选择【图表工具】/【格式】组，即可
对坐标轴的形状样式、艺术字样式等
进行设置，以达到美化坐标轴的效果。

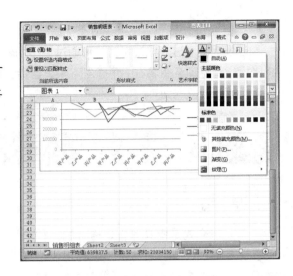

关键提示——"设置坐标轴格式"对话框的其他设置

　　打开"设置坐标轴格式"对话框，可选择"坐标轴选项"选项设置刻度；可选择"数字"
选项设置坐标轴的数字类型；可选择"填充"选项设置填充类型；可选择"线条颜色"和"线形"
选项设置线条类型；可选择"阴影"和"发光和柔光边缘"选项美化表格类型；还可选择"三
维格式"和"对齐方式"选项设置格式类型。

过程控制指为达到规定的目标而对影响过程状况的变量所进行的操纵。在 Excel 2010 中，生产统计表和产品质量分析表都属于过程控制中的一部分，都是通过工作表中的数据，对质量和过程进行分析，再通过图例的形式，直观体现其需表现的数据，本章将分别介绍生产统计表和产品质量分析表的制作方法。

第 9 章
Chapter

Excel 与过程控制

9.1 制作生产统计表

本例将制作生产统计表，通过表格的制作可查看到各车间每季度生产的产品量；并通过制作柱形图表，直观地查看不同车间的制作产量，从而进行统一对比，最后使用折线图表，分别分析各车间的产量增减情况，其最终效果如下图所示。

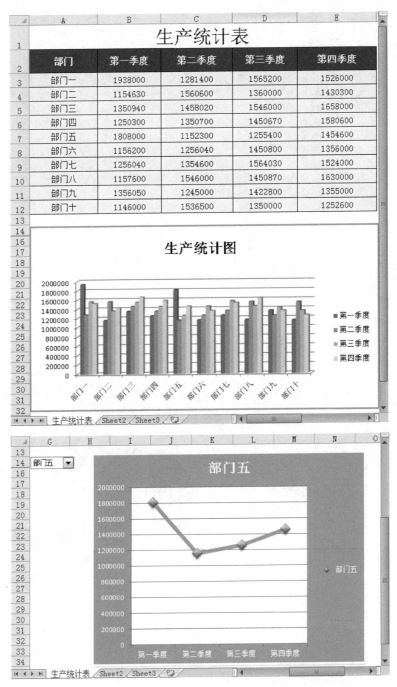

资源包\效果\第9章\生产统计表.xlsx
资源包\实例演示\第9章\制作生产统计表

◎**案例背景**◎

　　产品的生产是企业赖以生存的基础，是企业的灵魂部分，企业掌握其生产过程和生产成果是了解销售能力和生产力的重要体现，因此企业在进行生产过程中，应先了解和掌握市场中产品的供需关系，然后再根据了解的情况确定生产的产品数量，这样才能为公司赢得最大的利润。

　　企业在进行生产时，是不同部门分别完成的，因此，每个部门形成一个单独的整体，并通过相互协调，使生产力得到提高。因为每个季度的需求不同，所以企业在生产产品的过程中，还应该对生产的产品数量进行统计和分析，以便更好地掌握消费者对该产品的需求量，使决策者制定正确的应对方案和措施。

　　本例制作的生产统计表，不仅列出了每个部门每季度生产的总产量，还使用柱形图对生产量进行了对比分析，使其直观地体现出每个部门在一年中的生产总量。不仅如此，本例还通过制作动态图表，让分析更加直观，体现形式更加多样。

◎**关键知识点**◎

　　要完成本例的制作，需要掌握几个关键知识点。这几个关键知识点的内容以及其知识的难易程度如下：

⊃在自定义功能区中添加新功能（★★）　　⊃控件的设置（★★★）

⊃定义名称（★★★）　　⊃OFFSET 函数（★★★★）

⊃编辑数据源（★★★★）

9.1.1 　制作生产统计表

　　下面将制作生产统计表并输入各部门在每个季度的生产情况，并美化表格，其具体操作如下：

STEP 01 重命名工作表

启动 Excel 2010，将工作簿重命名为"生产统计表"，并将工作表标签 Sheet1 重命名为"生产统计表"。

STEP 02 设置输入数据格式

在 A1:B2 单元格区域中输入字段内容，并对格式进行设置，查看设置后的效果。

STEP 03 设置其他单元格样式

选择 A3:E12 单元格区域，在其中输入内容，并设置其填充色和单元格列高。选择 A1:E12 单元格区域，为表格添加边框。查看设置后的效果。

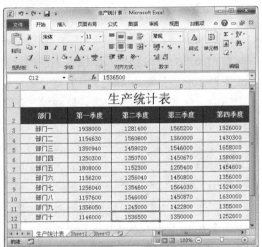

STEP 04 查看效果

取消工作表中的网格线，查看设置完成后的效果。

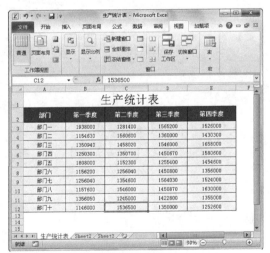

9.1.2 制作生产统计图

本例将根据生产统计表创建柱形图表，并对图表进行设置、编辑和美化，其具体的操作如下：

STEP 01 选择图表类型

选择 A2:E10 单元格区域。选择【插入】/【图表】组，单击"柱形图"按钮📊。

在弹出的下拉列表中选择"三维柱形图"选项。

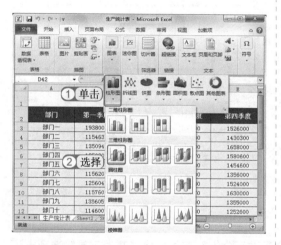

STEP 02 调整位置和大小

选择已插入的图表，将其移动到表格下方，并对图表大小进行调整。

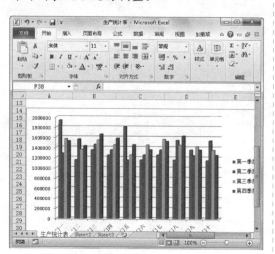

STEP 03 添加标题

选择【布局】/【标签】组，单击"图表标题"按钮📊。

在弹出的下拉列表中选择"图表上方"选项。

STEP 04 输入标题内容

在添加的标题文本框中，输入标题"生产统计图"。

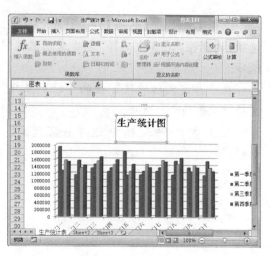

STEP 05 ▶ 设置快速样式

选择【设计】/【快速样式】组，单击"快速样式"按钮▼下方的下拉按钮 ▼。

在弹出的下拉列表中选择"样式29"选项。

STEP 06 ▶ 设置轮廓并查看效果

选择【格式】/【形状样式】组，在"形状样式"列表框中选择"色彩轮廓 - 橄榄色，强调颜色3"选项。

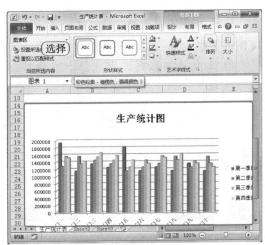

9.1.3　创建动态图表

动态图表可以分别对各车间生产的产品产量进行分析。下面先将"开发工具"选项卡添加至快速访问栏中，然后再通过控件与定义名称相结合的方法创建动态图表，并对其进行美化，其具体操作如下：

STEP 01 ▶ 添加开发工具

选择【文件】/【选项】组，打开"Excel选项"对话框，在其中选择"自定义功能区"选项。

在"自定义功能区"栏的下拉列表中选择"主选项卡"选项。

在下方的列表框中选中 ☑开发工具 复选框。

单击 确定 按钮。

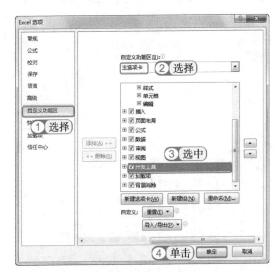

STEP 02 ▶ 添加"组合框"控件

选择【开发工具】/【控件】组,单击"插入"按钮🖈,

在弹出的下拉列表中选择"组合框"选项。

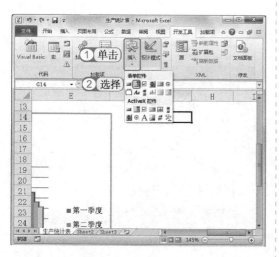

STEP 03 ▶ 选择"设置控件格式"命令

在工作表中拖动鼠标绘制一个组合框,在组合框上右击,在弹出的快捷菜单中选择"设置控件格式"命令。

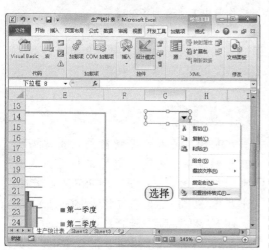

STEP 04 ▶ 设置控件格式

打开"设置控件格式"对话框,选择"控制"选项卡。

在"数据源区域"文本框中输入"$A$3:$A$12"。

在"单元格链接"文本框中输入"$G$15"。

单击 确定 按钮。

STEP 05 ▶ 查看链接后的效果

返回工作表中,单击组合框右侧的 ▾ 按钮,在弹出的下拉列表中选择某选项后,G15单元格中将显示对应的数字。

STEP 06 ▶ 定义名称

选择【公式】/【定义的名称】组,单击"定义名称"按钮💾右侧的下拉按钮▼。

在弹出的下拉列表中选择"定义名称"选项。

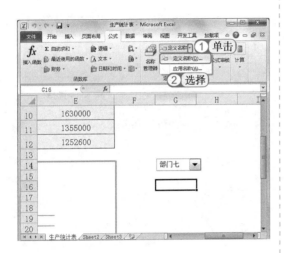

STEP 07 ▶ 输入引用位置

打开"新建名称"对话框,在"名称"文本框中输入"汇总"。

在"引用位置"文本框中输入"=OFFSET(生产统计表!$B$2:$E$2,生产统计表!$G$15,)"。

单击 确定 按钮。

STEP 08 ▶ 输入名称

打开"新建名称"对话框,在"名称"文本框中输入"季度"。

在"引用位置"文本框中输入"=OFFSET(生产统计表!$A$2,生产统计表!$G$15,)"。

单击 确定 按钮。

> **关键提示——设置范围**
>
> 在"新建名称"对话框的"范围"下拉列表中提供的选项并不是固定的,而是根据工作簿中工作表的多少确定。

【公式解析】

OFFSET 函数主要指能够以指定的引用为参照系,通过给定的偏移量得到新的引用,因此公式"=OFFSET(生产统计表!$A$2:$E$2,生产统计表!$G$15,)"表示的含义是:引用"生产统计表"工作表中的 A2:E2 单元格区域,并使用 OFFSET 函数重新自定义位置为 G15 的单元格。

STEP 09 ▶ 选择折线图

选择 I14 单元格。

选择【插入】/【图表】组，单击"折线图"按钮 。

在弹出的下拉列表中选择"带数据的堆积折线图"选项。

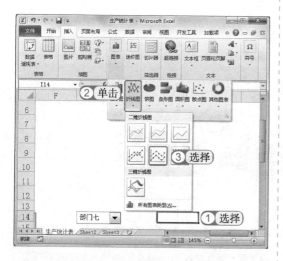

STEP 10 ▶ 移动折线图

此时，在工作表中已插入了一张空白图表，将其移动到合适位置。

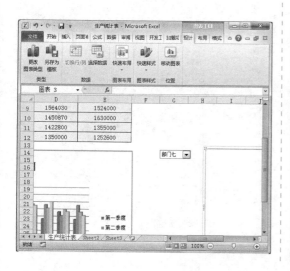

STEP 11 ▶ 选择数据源

选择【设计】/【数据】组，单击"选择数据"按钮 。

打开"选择数据源"对话框，在"图例项"栏中单击 添加(A) 按钮。

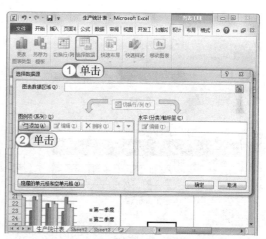

STEP 12 ▶ 编辑数据系列

打开"编辑数据系列"对话框，在"系列名称"文本框中输入"=生产统计表!季度"。

在"系列值"文本框中输入"=生产统计表!汇总"。

单击 确定 按钮。

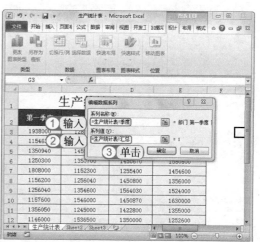

STEP 13 ▶ 设置轴标签区域

返回"选择数据源"对话框，在"水平（分类）轴标签"列表框中单击 [编辑(T)] 按钮。打开"轴标签"对话框，在"轴标签区域"文本框中输入"=生产统计表!$B$2:$E$2"。

单击 确定 按钮。

STEP 14 ▶ 查看编辑的效果

返回"选择数据源"对话框，在"图表数据区域"文本框中显示了数据源范围，在"水平（分类）轴标签"列表框中显示了水平轴，单击 确定 按钮。

STEP 15 ▶ 查看创建的动态图表

返回工作表中，即可查看到创建的动态图表，单击控件右侧的下拉按钮▼。

在弹出的下拉列表中选择"部门九"选项，选择后可发现图表将随着选择的变化而改变。

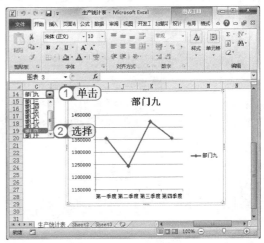

STEP 16 ▶ 美化图表

选择动态图表，在"快速样式"列表中选择"样式29"选项，在"形状样式"列表中选择"浅色1轮廓，彩色填充-橄榄色，强调颜色3"选项。

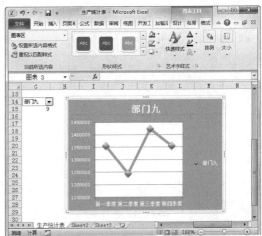

STEP 17 隐藏行

选择 G15 单元格。

选择【开始】/【单元格】组，单击"格式"按钮。

在弹出的下拉列表中选择"隐藏和取消隐藏"选项。

在弹出的子列表中选择"隐藏行"选项，隐藏所选择的单元格。

STEP 18 查看隐藏后的效果

返回工作表可查看所选择的 G15 单元格已被隐藏，而且隐藏后将不影响查看的效果。

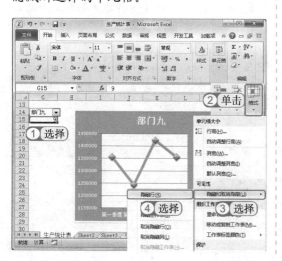

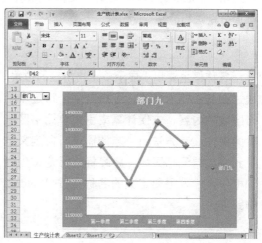

为什么这么做？

动态图表显示的值其实是取 G15 单元格链接的值，这里将其隐藏主要是为了使图表链接的值不被显示出来，以增加表格的专业性。因为它链接了组合框，所以隐藏该单元格后，并不会隐藏图表。

9.1.4　关键知识点解析

1. 在自定义功能区中添加新功能

在自定义功能区中添加新功能是自定义功能区的功能之一，其方法是：选择【文件】/【选项】组，打开"Excel 选项"对话框，在其中选择"自定义功能区"选项。在"自定义功能区"栏的下拉列表中选择"主选项卡"选项。在下方的列表框中选中需添加的复选框。单击 确定 按钮即可完成新功能的添加。

技巧秒杀——创建选项卡

在功能区中添加新的主选项卡，可通过在打开的"Excel选项"对话框中单击 [新建选项卡(N)] 按钮，即可在"开始"选项卡下方自动创建新的选项卡，再选择需添加的功能键，单击 [添加(A) >>] 按钮即可，单击 [确定] 按钮完成选项卡的创建。

2. 定义名称

定义名称是指为单元格或单元格区域命名，并通过重命名进行快速引用，而且定义名称可运用于 Excel 计算中，让计算变得更加高效。在 Excel 2010 中包含了 3 种定义名称的方法，下面分别进行介绍。

（1）通过名称框进行定义

名称框主要用于显示单元格所在的位置，通过在其中输入名称，可指定某个特定单元格区域的内容，方便计算或引用单元格区域时的操作。其方法为：选择需进行自定义的单元格或单元格区域，将鼠标光标定位到名称框中，输入需要定义的名称，按"Enter"键即可。

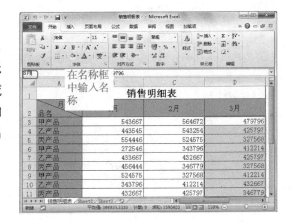

（2）通过"新建名称"对话框进行定义

当需要对定义名称的单元格或单元格区域范围和引用位置进行详细的设置时，可通过"定义名称"对话框进行。其方法为：选择【公式】/【定义的名称】组，单击"定义名称"按钮，打开"新建名称"对话框，在"名称"文本框中输入定义的名称，在"范围"下拉列表框中选择定义的范围，在"引用位置"文本框中设置名称的引用范围，单击 [确定] 按钮即可。

（3）通过选定区域创建名称

通过选定区域创建名称的方法是：选择需要创建的单元格或单元格区域，选择【公式】/【定义的名称】组，单击"根据所选内容创建"按钮，打开"以选定区域创建名称"对话框，在其中选中需要创建的名称位置的复选框，单击 确定 按钮即可。

技巧秒杀——删除定义名称

删除不需要的名称，可通过选择【公式】/【定义的名称】组，单击"名称管理器"按钮，打开"名称管理器"对话框，在其中选择需要删除的名称，单击 删除(D) 按钮即可。

3. OFFSET 函数

OFFSET 函数指以指定的引用为参照系，并通过给定偏移量得到新的引用。返回的引用可以为单元格或单元格区域，并可以返回指定的行数或列数。其语法结构为：OFFSET(reference, rows,cols,height,width)。OFFSET 函数中包含了 5 个参数，其含义分别如下。

⊃ reference：表示作为偏移量参照系的引用区域，为函数引用基点，其必须是单元格引用，不能是常量数组。

⊃ rows：表示相对偏移量参照系左上角的单元格上（下）偏移的行数。

⊃ cols：表示相对偏移量参照系左上角的单元格左（右）偏移的列数。

⊃ height：表示返回的引用区域的行数。

⊃ width：表示返回的引用区域的列数。

使用 OFFSET 函数时，应注意以下几点：

⊃ rows 参数与 cols 参数的取值决定了结果的偏移位置，当 rows 参数为正值时，表示向下偏移，当参数为负值时，表示向上偏移；当 cols 参数为正值时，表示向右偏移，当参数为负值时，表示向左偏移。

⊃ 当返回的结果为"#VALUE！"错误值时，可以先检查 reference 参数是否为单元格或相连单元格区域的引用。

⊃ 当函数中的 height 参数和 width 参数被省略时，则函数将会假设其高度和宽度与 reference 参数值相同。

4. 编辑数据源

数据源是由数据系列组成的，而数据系列又包括系列名称和系列值，不同的图表有不同的系列值。如果对数据系列进行更改，图表也会随之发生相应的变化。下面对添加数据系列、编辑数据系列和删除数据系列的方法分别进行介绍。

（1）添加数据系列

当添加的数据过少时可通过添加数据系列的方法来解决。其方法是：选择【设计】/【数据】组，单击"选择数据"按钮，打开"选择数据源"对话框，单击 添加(A) 按钮，打开"编辑数据系列"对话框，在"系列名称"和"系列值"文本框中输入引用单元格后，若引用单元格正确，即可在图表中显示添加的数据系列，单击 确定 按钮，完成数据系列的添加。

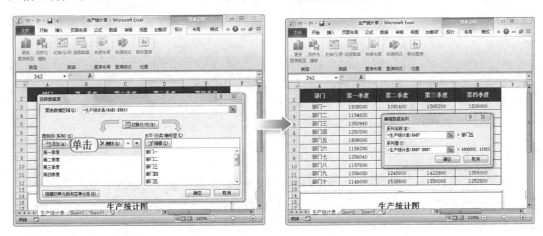

技巧秒杀——快速添加数据系列

选择图表后，在表格中将会以其他颜色的线条将图表引用的区域框起来，将鼠标指针移动到线框四角上，当指针变成双向箭头时，拖动鼠标将需要添加的数据系列所对应的数据在表格中框起来，即可将所框选的区域添加到图表中。

（2）编辑数据系列

当发现图表中数据系列显示有错误时，可通过对数据系列进行编辑来完成更改，其编辑方法与添加数据系列类似，通过在"选择数据源"对话框的列表框中选择需要编辑的数据系列，单击 编辑(T) 按钮，打开"编辑数据系列"对话框，在其中对系列名称和系列值进行编辑即可。但是应注意数据系列和数据值既可以是引用的单元格或单元格区域，也可以是输入的数据。

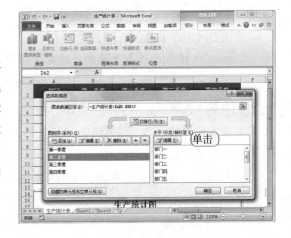

5. 控件的设置

控件的设置是添加开发工具后完成的，是设置动态图表的基础，其方法为：选择【开发工具】/【控件】组，单击"插入"按钮，在弹出的下拉列表中选择"组合框"选项。在工作表中拖动鼠标绘制一个组合框，在组合框上右击，在弹出的快捷菜单中选择"设置控件格式"命令。打开"设置控件格式"对话框，选择"控制"选项卡。在"数据源区域"文本框中输入设置区域。在"单元格链接"文本框中输入链接的单元格。单击 确定 按钮即可完成控件的设置。

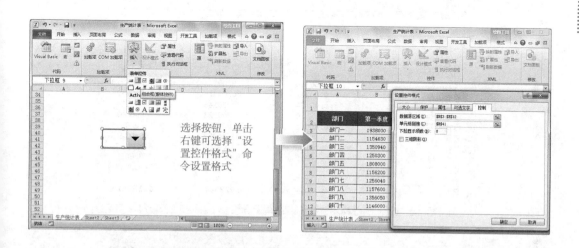

选择按钮，单击右键可选择"设置控件格式"命令设置格式

关键提示——其他控件的选择

在添加表单控件时，除了本例中的组合控件外，还可添加按钮、复选框、数值调节按钮、列表框、选项按钮、分组框、标签、滚动条和文本区等，其操作方法与添加组合框相同，只需要选择后绘制即可。

9.2 制作产品质量分析表

产品质量分析指对影响产品质量的各方面因素进行评价与判断，找出主要因素，提出改进建议和措施并指导其有效实施的工作过程。

本例将制作产品质量分析表，用于对产品质量的情况进行记录，通过该表格不仅可查看到不同质量因素生产产品的不良率，还可查看不良率的汇总，并根据透视图查看质量因素的对比情况，其最终效果如下图所示。

产品质量分析表

| 日期：2013.08.12 | | | | | | | | | 产品类型：西服 | |

质量因素	车间一		车间二		车间三		合计		备注
	不良数	百分比	不良数	百分比	不良数	百分比	不良数	百分比	
领窝不平	180	0.314%	263	1.330%	184	3.640%	627	5.284%	扎针处理不到位
边缘缺棉	136	0.255%	131	0.116%	124	2.120%	391	2.491%	填充棉不足
袖口起皱	124	0.123%	151	0.134%	358	3.210%	633	3.467%	缝制扎针处理不到位
塌肩	261	0.324%	309	0.352%	387	3.245%	957	3.921%	填充与制作不紧密
底边起皱	165	0.134%	153	0.143%	231	0.144%	549	0.421%	缝制精确度
袋盖不直	546	0.243%	414	0.315%	436	0.423%	1396	0.981%	缝制精确度
跳针	302	0.135%	536	0.154%	440	0.136%	1278	0.425%	出现跳针
尺码不符	0	0.000%	0	0.123%	20	0.421%	20	0.544%	尺码不准确
缝制不良	0	0.000%	2	0.012%	2	0.031%	4	0.043%	缝制精确度
洗水不良	201	0.012%	265	0.236%	210	0.312%	676	0.560%	洗水处理不当
绣花不良	0	0.000%	10	0.021%	0	0.000%	10	0.021%	员工工艺不足

产品质量分析表 　产品质量分析数据透视图 　Sheet3

行标签	求和项:车间一	求和项:车间二	求和项:车间三
边缘缺棉	0.00255	0.00116	0.0212
尺码不符	0	0.00123	0.004213
袋盖不直	0.00243	0.00315	0.00423
底边起皱	0.00134	0.00143	0.00144
缝制不良	0	0.000123	0.00031
领窝不平	0.00314	0.0133	0.0364
塌肩	0.00324	0.00352	0.03245
跳针	0.00135	0.00154	0.00136
洗水不良	0.00012	0.002364	0.00312
袖口起皱	0.00123	0.00134	0.0321
绣花不良	0	0.00021	0
总计	0.0154	0.029367	0.136823

产品质量分析表 　产品质量分析数据透视图 　Shee

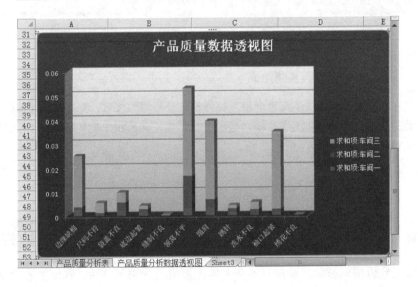

产品质量分析表 　产品质量分析数据透视图 　Sheet3

示例
文件

资源包\效果\第9章\产品质量分析表.xlsx
资源包\实例演示\第9章\制作产品质量分析表

　　产品质量是企业与对手争夺市场最关键的因素。因此产品的质量分析是对企业质量管理活动最终成果的判定，并客观地显示了企业质量管理工作的综合水平。还可从对最终结果的分析发现各环节的质量问题，以便及时采取调整措施，从而提高国际、国内市场的占有率和客户满意度。

　　在目前竞争激烈的市场经济下，产品质量是企业的生命，是产品进入市场后能否成功的关键，而生产过程又是保证产品质量的关键。企业若想生产出高质量的产品，必须要建立完善的质量体系来进行监督和管理。

　　产品从设计到走向市场的过程中，每一个环节都是影响质量的重要因素，所以，优秀的产品质量管理还能够赋予企业强大的竞争力。

　　企业在生产产品的过程中，质量因素是不可避免的，只能通过不同的方式减少。本例制作的产品质量分析表，将对不同的质量因素和处理问题的情况进行记录，从而整体性地分析存在因素及比例情况。

　　要完成本例的制作，需要掌握几个关键知识点。这几个关键知识点的内容以及其知识的难易程度如下：

- 突出显示单元格规则（★★★）
- 创建数据透视图（★★★★）
- 移动数据透视图位置（★★）
- 添加数据透视图标题（★★）
- 创建数据透视表（★★★★）
- 隐藏数据透视表的字段列表（★★★）
- 隐藏字段按钮（★★★）
- 形状样式的设置（★★）

9.2.1　输入产品质量信息

　　下面将在新建的工作簿中建立表格的基本框架，然后输入产品的质检分析信息，并根据不同的质量因素计算合计金额和百分比，其具体操作如下：

STEP 01 ▶ 重命名工作表

启动 Excel 2010，将工作簿另存为"产品质量分析表"，工作表标签 Sheet1 重命名为"产品质量分析表"。

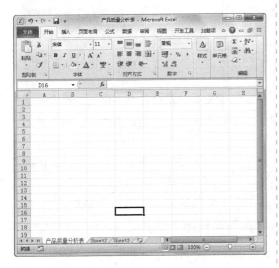

STEP 02 ▶ 设置输入数据格式

在 A1:J4 单元格区域中输入标题字段内容，并对单元格进行合并与格式的设置，查看设置后的效果。

STEP 03 ▶ 输入信息

在单元格中输入相应的信息，并对单元格格式进行设置，效果如下图所示。

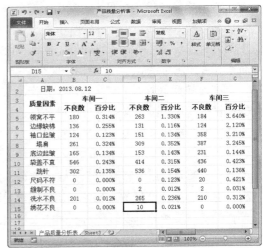

STEP 04 ▶ 计算合计不良数

选择 H5 单元格。

在编辑栏中输入公式"=B5+D5+F5"，按"Enter"键计算合计不良数。

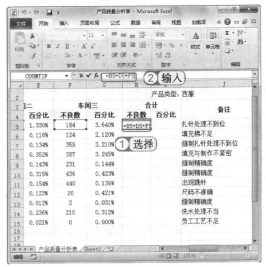

STEP 05 ▶ 计算其他合计不良数

将鼠标指针移至 H5 单元格右下角，当指针呈 ＋形状时，按住鼠标左键不放，拖动鼠标至 H15 单元格处，释放鼠标计算其他合计不良数。

STEP 06 ▶ 计算合计百分比

选择 I5 单元格。

在编辑栏中输入公式 "=C5+E5+G5"，按 "Enter" 键计算合计百分比。

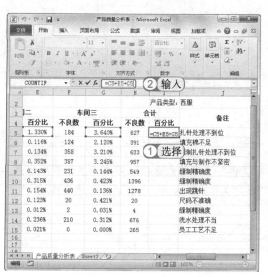

STEP 07 ▶ 计算其他合计百分比

将鼠标指针移至 I5 单元格右下角，当指针呈 ＋形状时，按住鼠标左键不放，拖动鼠标至 I15 单元格处，释放鼠标计算其他合计百分比。

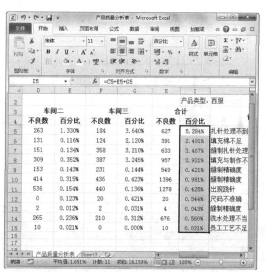

STEP 08 ▶ 查看输入完成后的效果

选择 A1:J15 单元格添加边框和调整行高，并隐藏网格线，查看设置完成后的效果。

9.2.2 设置合计百分比的条件格式

分析因质量因素产生的赔偿、退货和换货产生的百分比合计，对于质量因素超过标准的原因应该予以重视。下面通过设置单元格条件格式来突出显示超过 2% 的质量合计百分比，其具体操作如下：

STEP 01 选择条件格式

选择 I5:I15 单元格区域。

选择【开始】/【样式】组，单击"条件格式"按钮 🔲。

在弹出的下拉列表中选择【突出显示单元格规则】/【大于】选项。

STEP 02 设置条件格式

打开"大于"对话框，在"为大于以下值的单元格设置格式"文本框中输入"2%"。

在"设置为"下拉列表框中选择"红色文本"选项。

单击 确定 按钮。

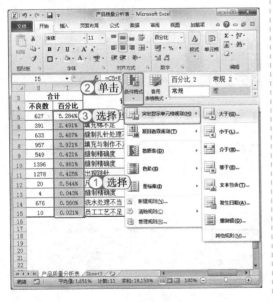
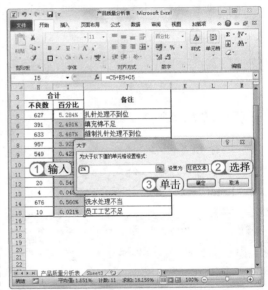

技巧秒杀——自定义格式

在"大于"对话框的"设置为"下拉列表框中提供了多种格式选项，用户可根据需要选择格式选项。也可在"设置为"下拉列表框中选择"自定义格式"选项，打开"设置单元格格式"对话框，在其中对格式进行更为广泛的设置。

STEP 03 查看设置的条件格式效果

返回工作表中即可查看百分比数高于 2%
的单元格的文本变为红色。

9.2.3 制作产品质量数据透视图

本例中将根据"产品质量分析表"中对应的质量因素中的百分比制作数据透视图,并对
制作完成后的透视图进行对比,查看存在质量因素最多的原因,其具体操作如下:

STEP 01 重命名工作表名称

将鼠标指针移动到 Sheet2 工作表标签处,
双击此标签将其重命名为"产品质量分析
数据透视图"。

STEP 02 复制数据

将"产品质量分析表"中的质量因素、车
间一百分比、车间二百分比和车间三百分
比相关的数据,复制到"产品质量分析数
据透视图"工作表中。

为什么这么做？

在制作数据透视图和透视表时，不能引用合并后的数据，因此，在制作时，若发现引用的数据存在合并单元格的数据，可通过将数据复制到另一个区域，通过复制出的数据进行透视图、透视表的制作。

STEP 03▶ 选择数据透视表

选择 A1:D12 单元格区域。

选择【插入】/【表格】组，单击"数据透视表"按钮下的下拉按钮。

在弹出的下拉列表中选择"数据透视表"选项。

STEP 04▶ 创建数据透视表

打开"创建数据透视表"对话框，在"选择放置数据透视表的位置"栏中选中◉现有工作表(E)单选按钮。

在"位置"文本框区域中输入"产品质量分析数据透视图!$A$14:$D$28"。

单击 确定 按钮。

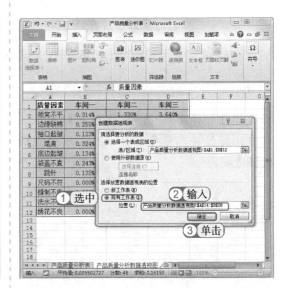

技巧秒杀——创建数据透视表

在创建数据透视表时，还可直接选择【插入】/【表格】组，单击"数据透视表"按钮，打开"创建数据透视表"对话框。

关键提示—设置透视表位置

在"选择放置数据透视表的位置"栏中包含了◉新工作表(N)或◉现有工作表(E)两个单选按钮，当选中◉新工作表(N)单选按钮时，Excel将自动新建工作表，在其中创建数据透视表，当选中◉现有工作表(E)单选按钮时，将在本工作表中创建数据透视表，并需选择创建区域。

STEP 05 ▶ 拖动数据

单击数据透视表区域，右侧将出现"数据透视表字段列表"窗格，将文本框中的"质量因素"拖动至"行标签"列表框中，将"车间一"、"车间二"和"车间三"拖动到"数值"列表框中。

STEP 06 ▶ 选择数据透视图

单击数据透视表中任意单元格。

选择【选项】/【工具】组，单击"数据透视图"按钮。

STEP 07 ▶ 插入图表

打开"插入图表"对话框，在右侧"柱形图"栏中选择"三维堆积柱形图"选项。

单击 确定 按钮。

STEP 08 ▶ 隐藏字段列表

选择数据透视表中任意单元格。右击，在弹出的快捷菜单中选择"隐藏字段列表"命令。

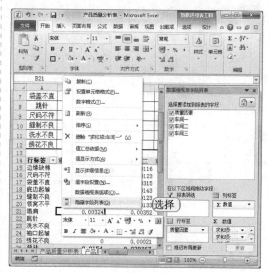

STEP 09 移动透视图

将鼠标指针移动至数据透视图上，当指针呈✛形状时，按住鼠标左键不放，拖动至适合位置后释放鼠标即可移动透视图。

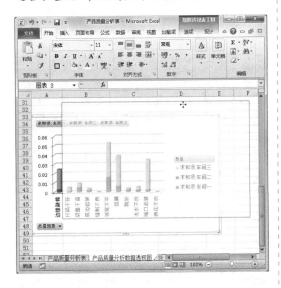

STEP 10 隐藏字段按钮

在透视图中的 数值 按钮上右击，在弹出的快捷菜单中选择"隐藏图表上所有字段按钮"命令。

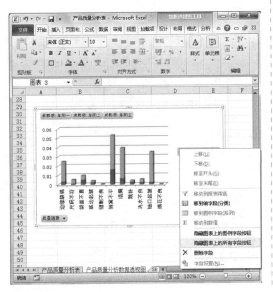

STEP 11 查看隐藏后的效果

返回操作界面，可查看到图表上的所有字段按钮都被隐藏。

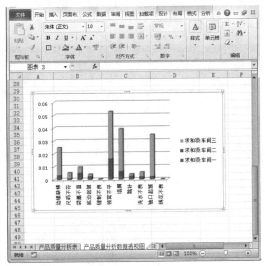

STEP 12 添加标题

选择【布局】/【标签】组，单击"图表标题"按钮。

在弹出的下拉列表中选择"图表上方"选项，图表上方将出现如下图所示的文本框。

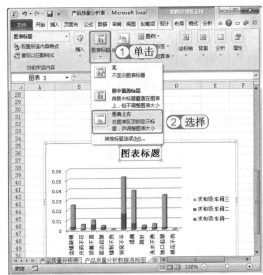

STEP 13 ▶ 输入标题内容

在添加的标题文本框中输入标题"产品质量数据透视图"。

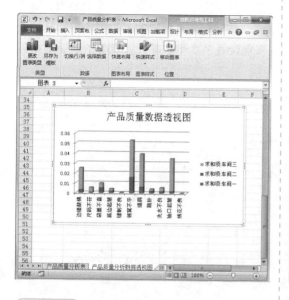

STEP 14 ▶ 设置背景墙区域颜色

在透视图中选择背景墙区域,选择【格式】/【形状样式】组,在"形状样式"下拉列表中选择"细微效果 - 紫色,强调颜色 4"选项。

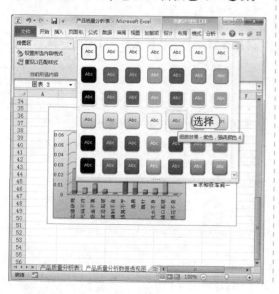

STEP 15 ▶ 设置图表区颜色

在透视图中选择图表区区域,并在"形状样式"下拉列表中选择"中等效果 - 紫色,强调颜色 4"选项。

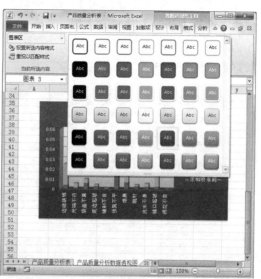

STEP 16 ▶ 查看设置完成后的效果

返回透视表可查看图表区区域颜色已经改变,查看设置完成后的效果。

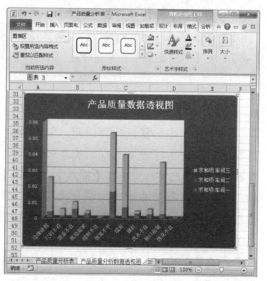

9.2.4 关键知识点解析

1. 突出显示单元格规则

突出显示单元格规则是条件格式中的一种，主要用于突出显示所设置区域的规则，其方法为：选择【开始】/【样式】组，单击"条件格式"按钮，在弹出的下拉列表中选择"突出显示单元格规则"选项，在弹出的子列表中选择需设置的类型选项，在打开的对话框中设置规则及颜色，单击 确定 按钮即可。

关键提示——条件格式的其他运用

除了"突出显示单元格规则"外，还可设置"项目选取规则"、"数据条"、"色阶"、"图标集"、"新建规则"、"清除规则"和"管理规则"，其中"项目选取规则"与"突出显示单元格规则"功能及方法类似，主要用于设置项目区域，"数据条"、"色阶"和"图标集"主要用于填充色和图标的设置，"新建规则"、"清除规则"和"管理规则"主要用于规则的管理，是条件格式的最重要部分。

2. 创建数据透视表

在工作表中选择数据源后即可创建数据透视表，数据透视表是透视图的基础，创建数据透视表的方法为：选择【插入】/【表格】组，单击"数据透视表"按钮。打开"创建数据透视表"对话框，选择放置数据透视表的位置，单击 确定 按钮。在"数据透视表字段列表"窗格中选中相应的复选框或使用拖动的方法将复选框拖动到字段列表中，即可完成数据透视表的创建。

3. 隐藏数据透视表的字段列表

"数据透视表字段列表"窗格主要用于划分表中字段,当透视表制作完成后,该窗格不但占用表格内容,而且影响表格的美观度,此时,可通过快捷菜单和"关闭"按钮☒将其隐藏,下面将分别对其方法进行介绍。

- ◗ **右击隐藏:** 选择数据透视表中任意单元格,在其上右击,在弹出的快捷菜单中选择"隐藏字段列表"命令。
- ◗ **"关闭"按钮:** 将鼠标指针移动至窗格右上角,单击"关闭"按钮☒,即可完成隐藏透视表的字段列表效果。

4. 创建数据透视图

创建数据透视图可更改报表布局或是将需要显示的明细数据以不同的方式交互查看。创建数据透视图可通过选择数据源来创建,也可根据数据透视表创建,其方法分别如下。

- ◗ **通过数据源创建数据透视图:** 该方法与创建数据透视表的方法类似,选择【插入】/【表格】组,单击"数据透视表"按钮🗊右侧的下拉按钮☑,在弹出的下拉列表中选择"数据透视图"选项,然后按创建数据透视表的方法进行创建即可。
- ◗ **直接在数据透视表中插入数据透视图:** 该方法与在工作簿中插入图表的方法类似,在数据透视表中选择【数据透视表工具】/【选项】/【工具】组,单击"数据透视图"按钮🗊,在打开的对话框中进行创建即可。

5. 移动数据透视图位置

移动数据透视图位置,与移动图表位置的方法相同,都是将鼠标指针移动至数据透视图上,当指针呈✥形状时,按住鼠标左键不放,拖动至适合位置后释放鼠标即可移动透视图位置。当鼠标指针移动至右下角,当指针呈⬉形状时,可调整数据透视图的大小。

6. 添加数据透视图标题

添加数据透视图的标题,和在普通图表中添加标题的方法相同,都是选择【布局】/【标签】组,单击"图表标题"按钮🗊。在弹出的下拉列表中选择"图表上方"选项,图表上方将出现文本框,在其中输入内容即可。

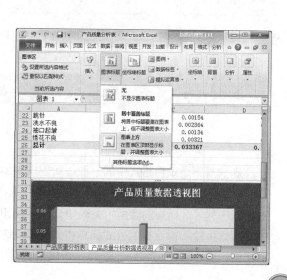

关键提示——添加其他标题

在添加标题时,除了可选择"图表上方"选项,在透视图上方添加标题外,还可选择"居中覆盖标题"选项,将标题居中显示。选择"其他标题选项",可选择其他标题类型。

7. 隐藏字段按钮

隐藏数据透视图中的字段按钮，可以使数据透视图更加简洁、美观，常见的隐藏字段按钮的方式有两种，下面分别对其进行介绍。

- ● 隐藏图表上的单个图例字段按钮：选择需隐藏的图例字段按钮，在其上右击，在弹出的快捷菜单中选择"隐藏图表上的图例字段按钮"命令，可隐藏所选择的单个图例字段按钮。

- ● 隐藏图表上的所有图例字段按钮：选择需隐藏的图例字段按钮，在其上右击，在弹出的快捷菜单中选择"隐藏图表上所有字段按钮"命令，可隐藏数据透视表中所有包含图例字段的按钮。

8. 形状样式的设置

形状颜色的设置是美化数据透视图中最简单的方法，只需选择【格式】/【形状样式】组，单击右侧的下拉按钮 ，在弹出的下拉列表中选择需设置的颜色选项，即可完成形状样式的设置。

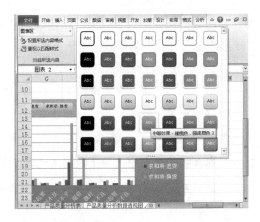

![技巧秒杀——艺术字样式的设置]

除了使用形状样式外，还可为字体设置快速样式，其操作方法与设置形状样式类似，可通过选择【格式】/【艺术字样式】组，在其中单击"快速样式"按钮A，在弹出的下拉列表中选择需要的艺术字样式即可。

‖9.3 高手过招

1. 新建规则

新建规则是条件格式中的一种，新建规则的方法很简单，可选择【开始】/【样式】组，单击"条件格式"按钮，在弹出的下拉列表中选择"新建规则"选项，在打开的"新建格式规则"对话框中的"选择规则类型"列表中选择"使用公式确定要设置格式的单元格"选项，在下方的文本框中输入需设置的公式，单击 格式(F)... 按钮，打开"设置单元格格式"对话框，在其中设置格式，单击 确定 按钮，返回"新建格式规则"对话框，单击 确定 按钮即可完成设置。

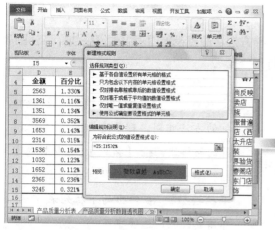

2. 清除规则

清除规则主要用于清理单元格中设置的条件格式，其操作方法与新建规则的方法类似，通过选择【开始】/【样式】组，单击"条件格式"按钮 。在弹出的下拉列表中选择"清除规则"选项，在弹出的子列表中显示了4个选项，分别是"清除所选单元格规则"、"清除整个工作表的规则"、"清除此表的规则"和"清除此数据透视表的规则"，选择不同的选项，将执行不同的清除规则操作。

3. 更改图表布局

在制作数据透视图时，当发现默认的透视图布局不能满足需要时，可通过更改图表布局来解决，其方法为：选择【设计】/【图表布局】组，单击"快速布局"按钮 下的下拉按钮 ，在弹出的下拉列表中提供了多种布局样式，在其中选择需要的布局样式选项即可。

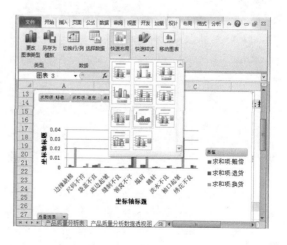

4. 设置网格线格式

设置网格线格式也是美化数据透视图的一种方法，通过设置图表中的网格线，可让图表更加美观，下面将对常见网格线的设置方法进行介绍。

◗ **设置网格线粗细**：选择图表中需设置的网格线，选择【格式】【形状样式】组，单击"形状轮廓"按钮 ☑ 右侧的下拉按钮 ∙，在弹出的下拉列表中选择"粗细"选项，在弹出的子列表中选择需要的粗细值选项即可。

◗ **设置网格线颜色**：设置颜色与设置粗细的方法相同，都是选择图表中需设置的网格线，选择【格式】/【形状样式】组，单击"形状轮廓"按钮 ☑ 右侧的下拉按钮 ∙，在弹出的下拉列表中选择需要的颜色选项即可。

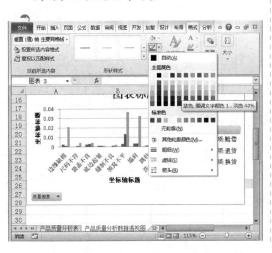

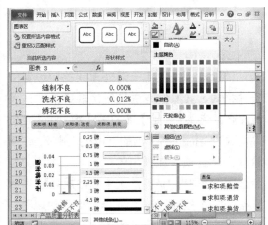

会计和财务管理是现代企业管理中必不可少的一部分，其主要职能是核算和监督企业的经济活动。在会计和财务的日常账务处理中，Excel 使用范围十分广泛，如编辑公司日常费用统计表和员工工资表，本章将对这两个表格进行制作。

Excel 2010 ▶

C第**10**章
hapter

Excel 与会计、财务管理

10.1 制作公司日常费用统计表

日常费用是会计和财务管理中的一种，主要包含办公用品及低值易耗品费用、业务招待费、会议费、培训费、广告费、车辆使用费、差旅费和财务费用等。本例中将制作"公司日常费用统计表"，并根据每种费用的使用情况制作饼状图，使数据更加直观，其最终效果如下图所示。

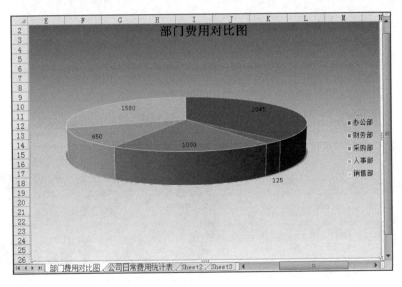

示例
文件

资源包\效果\第10章\公司日常费用统计表.xlsx
资源包\实例演示\第10章\制作公司日常费用统计表

日常费用是指企业经营活动中发生比较频繁的常规费用，主要指管理费用、财务费用中的一些常规支出，是财务部门根据日常开支项制作的费用报表，使企业管理者能够更准确地了解企业状况，对费用的使用情况有更深入的了解。

公司的日常费用统计表记录了企业各个部门的日常支出，可以更好地反映企业资金的运用情况，统计并分析各部门的费用使用情况。因此，在制作统计表时，应注意记录的真实性和详细性，这样不但能便于正确了解，还可对企业其他季度的使用情况进行预测，让资金使用率更加合理。

要完成本例的制作，需要掌握几个关键知识点。这几个关键知识点的内容以及其知识的难易程度如下：

⊃ 数据序列的有效性（★★★★）　　⊃ 更改图表类型（★★★）

⊃ 添加数据标签（★★）　　　　　　⊃ 设置快速样式（★★）

⊃ 设置图表区填充样式（★★★★）

10.1.1　创建公司日常费用统计表

公司日常费用统计表的内容主要包含时间、员工姓名、所属部分、费用类别、金额和备注等。下面将根据内容创建公司日常费用统计表，其具体操作如下：

STEP 01 ▶ 新建工作簿

启动 Excel 2010，并将新建的工作簿重命名为"公司日常费用统计表"。将鼠标指针移动至工作表标签处，双击 Sheet1 工作表标签，将工作表重命名为"公司日常费用统计表"。

STEP 02 输入标题及字段内容

输入标题内容和字段内容，并设置单元格格式，完成后的效果如下图所示。

STEP 04 选择设置数据有效性区域

选择 D4:D16 单元格区域。

选择【数据】/【数据工具】组，单击"数据有效性"按钮右侧的下拉按钮。

在弹出的下拉列表中选择"数据有效性"选项。

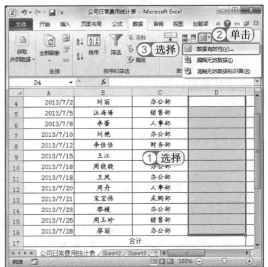

STEP 03 输入内容并设置格式

在该工作表中输入公司的日常费用数据，调整合适的行高与列宽，并为数据区域添加边框效果。

STEP 05 设置数据有效性

打开"数据有效性"对话框，在"允许"下拉列表框中选择"序列"选项。

在"来源"文本框中输入"办公费,招待费,差旅费,手续费,交通费,招聘费"。

单击 确定 按钮。

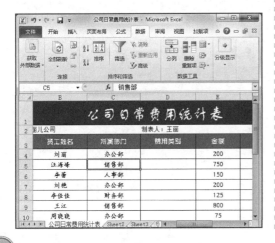

STEP 06 ▶ 选择费用类别

返回操作界面，单击所选区域单元格右侧的下拉按钮 ▾。

在弹出的下拉列表中选择需要的选项即可。

STEP 07 ▶ 输入字段内容

在 D4:D16 单元格区域中分别选择费用类别，查看选择后的效果。

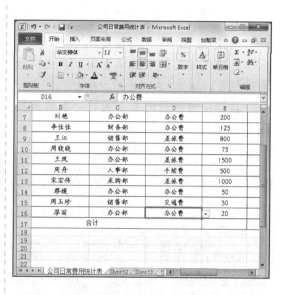

关键提示——设置数据源

在设置"序列"数据的有效性时，如果数据源较少，可直接在"来源"文本框中输入，输入时只要在英文状态下输入","隔开即可。如果序列中的数据源较多，就可以在表格中的某列单元格区域中事先输入需要的数据，再通过单元格引用进行设置。

为什么这么做？

在制作公司日常费用统计表时，涉及的日常费用类型较少。逐个进行数据输入不但容易出现错误，而且浪费时间，通过数据有效性设置，不但操作可以更加简单快速，数据类型也会更加准确。

STEP 08 ▶ 计算合计金额

选择 E17 单元格。

在编辑栏中输入公式"=SUM(E4:E16)"，按"Enter"键计算合计金额。

10.1.2 制作部门费用对比图

本例将主要根据公司日常费用统计表中的不同部门使用金额的情况制作数据透视图，并根据透视图表查看部门的费用金额情况。其具体操作如下：

STEP 01 选择数据透视图

选择 C3:E16 单元格区域。

选择【插入】/【表格】组，单击"数据透视表"按钮右侧的下拉按钮。

在弹出的下拉列表中选择"数据透视图"选项。

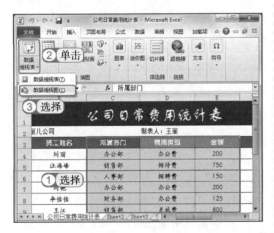

STEP 02 选择数据透视图

打开"创建数据透视表及数据透视图"对话框，选中 ⊙新工作表(N)单选按钮。

单击 确定 按钮。

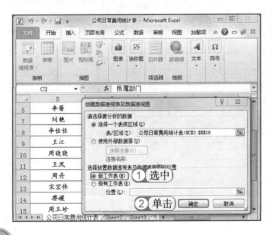

STEP 03 重命名工作表

双击新建的工作表标签，将其重命名为"部门费用对比图"。

将"数据透视表字段列表"中的"所属部门"和"金额"分别拖动至"轴字段"和"数值"列表框中。

STEP 04 取消字段列表

选择【选项】/【显示】组，单击"字段列表"按钮，取消选中的字段列表。

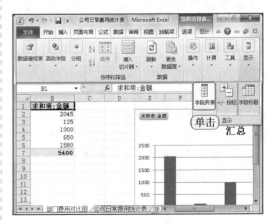

STEP 05 更改图表类型

选择数据透视图。

选择【设计】/【类型】组,单击"更改图表类型"按钮。

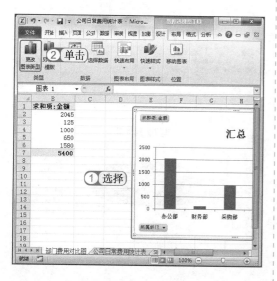

STEP 07 更改图表名称

将图表名称更改为"部门费用对比图"。

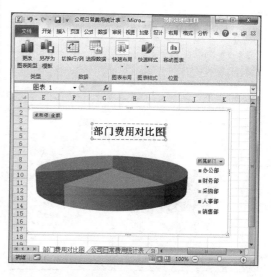

STEP 06 更改类型为饼图

打开"更改图表类型"对话框,选择"饼图"选项。

在"饼图"列表中选择"三维饼图"选项。

单击 确定 按钮。

STEP 08 添加数据标签

选择绘图区中的图表,在其上右击,在弹出的快捷菜单中选择"添加数据标签"命令,为图表添加数据标签。

STEP 09 查看添加数据标签后的效果

返回图表可查看图表上显示了对应部分的数据，查看显示后的效果。

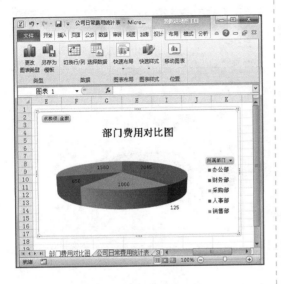

STEP 10 设置快速样式

选择【设置】/【快速样式】组，单击"快速样式"按钮下的下拉按钮。

在弹出的下拉列表中选择"样式15"选项。

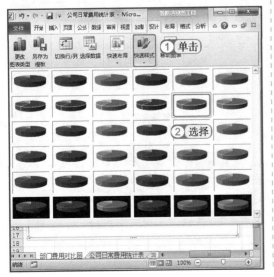

STEP 11 查看设置快速样式后的效果

返回透视图可查看图表样式发生的变化。

STEP 12 选择"其他渐变"选项

选择【格式】/【形状样式】组，单击"形状填充"按钮右侧的下拉按钮。

在弹出的下拉列表中选择【渐变】/【其他渐变】选项。

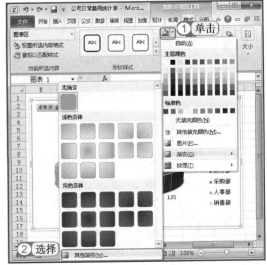

STEP 13 设置渐变填充样式

　　打开"设置图表区格式"对话框，选择"填充"选项。

　　在"填充"栏中选中 ◉ 渐变填充(G) 单选按钮。

　　在"渐变光圈"栏中单击"颜色"按钮 ，在弹出的下拉列表中选择"水绿色，强调文字颜色 5，深色 25%"选项。

　　单击 关闭 按钮。

STEP 14 查看渐变填充效果

　　返回透视图，可查看图表的渐变效果。隐藏图表上的所有字段按钮，并调整透视图的大小，完成本例的制作。

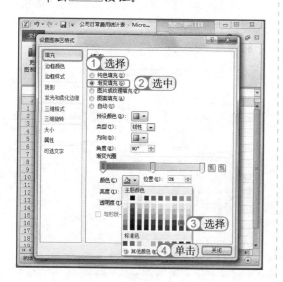

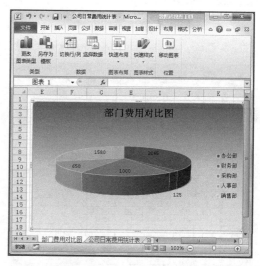

10.1.3　关键知识点解析

1. 数据序列的有效性

　　设置数据序列的有效性是指在 Excel 表格中限制用户只能输入下拉列表框中的数据。通过数据序列有效性的设置，不仅可以限制数据的输入，还能提高用户手动输入数据的效率，减少数据输入出错的几率。其方法为：在"允许"下拉列表框中选择"序列"选项，在"来源"文本框中输入需要进行选择的数据即可。

　　除了可选择"序列"选项外，还可设置"文本长度"和"删除数据有效性的设置"，下面将分别进行介绍。

（1）数据有效性的文本长度

　　数据有效性的文本长度指设置一定条件来限制向单元格中输入内容。本例将在"员工信息表 .xlsx"中的"基本工资"列中设置"数据有效性的文本长度"，从而将基本工资的位数限制在 3~4 位之间。其具体操作如下：

示例文件

资源包\素材\第10章\员工信息表.xlsx
资源包\效果\第10章\员工信息表.xlsx

STEP 01 选择设置数据有效性的区域

打开"员工信息表.xlsx"工作簿，选择 H3:H22单元格区域。

STEP 03 设置文本长度

在"允许"下拉列表中选择"文本长度"选项。
在"数据"下拉列表中选择"介于"选项。
在"最小值"和"最大值"文本框中分别输入"3"和"4"。

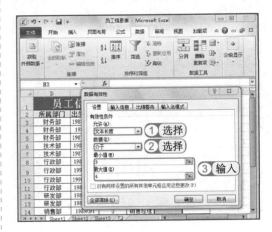

STEP 02 打开数据有效性对话框

选择【数据】/【数据工具】组，单击"数据有效性"按钮，打开"数据有效性"对话框。

STEP 04 设置出错警告

选择"出错警告"选项卡。
在"标题"文本框中输入"错误信息"。
在"错误信息"文本框中输入"编辑长度介于3-4个字符"，并单击 确定 按钮。

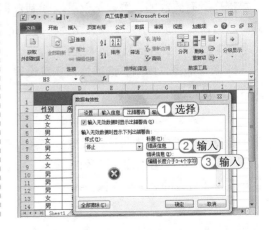

STEP 05 查看效果

返回 Excel 编辑区，当输入的数据小于 3 个字符或大于 4 个字符时，将会出现如右图所示的对话框，提示需重新输入。

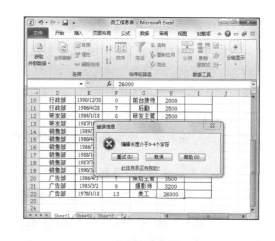

技巧秒杀——信息的输入

　　在打开的"数据有效性"对话框中选择"输入信息"选项卡，在其中可设置标题和提示信息。设置完成后，单击 确定 按钮即可。

（2）删除数据有效性

　　当设置的数据有效性出现错误时，可删除该数据有效性。其方法为：选择设置数据有效性的单元格区域，打开"数据有效性"对话框，选择"设置"选项卡，单击 全部清除(C) 按钮即可。

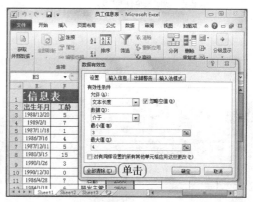

2. 添加数据标签

　　添加数据标签主要是为了让图表的表现形式更加完整，让管理者在查看过程中不但能查看比率关系，还可查看具体数据，是创建图表过程中的常见操作。其方法为：选择绘图区中的图表，在其上右击，在弹出的快捷菜单中选择"添加数据标签"命令，为图表添加数据标签，返回图表可查看图表上显示了对应部分的数据。

3. 设置图表区的填充样式

本例中"渐变样式"是图表填充方式中的一种,主要是通过打开"设置图表区格式"对话框进行设置的。打开"设置图表区格式"的方法是:选择【格式】/【形状样式】组,单击"形状填充"按钮右侧的下拉按钮,在弹出的下拉列表中选择【渐变】/【其他渐变】选项,在打开的"设置图表区格式"对话框中选择"填充"选项,在其中可设置"无填充"、"纯色填充"、"渐变填充"、"图片或纹理填充"、"图案填充"和"自动"模式,下面将对其分别进行介绍。

⊃ **无填充**:表示图表区格式保持设置前的样式,将不会随着设置发生变化。其方法为:在"填充"栏中选中 ⊙ 无填充(N) 单选按钮,再单击 关闭 按钮即可。

⊃ **纯色填充**:表示图表区以纯色进行填充。其方法为:在"填充"栏中选中 ⊙ 纯色填充(S) 单选按钮,单击"颜色"按钮,在弹出的下拉列表中选择需要的颜色选项,单击 关闭 按钮。

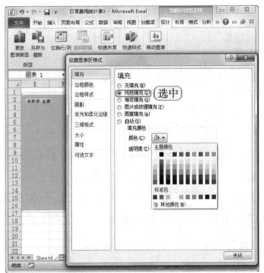

关键提示——设置图表区格式的其他设置

"设置图表区格式"对话框中除了可设置"填充"外,还可设置"边框颜色"、"边框样式"、"阴影"、"发光和柔化边缘"、"三维格式"、"大小"、"属性"和"可选文字"等,其方法与设置"填充"类似,这里不进行过多介绍。

◒ **渐变填充**：表示图表区将以渐变填充的形式显示。其方法为：在"填充"栏中选中 ⊙ 渐变填充(G) 单选按钮，单击"颜色"按钮 📷▾，在弹出的下拉列表中选择需要的颜色选项，单击 关闭 按钮。

◒ **图案填充**：表示图表区以图案填充的形式显示。其方法为：在"填充"栏中选中 ⊙ 图案填充(A) 单选按钮，在下方的图案列表框中选择需要的图案，单击"前景色"按钮 📷▾，设置前景色，单击"背景色"按钮 📷▾，设置背景色，再单击 关闭 按钮。

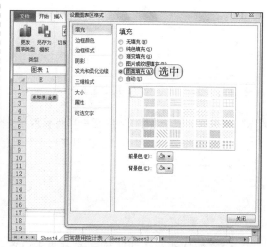

◒ **图片或纹理填充**：表示图表区以图片和纹理填充的形式显示。其方法为：在"填充"栏中选中 ⊙ 图片或纹理填充(P) 单选按钮，单击"纹理"按钮 📷▾，在弹出的下拉列表中选择需要的纹理选项，单击 关闭 按钮。

◒ **自动**：表示图表区以最初的设置显示。其方法为：在"填充"栏中选中 ⊙ 自动(U) 单选按钮，再单击 关闭 按钮。

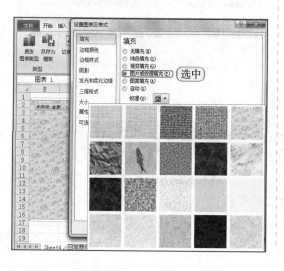

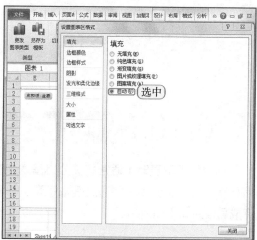

4. 更改图表类型

当设置的图表不能满足本例中的需要时，可将图表类型更改为需要的类型。其方法为：选择【设计】/【类型】组，单击"更改图表类型"按钮📊，打开"更改图表类型"对话框，选择需要的图表类型，单击 确定 按钮。

关键提示——另存为模板

"另存为模板"功能可将图表以模板的形式保存。其方法为：选择【设计】/【类型】组，单击"另存为模板"按钮📊，打开"保存图表模板"对话框，选择保存位置后，单击 保存(S) 按钮。

5. 设置快速样式

设置数据透视图快速样式的方法与设置图表快速样式的方法相同，通过设置快速样式可使透视图更加美观。其设置方法为：选择【设置】/【快速样式】组，单击"快速样式"按钮📊下的下拉按钮▾，在弹出的下拉列表中选择需要的样式选项即可。

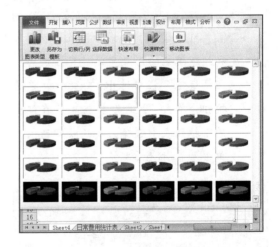

‖10.2 制作员工工资表

在制作工资表时，通常将其分为基本工资、浮动工资和福利部分。本例将根据员工基本信息制作员工工资表，并通过基本工资、浮动工资和福利的计算，让工作表更加直观易懂，完成后效果如下图所示。

员工工资统计表

编号	姓名	所属部门	职工类型	基本工资	奖金	薄贴	缺勤扣款	应发工资	代扣个人所得税	实发工资
单位名称：好利尔公司					制表人：王丽				2013年8月2日	
101	刘丽	办公部	主管	3400	500	500	35.43	4364.57	25.9371	4339
102	周晓晓	办公部	员工	3000	500	500	37.5	3962.5	13.875	3949
103	崔涛	办公部	员工	3000	500	500	25	3975	14.25	3961
201	李蓓蕾	人事部	主管	3500	500	500	21.87	4478.13	29.3439	4449
202	王刚	人事部	员工	3000	500	500	0	4000	15	3985
301	苏雪妍	财务部	主管	3500	500	500	0	4500	30	4470
302	李欣	财务部	员工	3000	500	500	18.75	3981.25	14.4375	3967
303	王凤	财务部	员工	3000	500	500	0	4000	15	3985
401	李岩	采购部	主管	3000	800	800	0	4600	33	4567
402	何佳	采购部	员工	3000	800	800	75	4525	30.75	4494
403	宋宏伟	采购部	员工	3000	800	800	100	4500	30	4470
501	陆鸿伟	销售部	主管	3000	1000	1000	0	5000	45	4955
502	王锋	销售部	员工	2500	1000	1000	15.63	4484.37	29.5311	4455
503	汪峰	销售部	员工	2500	1000	1000	10.42	4489.58	29.6874	4460
504	李艳	销售部	员工	2500	1000	1000	10.42	4489.58	29.6874	4460

个人所得税 | 员工工资表

员工工资统计表

编号	姓名	所属部门	职工类型	基本工资	奖金	薄贴	缺勤扣款	应发工资	代扣个人所得税	实发工资
单位名称：好利尔公司					制表人：王丽				2013年8月2日	
301	苏雪妍	财务部	主管	3500	500	500	0	4500	30	4470
302	李欣	财务部	员工	3000	500	500	18.75	3981.25	14.4375	3967
303	王凤	财务部	员工	3000	500	500	0	4000	15	3985

个人所得税 | 员工工资表

示例
文件

资源包 \ 素材 \ 第 10 章 \ 工资基本信息 .xlsx
资源包 \ 效果 \ 第 10 章 \ 员工工资表 .xlsx
资源包 \ 实例演示 \ 第 10 章 \ 制作员工工资表

◎案例背景◎

员工工资是指雇主或者用人单位依据法律规定或行业规定，以货币形式对员工劳动所支付的报酬。工资可以按照小时计算，可按照月计算，也可按照年计算等。在我国，由用人单位承担但不属于工资范畴的有以下几项常见的费用。

➲社会保险费：指企业按照规定的数额和期限向社会保险管理机构缴纳的费用，主要指对员工的安全保险。

➲劳动保护费：指公司给员工配备工作服、手套和安全保护用品等所产生的费用。

➲福利费：主要指职工的医药费、医护人员工资和医务费用等。

◯ 解除劳动关系时支付的一次性补偿费：聘方无故解除劳动合同后的补偿，一般补偿
为一个月的基本工资的费用。

◯ 计划生育费用：主要针对女同志在生育期间的补助费用。

员工工资表组成部分主要包括员工的基本信息、基本工资、业绩提成、补助、出勤工资、代扣社保和公积金等。其中，员工的基本工资、业绩提成、奖金和生日补助等都是根据员工基本信息中的数据计算的，所以员工基本信息是制作员工工资表的基础，若没有员工基本信息，员工工资表将无法制作完成，二者缺一不可。

◉ 关键知识点 ◉

要完成本例的制作，需要掌握几个关键知识点。这几个关键知识点的内容以及其知识的难易程度如下：

◯ VLOOKUP 函数（★★★）　　　　◯ 单元格引用（★★★）

◯ ROUND 函数（★★）　　　　　　◯ 筛选数据（★★★★）

10.2.1　创建员工工资表

本例的员工工资表是给某企业所有部门制定的，其中包含了不同的工资项目。下面先根据这些内容创建员工工资表的框架，并输入基本的员工信息，设置货币的显示格式，其具体操作如下：

STEP 01 ▶ 新建工作表

打开"工资基本信息 .xlsx"工作簿，将其重命名为"员工工资表"，将鼠标指针移动至工作表标签处，单击"插入工作表"按钮，插入新的工作表，并将工作表重命名为"员工工资表"。

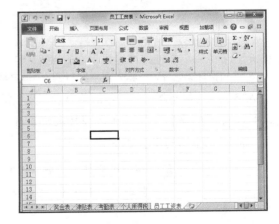

STEP 02 设置标题和字段格式

在"员工工资表"中输入表格的标题和字段内容，并设置如下图所示的格式。

STEP 03 引用单元格数据

选择 A4 单元格。

在编辑栏中输入公式"=基本工资表!B3"，按"Enter"键引用基本工资表中 B3 单元格中的数据。

STEP 04 引用"基本工资表"数据

使用同样的方法，为 A4:D18 单元格区域引用"基本工资表"中的相关数据，选择 A1:K18 单元格区域，为其添加边框的效果。

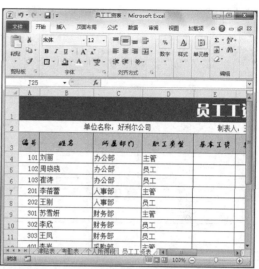

STEP 05 查找基本工资

选择 E4 单元格。

在编辑栏中输入公式"=VLOOKUP(A4, 基本工资表!B:F,5,FALSE)"，按"Enter"键查找单元格中对应的基本工资。

STEP 06 查找其他员工的基本工资

将鼠标指针移动至 E4 单元格右下角，当指针呈 + 形状时，按住鼠标左键不放，拖动至 E18 单元格处，释放鼠标查找其他员工基本工资。

STEP 07 查找奖金

选择 F4 单元格。

在编辑栏中输入公式"=VLOOKUP(A4, 奖金表 !B:F,5,FALSE)"，按"Enter"键查找单元格中对应奖金。

STEP 08 查找其他员工对应的奖金

将鼠标指针移动至 F4 单元格右下角，当指针呈 + 形状时，按住鼠标左键不放，拖动至 F18 单元格处，释放鼠标查找其他员工对应的奖金。

【公式解析】

函数 VLOOKUP 是纵向查找函数。公式"=VLOOKUP(A4,基本工资表 !B:F,5,FALSE)"表示在基本信息表的 B:F 区域查找 A4 的值，查找到后将返回这一行的第 5 列的数值；当查找值为空时，返回参数 FALSE。

 为什么这么做?

本例中使用 VLOOKUP 函数是为了让修改更加简单，当基本工作表中的数据发生变化时，员工工资表中相应的数值也会跟着变化。若将员工工资表中 A4 单元格名称改变，E4 单元格将随之发生改变。

STEP 09 查找津贴

选择 G4 单元格。

在编辑栏中输入公式"=VLOOKUP(A4,津贴表!B:F,5,FALSE)",按"Enter"键查找单元格中对应的津贴。

STEP 11 查找缺勤扣款

选择 H4 单元格。

在编辑栏中输入公式"=VLOOKUP(A4,考勤表!B:AM,38,FALSE)",按"Enter"键查找单元格中对应的缺勤扣款。

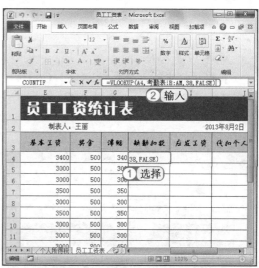

STEP 10 查找其他员工对应的津贴

将鼠标指针移动至 G4 单元格右下角,当指针呈+形状时,按住鼠标左键不放,拖动至 G18 单元格处,释放鼠标查找其他员工对应的津贴。

STEP 12 查找其他员工的缺勤扣款

将鼠标指针移动至 H4 单元格右下角,当指针呈+形状时,按住鼠标左键不放,拖动至 H18 单元格处,释放鼠标查找其他员工的缺勤扣款。

10.2.2 计算员工实发工资

员工实发工资指应发工资减去个人所得税得到的工资金额，而"应发工资＝基本工资＋奖金＋津贴－缺勤扣款"。下面将以 3500 元作为个人所得税的起征点，计算企业代扣的个人所得税和实发工资，其具体操作如下：

STEP 01 计算应发工资

选择 I4 单元格。

在编辑栏中输入公式"=E4+F4+G4-H4"，按"Enter"键计算员工应发工资。

STEP 03 计算代扣个人所得税

选择 J4 单元格。

在编辑栏中输入公式"=IF(I4-3500<0,0,IF(I4-3500<1500,0.03*(I4-3500)),IF(I4-3500<4500,0.1*(I4-3500)-105,IF(I4-3500<9000,0.25*(I4-3500)-555,IF(I4-3500<35000,0.25*(I4-3500)-1005)))))"，按"Enter"键计算代扣个人所得税。

STEP 02 计算其他员工应发工资

将鼠标指针移动至 I4 单元格右下角，当指针呈＋形状时，拖动鼠标至 I18 单元格处，释放鼠标，计算完成其他员工的应发工资。

【公式解析】

公式"=IF(I4-3500 <0,0,IF(I4-3500<1500,0.03*(I4-3500)),IF(I4-3500<4500,0.1*(I4-3500)-105,IF(I4-3500<9000,0.25*(I4-3500)-555,IF(I43500<35000,0.25*(I4-3500)-1005)))))"表示当 I4-3500 小于 0 时，则税率为 0；当 I4-3500 小于 1500 时，则税率为 0.03*(I4-3500)；当 I4-3500 小于 4500 时，则税率为 0.1*(I4-3500)；以此类推，可计算出代扣个人所得税。

STEP 04 ▶ 计算其他员工代扣个人所得税

将鼠标指针移动至 J4 单元格右下角，当指针呈＋形状时，拖动鼠标至 J18 单元格处，释放鼠标，计算其他员工代扣个人所得税。

STEP 05 ▶ 计算实发工资

选择 K4:K18 单元格区域。

在编辑栏中输入公式"=ROUND(I4-J4,0)"按"Ctrl+Enter"快捷键计算出实发工资。

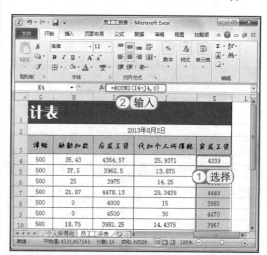

为什么这么做？

代扣个人所得税是根据"个人所得税表"制作的，"个人所得税表"中的数据会根据国家的宏观调控进行变化，因此，在制作时应了解基本国情，根据最新版本制作。

【公式解析】

公式"=ROUND(I4-J4,0)"表示对 I4-J4 的数值进行四舍五入，并且四舍五入的结果无小数位数，即为整数。

10.2.3 分类查找员工工资

本例将对数据进行筛选，并在其中快速查找员工工资和财务部门员工的工资情况，其具体操作如下：

STEP 01 ▶ 选择筛选的单元格区域

选择 A4:K18 单元格区域。

选择【数据】/【排序和筛选】组，单击"筛选"按钮。

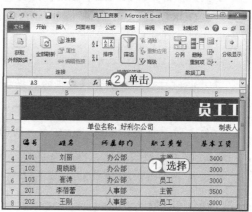

STEP 02 筛选财务部数据

进入筛选状态，单击"所属部门"右侧的下拉按钮 🔽。

在弹出的下拉列表中选中 ☑财务部复选框。

单击 确定 按钮。

STEP 03 查看完成后的效果

返回操作界面，即可查看筛选出的财务部的相关信息。

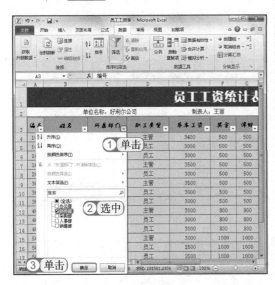

10.2.4 关键知识点解析

在制作本例所需要的关键知识点中，"单元格引用"相关知识已经在第 7 章 7.4 节中进行了详细介绍，此处不再赘述。下面主要对没有进行介绍的关键知识点进行讲解。

1. VLOOKUP 函数

主要指在首列查找指定的数值，并将查找的数值返回当前指定的位置。该函数的语法结构为：VLOOKUP(lookup_value,table_array,col_index_num,range_lookup)。该函数各参数的含义与作用分别介绍如下。

◯ lookup_value：表示在数据表第一列中查找的数值，可为数值、引用或文本字符串。

◯ table_array：表示查找数据的数据表。主要用于对区域或区域名称的引用。

◯ col_index_num：表示从 table_array 中待返回的匹配值的序列号。当 col_index_num 为 1 时，将返回 table_array 第一列的数值；当 col_index_num 为 2 时，将返回 table_array 第二列的数值，以此类推。若 col_index_num 小于 1，VLOOKUP 函数将返回错误值 #VALUE!；当 col_index_num 大于 table_array 的列数，VLOOKUP 函数将返回错误值 #REF!。

➲ range_lookup：为逻辑值，表示判断查找时的区域是精确匹配，还是近似匹配。当 range_lookup 为 FALSE 或 0，则返回精确匹配；当查找不到精确位置时，将返回错误值 #N/A。当 range_lookup 为 TRUE 或 1，VLOOKUP 将查找近似匹配值；当找不到精确匹配值，则返回小于 lookup_value 的最大值。

2. ROUND 函数

ROUND 函数主要用于对小数点进行四舍五入操作，本例中主要用于对实发工资的小数位进行四舍五入。该函数的语法结构为：ROUND(number,num-digits), 各参数的含义如下。

➲ number：表示需要进行四舍五入的数字。

➲ num-digits：表示指定某位数，并对此位数进行四舍五入。

在使用 ROUND 函数进行四舍五入时，应注意以下几点：

➲ 当 num-digits 大于 0 时，则四舍五入到指定的小数位。

➲ 当 num-digits 等于 0 时，则四舍五入到最接近的整数。

➲ 当 num-digits 小于 0 时，则在小数点左侧进行四舍五入。

ROUND 函数常常以嵌套函数的方法使用，这样不但让函数的使用范围扩大，而且使用更加方便，如下图所示为 ROUND 函数在表格中套用其他函数的常见使用方法。

员工工资表

员工代码	姓　名	部　门	卡　号	中午餐补	基础工资	绩效工资	汽车补助	加班工资	应发工资
AB001	张小离	编辑部	60142880928797001	300	2500	2286	150	515.6	5752
AB002	韩陶冶	编辑部	60142880928797109	300	2500	2400	150	565.9	5916
AB003	张笑	编辑部	60142880928797305	300	2400	600	150	368.6	3819
AB004	陈光林	编辑部	60142880928797500	300	1600	2800	150	567.6	5418
AB005	李小强	市场部	60142880928797608	300	1900	2600	150	512.1	5462
AB006	王云坤	市场部	60142880928797706	300	2500	2400	150	356	5706
AB007	钱运录	市场部	60142880928797804	300	2200	2200	150	538.6	5389
AB008	龚学平	市场部	60142880928797902	300	1800	2800	150	512.6	5563
AB009	李渊明	市场部	60142880928798000	300	1900	2600	150	500	5450
AB010	王小珉	管理部	60142880928798108	300	2200	2200	150	285.6	5136
AB011	张正	管理部	60142880928798206	300	1800	2800	150	298.1	5348
AB012	郭彪	管理部	60142880928798304	300	1900	2600	150	460.9	5411
AB013	王国强	管理部	60142880928798402	300	2600	2400	150	512	5962
AB014	王巨禄	管理部	60142880928802102	300	1500	2200	150	381.7	4532
AB015	将以任	财务部	60142880928798509	300	2800	2400	150	542.6	6193
AB016	韩正	财务部	60142880928798607	300	1900	2200	150	368.4	4918
AB017	李建国	财务部	60142880928798705	300	2600	2800	150	235.6	6086
AB018	徐春	财务部	60142880928798803	300	2500	2600	150	289.5	5840
AB019	张丽	财务部	60142880928798901	300	2200	2200	150	245.5	5096

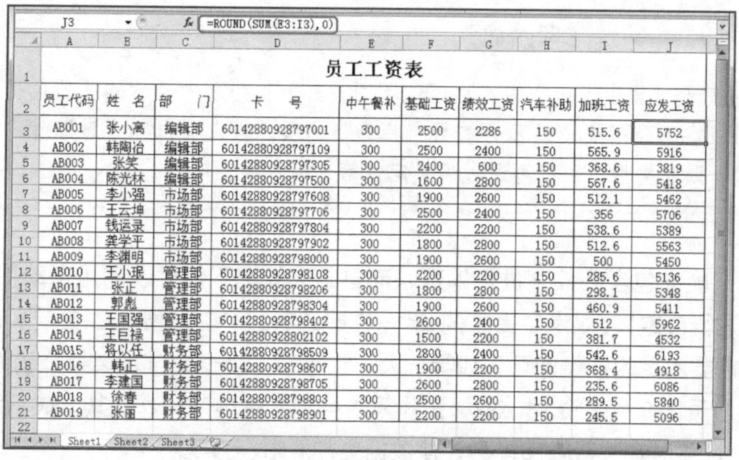

3. 筛选数据

Excel 中的数据筛选功能可以有效地帮助用户筛选符合条件的数据，并且对不满足条件的数据进行隐藏，数据的筛选功能除了本例中使用到的自动筛选外，还包含自定义筛选和高级筛选。下面将分别进行讲解。

（1）自动筛选

自动筛选是筛选过程中最简单的方法，主要用于将不满足条件的数据暂时隐藏起来，只显示符合条件的数据。其方法为：选择【数据】/【排序和筛选】组，单击“筛选”按钮 ，Excel 会自动在列标值后添加按钮，单击此按钮，在弹出的下拉列表中选中满足筛选数据条件的复选框，完成后单击 ▭确定▭ 按钮，Excel 将自动隐藏未选择的数据。若需清除筛选表格中的筛选条件，可选择【数据】/【排序和筛选】组，单击"清除"按钮 ▾。

（2）自定义筛选

关键提示——筛选选项的显示

　　Excel 数据筛选过程中，根据表头内容的不同，其下拉列表中显示的选项也不相同。当表头内容为数据时，在下拉列表中显示为"数字筛选"选项；当表头内容为日期时，则显示为"日期筛选"选项。以此类推，所以可通过表头定位筛选的目的。

　　自动筛选只能在包含条件下进行筛选，而自定义筛选不但可以满足自动筛选的条件，还可对筛选条件进行自定义，以满足更多的条件。在筛选时，只需要通过在"自定义自动筛选方式"对话框中设置需要满足的条件即可，如筛选大于、等于、小于或自定义某个数值的数据等。

　　本例将在"员工 9 月工资表 .xlsx"工作簿中自定义筛选条件，使其只显示大于 4000 和小于 3000 的数据，并对其进行降序排列，使数据更加清晰、直观。

资源包 \ 素材 \ 第 10 章 \ 员工 9 月工资表 .xlsx

资源包 \ 效果 \ 第 10 章 \ 员工 9 月工资表 .xlsx

STEP 01 选择筛选按钮

打开"员工9月工资表.xlsl"工作簿，选择【数据】/【排序和筛选】组，单击"筛选"按钮 。

可见表头字段后自动添加了下拉按钮 。

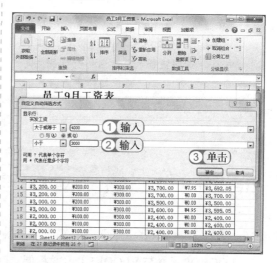

STEP 03 设置具体条件范围

打开"自定义自动筛选方式"对话框，在"实发工资"栏的第一个文本框中输入"4000"。

在第二个下拉列表框中选择"小于"选项，并输入"3000"。

单击 确定 按钮。

STEP 02 选择筛选命令

选择I2单元格，单击该单元格后的下拉按钮 。

在弹出的下拉列表中选择【数字筛选】/【大于或等于】选项。

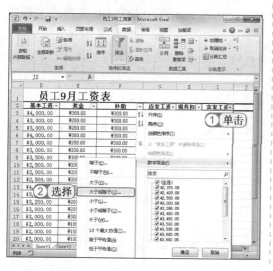

STEP 04 查看筛选结果

此时，I2单元格右侧的 按钮变成 按钮，并且窗口中自动筛选出大于4000和小于3000的数据。

STEP 05 ▶ 降序后效果

选择I3单元格，选择【数据】/【排序和筛选】组，单击"降序"按钮。

数据按降序排列，并查看设置后效果。

关键提示——筛选模式的区别

在自定义筛选时，筛选对话框中提供了 ◉ 与(A) 和 ◉ 或(O) 两个单选按钮，其中 ◉ 与(A) 单选按钮表示筛选满足所有条件的数据记录，而 ◉ 或(O) 单选按钮表示筛选满足任意一项条件的数据记录即可。

||10.3 高手过招

1. LOOKUP 函数

LOOKUP 函数与 VLOOKUP 函数相似。其区别是：VLOOKUP 函数在第一列中进行搜索，LOOKUP 函数在第一行中进行搜索。LOOKUP 函数有两种语法，形式分别是向量形式和数组形式。因为语法形式不同，其语法结构也不相同。下面分别对两种形式进行介绍。

（1）LOOKUP 函数的向量形式

LOOKUP 函数的向量形式是指在单行或单列区域中查找数值，查找完成后再返回第二个单行或单列区域中相同位置。当需要查找的值较大或值可能会发生改变时，可使用向量形式，其语法结构为：LOOKUP(lookup_value,lookup_vector,result_vector)。LOOKUP 函数的向量形式包含了 3 个参数，其含义分别如下。

- ⊃lookup_value：表示在一个向量中所要查找的数值，可以是引用数字、文本、逻辑值或包含数值的名称等。
- ⊃lookup_vector：表示包含一行或一列的区域，可以是文本、数字或逻辑值等。
- ⊃result_vector：表示第二个包含一行或一列的区域，它指定的区域大小必须与 lookup_vector 相同。

在使用 LOOKUP 函数时，应注意以下 3 点：

- ⊃lookup_vector 的数值必须按照升序排列，例如，-2、-1、0、1、2、3，或 A~Z 等，否则函数将不能返回正确的结果。
- ⊃当 LOOKUP 函数找不到 lookup_value 时，须查找 lookup_vector，看其中是否小于或等于 lookup_vector 的最大值。

○ 当 lookup_value 小于 lookup_vector 中的最小值，LOOKUP 函数将返回错误值 #N/A。

（2）LOOKUP 函数的数组形式

LOOKUP 函数的数组形式是指在数组的第一行或是第一列中查找指定的值，查找完成后返回数组最后一行或最后一列同一位置的值，其语法结构为：LOOKUP(lookup_value,array)。LOOKUP 函数的数组形式包含两个参数，其含义分别如下。

○ lookup_value：表示在数组中搜索的值，主要包含数字、文本、逻辑值、名称或对值的引用。

○ array：表示一个单元格区域，并且包含了与 lookup_value 进行比较的文本、数字或逻辑值。

2. 自定义数据有效性

自定义数据有效性是数据有效性设置中的一种形式，主要是根据用户的需求，对数据有效性进行设置，以限制用户输入的数据，使输入的数据符合用户的需求。自定义数据有效性通常与公式或函数一起使用，主要用于数据的验证。例如，使用 IF 函数对数据进行判断查看其中的内容是否满足需求。

自定义数据有效性除了可判断数据不重复外，还可以进行其他一些常用的设置，如必须包含某个内容、设置输入的值不大于某个数值、不能输入特定空格以及不能输入任何值，分别介绍如下。

○ **必须包含某个内容**：是指在单元格中输入的内容必须包含某个特定的内容。可以通过很多函数来达到效果。例如，LEFT 函数可以设置以某个值为开头，RIGHT 函数可以设置以某个值为结尾。如在"数据有效性"对话框的"公式"文本框中输入公式"=LEFT(A4)="A""，则选择的单元格区域中将只能输入以"A"文本开头的内容。如输入公式为"=RIGHT(C4)="部""，则选择的单元格区域中只能输入以"部"结尾的内容。

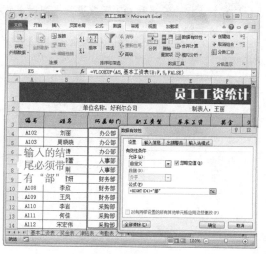

- ○ **输入的值不大于某个数值**：是指当设置完数据有效性后，在单元格中输入的值不能大于自定义值。如在"自定义"文本框中输入公式" H4<30"，表示选择的单元格区域中的值不大于30。

- ○ **不能输入特定空格**：是指不能在输入内容的最前面和最后面输入空格，常用 TRIM 函数进行设置，用于限制选择的单元格区域的范围内不能输入多余的空格。

- ○ **不能输入任何值**：在某些特殊情况下，单元格中并不需要填写内容，此时可以为该单元格添加不能输入任何值的限定条件。只需选择该单元格后，在"数据有效性"对话框的"公式"文本框中输入公式"="""即可。

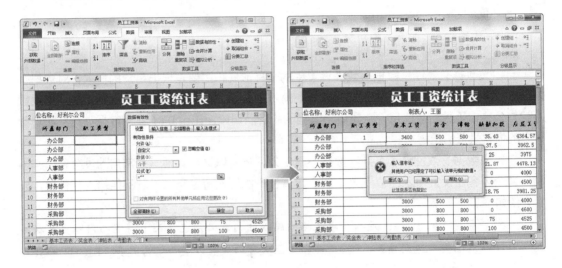

关键提示——自定义数据有效性的技巧

自定义数据有效性时，应明确需要达到的效果，再根据公式进行设计。在自定义公式时，用户可根据需要使用不同的表达式和函数，以设置更丰富的限制条件，如限制只能在开头输入某个数据等。当和 OR 函数进行搭配时，可同时满足两个条件的输入内容，从而让输入的内容更加丰富。

本章将对企业日常工作中经常使用的年终会议安排、问题分析和总结会议相关文档进行制作，通过这些实例的制作，让用户能对 PowerPoint 的添加声音、创建动作、制作母版等知识更加熟练，将其运用到实际的工作生活中。

PowerPoint 2010 ➤

C**hapter** 第11章

PowerPoint 与现代会议

‖11.1 制作问题分析和总结会议 PPT

本例将制作问题分析和总结会议上使用的 PPT，在日常办公中常把 PowerPoint 制作的演示文稿叫做 PPT，使用它能快速有效地和其他人进行交流，常用于会议等场合。问题分析和总结会议属于公司、机构的例行会议，通过 PPT 可以看到出现的问题、问题原因的分析，并通过总结、讨论得到解决方法，其最终效果如下图所示。

资源包\素材\第 11 章\问题分析和总结 .txt
资源包\效果\第 11 章\问题分析和总结会议 .pptx
资源包\实例演示\第 11 章\制作问题分析和总结会议 PPT

◎ **案例背景** ◎

  分析和总结会议是公司经常组织的会议，一般分为定期组织的会议和突发组织的会议。定期组织的会议包括季度分析和总结、年度分析和总结等会议，这种会议一般是收集一段时间内出现的问题并进行分析、总结。而突发组织的会议则多是因为公司运行、生产中出现了突发问题，需要紧急处理而产生的。

  在制作分析文档时，一般需要列出分析的主要情况、做法、经验或问题，如果内容多、篇幅长，为了能制作出简洁的幻灯片，最好将其分成若干部分，并为每部分添加一个小标题。难以用文字概括其内容的，可以通过图表展示。

  本例制作的分析和总结会议 PPT 属于定期组织的年度分析、总结会议。该会议涉及公司当前运营状态、公司出现的状态、内外环境分析对比、策略和具体解决方案等。由于本例制作的分析和总结并没有文字难以概括的内容，所以不需要借助太多的图形和图片，只需要简单地对内容设置统一格式即可。

◎ **关键知识点** ◎

  要完成本例的制作，需要掌握几个关键知识点。这几个关键知识点的内容以及其知识的难易程度如下：

⊃ 应用主题（★★★）   ⊃ 插入形状（★★）

⊃ 新建幻灯片（★★）   ⊃ 设置文本格式（★★★）

⊃ 在幻灯片中输入文字（★★） ⊃ 为幻灯片插入表格（★★★）

11.1.1 新建演示文稿并为其应用主题

  本例需要先新建一个演示文稿，再为其应用主题，以快速为演示文稿搭建框架，其具体操作如下：

STEP 01 新建演示文稿

启动 PowerPoint 2010,选择【文件】/【新建】命令。

在打开的界面的右边窗格中双击"空白演示文稿"按钮，新建演示文稿。

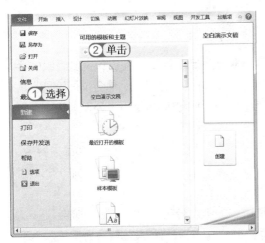

STEP 02 选择主题

选择【设计】/【主题】组,单击"主题"下拉列表右边的"其他"按钮。在弹出的下拉列表中选择"都市"选项。

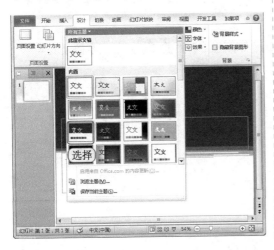

STEP 03 设置字体

选择【设计】/【主题】组,单击"字体"按钮。在弹出的下拉列表中选择"Office 经典"选项。

STEP 04 设置颜色

选择【设计】/【主题】组,单击"颜色"按钮。在弹出的下拉列表中选择"气流"选项。

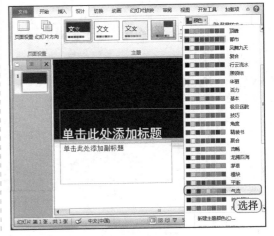

为什么这么做?

由于选择的"都市"主题颜色较暗,在使用投影仪进行放映时,可能会影响放映效果,所以需将配色设置为较亮一些的颜色。

11.1.2 制作 PPT 封面以及目录页

在设置好主题后，用户就可以根据会议内容开始制作 PPT 的封面以及目录页了，其具体操作如下：

STEP 01▶ 添加标题

在幻灯片的第一个占位符中输入"年度分析和总结会议"文本，并选中刚输入的文本。

选择【开始】/【字体】组，设置字号为"66"。

STEP 03▶ 新建幻灯片

选择【开始】/【幻灯片】组，单击"新建幻灯片"按钮下的下拉按钮，在弹出的下拉列表中选择"仅标题"选项。

STEP 02▶ 添加副标题

在幻灯片的第二个占位符中输入"德奥轮胎有限公司"文本，并设置其字号为"32"。

STEP 04▶ 编辑目录占位符

在新建幻灯片的占位符中输入"目录"文本，并设置文本为居中对齐。选中占位符，将占位符向上移动。

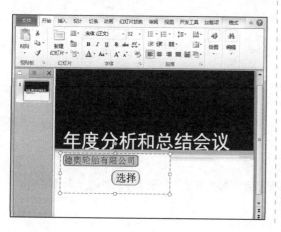

STEP 05 选择插入形状

选择【插入】/【插图】组，单击"形状"按钮，在弹出的下拉列表中选择□选项。

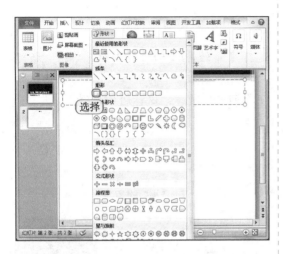

STEP 06 设置形状颜色

拖动鼠标在幻灯片上绘制一个矩形。

选择【格式】/【形状样式】组，单击"形状填充"按钮旁的下拉按钮，在弹出的下拉列表中选择"青绿，强调文字颜色2"选项。

STEP 07 取消形状轮廓

选择【格式】/【形状样式】组，单击"形状轮廓"按钮旁的下拉按钮，在弹出的下拉列表中选择"无轮廓"选项。

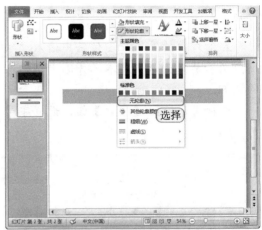

STEP 08 在形状中输入文字

在形状上右击，在弹出的快捷菜单中选择"编辑文字"命令。

为什么这么做？

绘制出的形状的颜色与幻灯片主题颜色不匹配，会使浏览者产生不适感，所以在绘制形状后，需要为其设置一种与主题颜色相融合的颜色。

STEP 09 ▶ 制作其他形状

在形状中输入"一、SWOT 公司运营状况分析"文本。

使用相同的方法绘制其他形状并输入文本，效果如右图所示。

技巧秒杀——快速制作目录

在制作目录幻灯片时，如想加快制作速度。可在绘制好形状后，将形状多复制几个，再在其中输入目录。

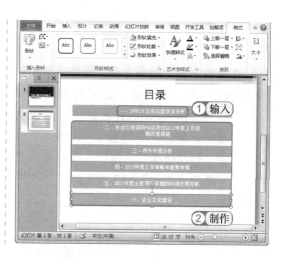

11.1.3　编辑其他幻灯片

在制作完封面以及目录页后就可以开始添加内容幻灯片，并设置文本样式，其具体操作如下：

STEP 01 ▶ 新建幻灯片

选择【开始】/【幻灯片】组，单击"新建幻灯片"按钮下的下拉按钮，在弹出的下拉列表中选择"仅标题"选项。

STEP 02 ▶ 绘制直线

在占位符中输入"德奥轮胎有限公司SWOT现状分析"文本。

选择【插入】/【插图】组，单击"形状"按钮，在弹出的下拉列表中选择"＼"选项。使用鼠标在幻灯片上绘制横竖两条相交的直线。

STEP 03 ▶ 设置直线粗细

选择刚绘制的两条直线，选择【格式】/【形状样式】组，单击"形状轮廓"按钮 ⬚ 右侧的下拉按钮 ▼。在弹出的下拉列表中选择"蓝色，强调文字颜色1"选项。

单击"形状轮廓"按钮 ⬚，在弹出的下拉列表中选择【粗细】/【3磅】选项，设置直线粗细。

STEP 04 ▶ 选择横排文本框

选择【插入】/【文本】组，单击"文本框"按钮 ，在弹出的下拉列表中选择"横排文本框"选项。

STEP 05 ▶ 输入文本

在幻灯片左上角绘制一个文本框，并输入文本，选中输入的文本。

选择【开始】/【字体】组，设置"字体、字号"为"方正准圆简体、22"。

STEP 06 ▶ 设置文本格式

选中"优势"文本下的所有文本。选择【开始】/【字体】组，单击"字体颜色"按钮 △ 旁的下拉按钮 ▼，在弹出的下拉列表中选择"橙色，强调文本颜色5，深色50%"选项。

选择【开始】/【段落】组，单击"提高列表级别"按钮 。

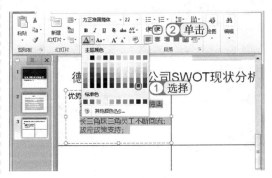

STEP 07 设置符号和编号

选择"优势"文本。

选择【开始】/【段落】组，单击"项目符号"按钮 ≡ 旁的下拉按钮 ▾，在弹出的下拉列表中选择"项目符号和编号"选项。

STEP 08 设置符号颜色

打开"项目符号和编号"对话框，在列表框中选择"加粗空心方形项目符号"选项。

在"颜色"下拉列表框中选择"青绿，强调文本颜色 2"选项。

单击 确定 按钮。

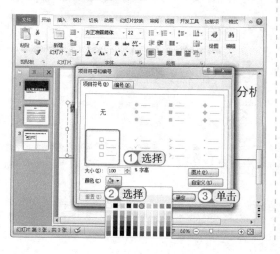

STEP 09 输入其他文字

使用相同的方法在幻灯片中输入其他文字。

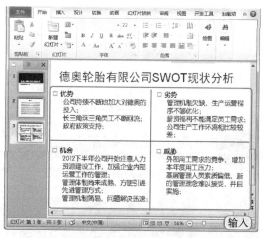

STEP 10 新建幻灯片

选择【开始】/【幻灯片】组，单击"新建幻灯片"按钮 下的下拉按钮 ▾，在弹出的下拉列表中选择"标题和内容"选项。

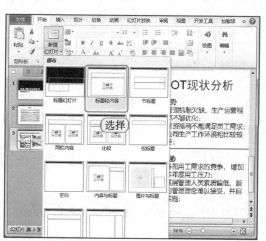

STEP 11 ▶ 输入文本

打开"问题分析和总结.txt"文档，参考该文档，在对应的占位符中输入标题和正文。

选择【开始】/【段落】组，单击"提高列表级别"按钮 ⋶。

STEP 13 ▶ 输入文本

使用相同的方法，制作第5张幻灯片。新建幻灯片，在其中输入文本，选择"存在问题"文本。

选择【开始】/【段落】组，单击"项目符号"按钮⋶旁的下拉按钮▾，在弹出的下拉列表中选择"加粗空心方形项目符号"选项，再为"改善措施"文本添加项目符号。

STEP 12 ▶ 新建幻灯片

选择"幻灯片"窗格中的第4张幻灯片，按"Enter"键，新建幻灯片。

STEP 14 ▶ 编辑第7~12张幻灯片

使用相同的方法编辑第7~12张幻灯片。

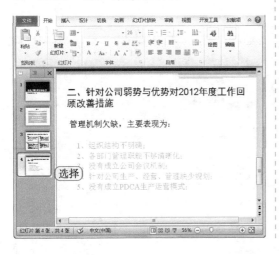

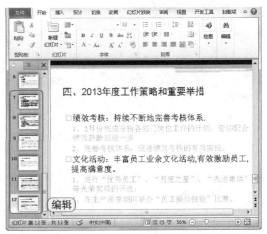

技巧秒杀——按"Enter"键新建幻灯片

选择"幻灯片"窗格中某个幻灯片后，按"Enter"键，将根据选择幻灯片的样式新建一张幻灯片。

STEP 15 输入标题

新建第 13 张幻灯片。

在上面占位符中输入标题。

单击下面占位符中的"插入表格"按钮。

STEP 16 设置表格

在打开的对话框中设置"行数、列数"为"14、9"。

单击 确定 按钮。

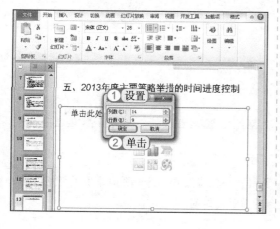

STEP 17 在表格中输入内容

在表格中输入文本，并根据内容调整表格的位置，以及单元格大小。

选中输入的文本，选择【开始】/【段落】组，单击"居中"按钮。

STEP 18 设置单元格颜色

选择第 2 行的第 3 个单元格。

选择【设计】/【表格样式】组合，单击"底纹"按钮旁的下拉按钮，在弹出的下拉列表中选择"绿色，强调文本颜色 4"选项。

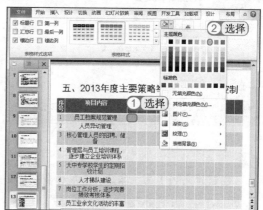

STEP 19 ▶ 填充其他单元格

使用相同的方法，为其他单元格填充相同的颜色。其中设置了颜色的月份需要执行对应的项目内容。

STEP 20 ▶ 输入文本

在"幻灯片"窗格中选择第13张幻灯片。按"Enter"键，新建幻灯片。

在占位符中输入对应的文本。

STEP 21 ▶ 新建幻灯片

选择【开始】/【幻灯片】组，单击"新建幻灯片"按钮旁的下拉按钮。在弹出的下拉列表中选择"节标题"选项。

STEP 22 ▶ 制作最后一张幻灯片

在第1个占位符中输入"谢谢！"文本，删除第2个占位符，选中刚刚输入的文本。

选择【开始】/【段落】组，单击"居中"按钮。

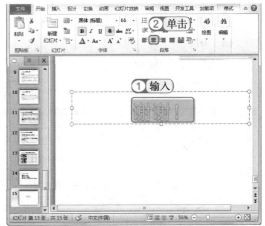

为什么这么做？

在制作完PPT的主体后，一般都会在最后一页制作一张感谢页。感谢页的作用不但可以提示听众，幻灯片讲解完毕，还能给主持人一定的缓冲总结的时间。

11.1.4　关键知识点解析

制作本例所需要的关键知识点中，"应用主题"与"新建幻灯片"、"设置文本格式"知识已经在前面的章节中进行了详细介绍，此处不再赘述，其具体的位置分别如下：

⊃ **应用主题**：该知识的具体讲解位置在第 2 章的 2.3.2 节。

⊃ **新建幻灯片**：该知识的具体讲解位置在第 2 章的 2.3.1 节。

⊃ **设置文本格式**：该知识的具体讲解位置在第 2 章的 2.1.4 节。

1. 在幻灯片中输入文字

在 PowerPoint 中可以直接在占位符或是文本框中输入文本。若要输入的文本较少，用户还可通过"大纲"窗格输入文字。其方法是：切换到"大纲"窗格中，将鼠标光标移至要添加文本的幻灯片后，在其中输入文本即可。

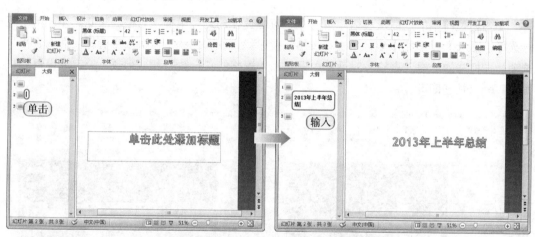

技巧秒杀——在"大纲"窗格中为文本设置级别

若幻灯片中需要输入多级标题的文本，用户只需在"大纲"窗格中输入文本后，选中需要提高或降低列表级别的文本，再选择【开始】/【段落】组，单击"提高列表级别"按钮或"降低列表级别"按钮即可。

2. 插入形状

在 PowerPoint 中为幻灯片插入形状的方法与在 Word 中插入形状的方法相同。在幻灯片中插入形状后，用户可在"格式"选项卡中为插入的形状设置样式。由于幻灯片中的图形的灵活度需求比 Word 文档中更高，所以很多用户会先绘制一些基础形状，再通过编辑形状的方法将基础形状转换为特殊形状。编辑形状的方法是：选择绘制的形状后，选择【格式】/【插入形状】组，单击"编辑形状"按钮，在弹出的下拉列表中选择"编辑顶点"命令。此时，形状上将出现编辑点，拖动编辑点即可对形状进行编辑。

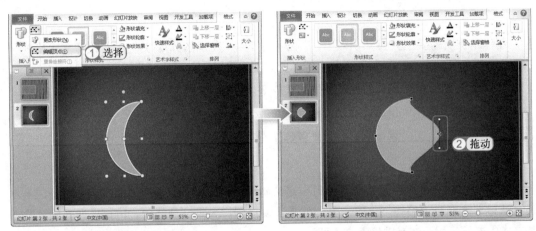

3. 为幻灯片插入表格

单击占位符中的"插入表格"按钮▦，可快速在幻灯片中插入表格。除此之外，用户还可选择【插入】/【表格】组，单击"表格"按钮▦，在弹出的下拉列表中选择"插入表格"选项。在打开的"插入表格"对话框中设置插入表格的"行数"和"列数"。完成设置后，单击 确定 按钮即可。

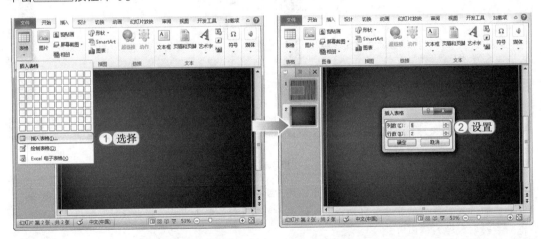

||11.2 制作市场调查报告 PPT

本例将制作市场调查报告 PPT，市场调查报告属于调查研究报告，是很多公司在制作运营策略时必须制作的，在制作该类 PPT 时，以事实和数据说话，可适当添加图表以及关系图，使观赏者能更好地对数据产生概念，其最终效果如下图所示。

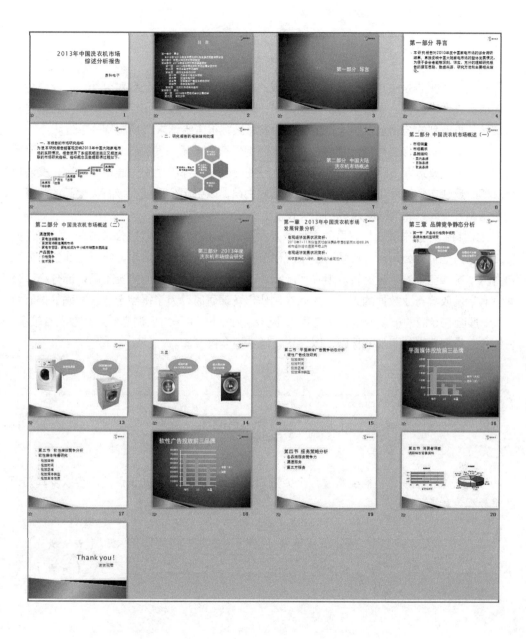

资源包\素材\第 11 章\市场调查报告 .txt

资源包\效果\第 11 章\市场调查报告 .pptx

资源包\实例演示\第 11 章\制作市场调查报告 PPT

◎案例背景◎

市场调查报告是由市场分析和报告构成的，其中，市场分析是要对公司、企业环境以客观情况去调查分析，弄清事情发生的时间、地点、背景、过程和结果等。而报告则是把从市场分析得到的结论加以整理，综合阐明其意义，报告给请求市场调查的单位。

通过市场调查报告可以给领导或有关部门提供有关市场开发的参考材料，使之准确地把握市场，调整运营战略。此外，调查报告还能在公司或部门之间沟通市场情况，交流信息。即时反映市场开发工作中的问题、隐患或失误，以引起公司或上级有关部门的注意，采取措施解决问题、消除隐患或纠正失误。

本例将制作家电洗衣机方面的市场调查，撰写市场调查的一般是公司市场运营部门的员工，因为他们对公司自身市场运营情况以及竞争对手情况比较清楚，能更全面的将公司自身的情况和竞争对手做比较。但在实际制作时，由于公司规模的情况不同，部分小型公司没有专门收集行业数据的人员。所以在制作市场调研时，为了得到专业、准确的调研数据，一般会在专门的市场调研公司购买调研资料。此外，由于市场调查幻灯片数据量较多，在制作时最好适当的添加节标题，以便更好地把握会议节奏。

◎关键知识点◎

要完成本例的制作，需要掌握几个关键知识点。这几个关键知识点的内容以及其知识的难易程度如下：

- 使用母版编辑演示文稿（★★★★）
- 为幻灯片插入图表（★★★）
- 插入 SmartArt 图形（★★★）
- 设置幻灯片切换方式（★★）
- 插入形状（★★）

11.2.1　为演示文稿设置主题

本例需要先新建一个演示文稿，再为新建的演示文稿设置主题，使其更符合市场调查报告风格，其具体操作如下：

STEP 01 ▶ 选择主题

新建演示文稿，选择【设计】/【主题】组，单击"主题"下拉列表右边的"其他"按钮，在弹出的下拉列表中选择"聚合"选项。

STEP 02 ▶ 设置主题字体

选择【设计】/【主题】组，单击"字体"按钮，在弹出的下拉列表中选择"奥斯汀"选项。

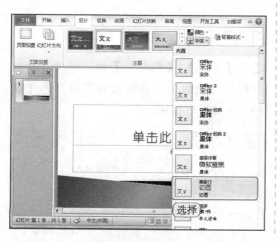

STEP 03 ▶ 设置主题颜色

选择【设计】/【主题】组，单击"颜色"按钮，在弹出的下拉列表中选择"纸张"选项。

STEP 04 ▶ 进入幻灯片母版编辑模式

选择【视图】/【母版视图】组，单击"幻灯片母版"按钮，进入幻灯片母版编辑模式。

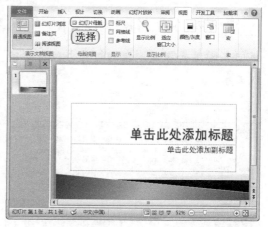

为什么这么做？

进入幻灯片母版编辑模式是为了在幻灯片左上方添加一个 LOGO 标志，这样制作出的 PPT 会显得比较专业，且更有针对性。

STEP 05 插入图片

选择"幻灯片"窗格中的第1张幻灯片。

选择【插入】/【图像】组，单击"图片"按钮。在打开的对话框中选择并插入"易科电子.png"图片。

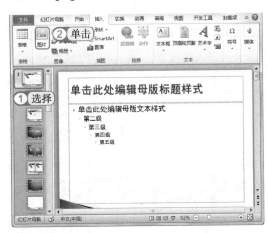

STEP 06 退出幻灯片母版编辑模式

将刚插入的图片移动到幻灯片右上角。

选择【幻灯片母版】/【关闭】组，单击"关闭母版视图"按钮退出幻灯片母版编辑模式。

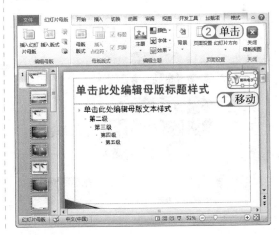

11.2.2　编辑市场调查演示文稿

在为市场调查演示文稿设置主题并添加标志后，就可以开始编辑市场调查演示文稿了，其具体操作如下：

STEP 01 在占位符中输入文本

返回正常编辑模式，在幻灯片占位符中输入文本。

STEP 02 新建幻灯片

选择【开始】/【幻灯片】组，单击"新建幻灯片"按钮，在弹出的下拉列表中选择"仅标题"选项。

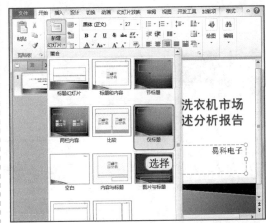

STEP 03 在占位符中输入文本

在第 2 张幻灯片的占位符中输入"目录"文本。

选择【开始】/【字体】组，设置字号为"28"。

STEP 04 绘制文本框

选择【插入】/【文本】组，单击"文本框"按钮，在弹出的下拉列表中选择"横排文本框"选项。

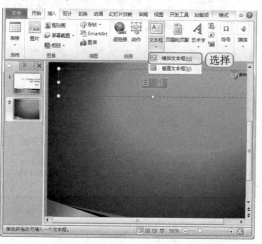

STEP 05 输入文本

在占位符下方绘制一个文本框，打开"市场调查报告 .txt"文档，参考该文档输入对应文本。

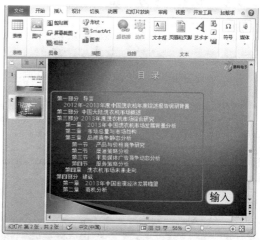

STEP 06 新建幻灯片

选择【开始】/【幻灯片】组，单击"新建幻灯片"按钮，在弹出的下拉列表中选择"节标题"选项。

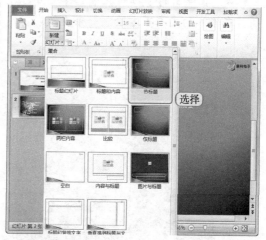

 关键提示——节标题制作技巧

为制作出幻灯片的特色，一般都会添加一些图片或线条来装饰节标题。

STEP 07 在占位符中输入文本

删除上方第1个占位符，在下方的占位符中输入"第一部分 导言"文本。

选择输入的文本，再选择【开始】/【字体】组，设置字号为"36"。

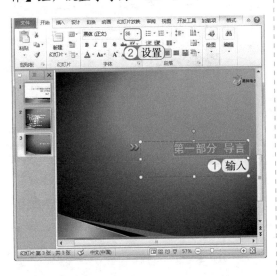

STEP 08 绘制直线

选择【插入】/【插图】组，单击"形状"按钮，在弹出的下拉列表中选择"\"选项。在输入的文本下方绘制一条直线。

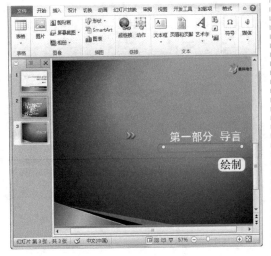

STEP 09 设置直线的粗细

选择【格式】/【形状样式】组，单击"形状轮廓"按钮旁的下拉按钮，在弹出的下拉列表中选择【粗细】/【4.5磅】选项，加粗显示直线。

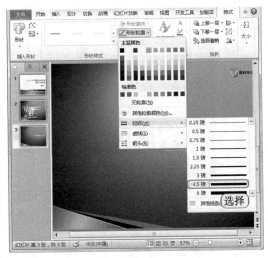

STEP 10 输入文本

新建幻灯片，在占位符中输入文本。

在"幻灯片"窗格中选择第4张幻灯片，按"Enter"键新建幻灯片。

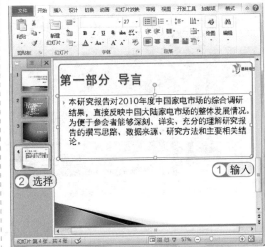

STEP 11 ▶ 插入 SmartArt 图形

在新建的幻灯片的占位符中输入文本。

选择【插入】/【插图】组，单击 SmartArt 按钮 。

STEP 12 ▶ 选择 SmartArt 图形

打开"选择 SmartArt 图形"对话框，选择"步骤上移流程"选项。

单击 确定 按钮。

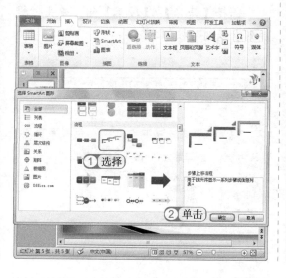

STEP 13 ▶ 在 SmartArt 图形中输入文本

在出现的 SmartArt 图形框左边单击 按钮。打开"在此处键入文字"窗格，在其中输入文本。

单击 按钮关闭窗格。

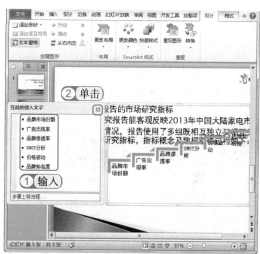

STEP 14 ▶ 设置 SmartArt 图形

将 SmartArt 图形移动到幻灯片下方。选择【设计】/【SmartArt 样式】组，单击"更改颜色"按钮 ，在弹出的下拉列表中选择"彩色范围 - 强调文字颜色 3 至 4"选项。

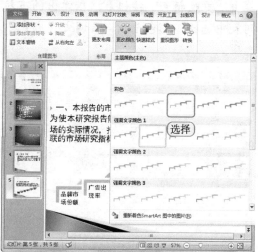

STEP 15 编辑文本

新建幻灯片，使用相同的方法在SmartArt图形中输入文字。在"在此处键入文字"窗格选中输入的第三部分的文本。

选择【设计】/【创建图形】组，单击"降级"按钮 ⇒。将第三部分的文本移动出形状，使图形中的文字自然变大。

STEP 16 编辑文本

在"在此处键入文本"窗格中单击 ⊠ 按钮。

选择【设计】/【SmartArt样式】组。单击"更改颜色"按钮，在弹出的下拉列表中选择"彩色范围-强调文字颜色"选项。

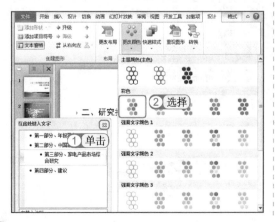

STEP 17 编辑第二部分节标题

新建幻灯片，使用前面的方法制作第二部分的节标题。

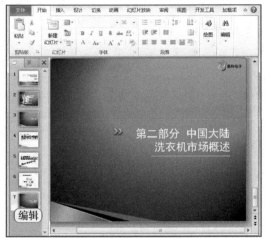

STEP 18 编辑第8张幻灯片

新建幻灯片，参考文档"市场调查报告.txt"在第8张幻灯片中输入内容。选中"品牌结构"文本下的3行文本。

选择【开始】/【段落】组，单击"提高列表级别"按钮。

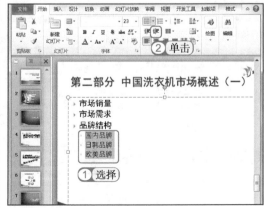

STEP 19 ▶ 编辑第 9~11 张幻灯片

新建幻灯片，根据"市场调查报告.txt"文档，在第 9~11 张幻灯片中输入内容，并将第 10 张幻灯片制作为节标题。

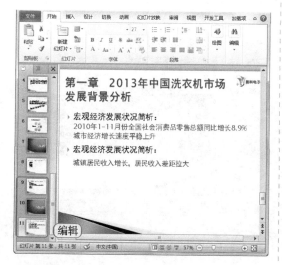

STEP 21 ▶ 插入图片

在幻灯片空白处单击。将鼠标光标从占位符中取消。选择【插入】/【图像】组，单击"图片"按钮 。

打开"插入图片"对话框，选择"海尔 1.png"图像。

单击 插入(S) 按钮。

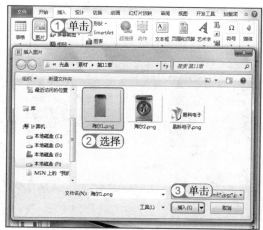

STEP 20 ▶ 制作第 12 张幻灯片

新建幻灯片，在占位符中输入文字。

选择下面占位符中的文字，设置字号为"24"。选中"海尔"文本，设置字体颜色为"红色"。

STEP 22 ▶ 插入图片

使用相同的方法插入"海尔 2.png"图像，并调整其大小。

选择【插入】/【插图】组，单击"形状"按钮 ，在弹出的下拉列表中选择 选项。

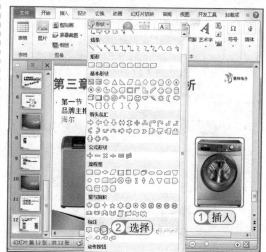

STEP 23 ▶ 输入文字

拖动鼠标在幻灯片中绘制一个形状。在绘制的形状处右击，在弹出的快捷菜单中选择"编辑文字"命令。

STEP 24 ▶ 翻转形状

在形状中输入文本。

使用相同的方法绘制一个相同的形状，选择【格式】/【排列】组，单击"旋转"按钮，在弹出的下拉列表中选择"水平翻转"选项。

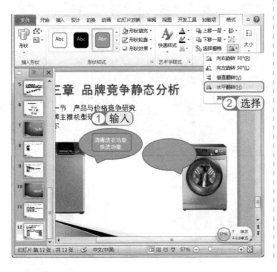

STEP 25 ▶ 新建第 13 张幻灯片

在刚绘制的形状中输入文本。

在"幻灯片"窗格中选择第 12 张幻灯片，按"Enter"键新建幻灯片。

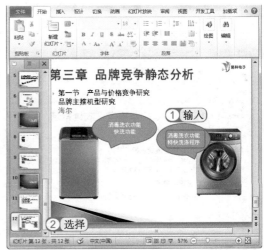

STEP 26 ▶ 编辑第 13~15 张幻灯片

使用相同的方法编辑第 13~15 张幻灯片。

选择【开始】/【幻灯片】组，单击"新建幻灯片"按钮，在弹出的下拉列表中选择"仅标题"选项。

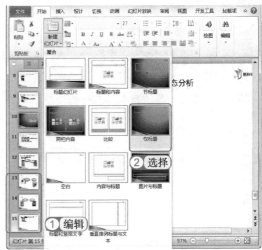

STEP 27 ▶ 插入图表

在占位符中输入标题文本。

选择【插入】/【插图】组，单击"图表"按钮 ⅲ。

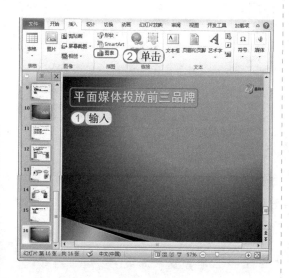

STEP 28 ▶ 选择图表类型

打开"插入图表"对话框，在其中选择"柱形图"栏下的第一个选项。

单击 确定 按钮。

STEP 29 ▶ 编辑图表数据

在自动打开的 Excel 工作表中输入数据。

单击 Excel 界面左上角的 ✕ 按钮，退出编辑图表数据状态。

STEP 30 ▶ 制作第 17~20 张幻灯片

使用相同的方法制作第 17~20 张幻灯片。

选择【开始】/【幻灯片】组，单击"新建幻灯片"按钮 📄，在弹出的下拉列表中选择"标题幻灯片"选项。

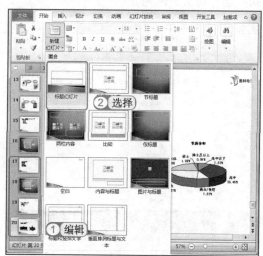

STEP 31 制作结束页

在新建幻灯片的占位符中输入文本，制作
结束页。

11.2.3 为演示文稿添加切换效果

在制作完幻灯片的正文后，为丰富幻灯片效果，还需要为幻灯片添加切换效果，其具体
操作如下：

STEP 01 设置标题页切换动画方式

在"幻灯片"窗格中选择第1张幻灯片。

选择【切换】/【切换到此幻灯片】组，
单击"切换方案"按钮，在弹出的下拉
列表中选择"推进"选项。

选择【切换】/【计时】组，在"持续时间"
文本框中输入"01.50"，为切换动画设置
切换动作所需的时间。

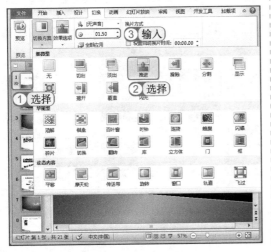

STEP 02 设置普通页切换动画方式

按住"Ctrl"键的同时，在"幻灯片"窗格
中单击选择除标题页和节标题页以外的所
有幻灯片。选择【切换】/【切换到此幻灯片】
组，单击"切换方案"按钮，在弹出的
下拉列表中选择"涡流"选项。

STEP 03 ▶ 设置节标题页切换动画方式

按住"Ctrl"键的同时，在"幻灯片"窗格
中单击选择节标题页幻灯片。选择【切换】
/【切换到此幻灯片】组，单击"切换方案"
按钮，在弹出的下拉列表中选择"蜂巢"
选项。

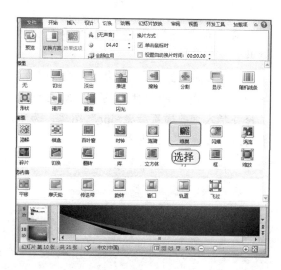

 为什么这么做?

为幻灯片设置不同的切换效果可以吸引
观赏者的注意。但在制作会议幻灯片时，用
户不需要为每张幻灯片都设置切换效果，这
样可以使幻灯片更有条理和次序。

11.2.4　关键知识点解析

在制作本例所需要的关键知识点中，"插入形状"相关知识已经在第 11 章的 11.1.4 节中
进行了详细介绍，这里不再赘述。下面主要对没有介绍的关键知识点进行讲解。

1. 使用母版编辑演示文稿

使用 PowerPoint 内置的主题，用户可以快速编辑幻灯片。此外，用户还可以通过制作母版，
并将制作的母版应用到演示文稿中，来达到快速编辑幻灯片的目的。使用母版和使用主题一
样方便，只是母版需要用户自行制作，但其创意性和灵活性比主题高很多，现在的很多幻灯
片都是通过母版制作的。

下面将新建一个演示文稿，并进入母版编辑普通页背景以及标题页背景，其具体操作如下：

资源包\素材\第 11 章\标题页 .jpg、普通页背景 .jpg
资源包\效果\第 11 章\商业办公 PPT.pptx

STEP 01 ▶ 进入母版编辑模式

新建幻灯片，选择【视图】/【母版视图】组，
单击"幻灯片母版"按钮。

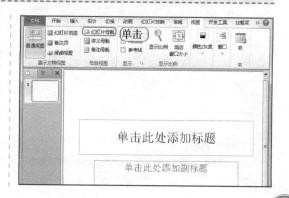

STEP 02 ▶ 为母版插入图片

在"幻灯片"窗格中选择第 1 张幻灯片。

选择【插入】/【图像】组，单击"图片"按钮，在打开的"插入图片"对话框中选择并插入"普通页背景.jpg"图像，为所有幻灯片设置统一的背景。

STEP 03 ▶ 绘制图形

在幻灯片底部绘制一个矩形。

选择【格式】/【形状样式】组，设置"形状轮廓、形状填充"为"无轮廓、水绿色，强调文字颜色 5，深色 25%"。

STEP 04 ▶ 为标题页设置背景

在"幻灯片"窗格中选择第 2 张幻灯片。

选择【插入】/【图像】组，为该幻灯片插入"标题页背景.jpg"图像。在插入的图像上右击，在弹出的快捷菜单中选择【置于底层】/【置于底层】命令。

STEP 05 ▶ 设置标题页文本格式

选择上面一个占位符中的文本，设置"字体、对齐方式"为"方正粗圆简体、文本右对齐"。

选择下面一个占位符中的文本，设置"字体、对齐方式"为"方正兰亭粗黑_GBK 文本右对齐"。

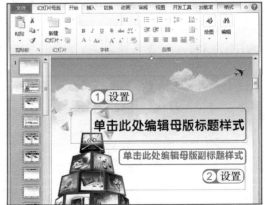

STEP 06 退出母版编辑模式

选择【幻灯片母版】/【关闭】组，单击"关闭母版视图"按钮 退出母版编辑模式，完成本例的制作。

为什么这么做？

在母版编辑模式中编辑"幻灯片"窗格中的第 1 张幻灯片可将设置的格式应用于所有幻灯片。单独设置除第 1 张幻灯片以外的某张幻灯片样式，应用该幻灯片版式的幻灯片都将使用设置后的样式效果。

2. 插入 SmartArt 图形

为了表达数据的关系，在 PowerPoint 中也会经常使用 SmartArt 图形，与在 Word 中使用 SmartArt 图形的方法相同，都是选择【插入】/【插图】组，单击 SmartArt 按钮 ，在弹出的"选择 SmartArt 图形"对话框中选择要插入的 SmartArt 图形。在插入 SmartArt 图形后，在"设计"和"格式"选项卡中，可以设置 SmartArt 图形的外观以及样式。

3. 为幻灯片插入图表

在 PowerPoint 中添加图表可以很方便地展示数据，并且用户可以随意的对图表样式进行设置。根据不同的需要，在制作幻灯片时经常会使用柱形图、折线图以及饼图。在 PowerPoint 中有两种方法可以插入图表，分别介绍如下：

- 选择【插入】/【插图】组，单击"图表"按钮 ，在打开的"插入图表"对话框中选择插入的图表。
- 在幻灯片占位符中单击"图表"按钮 。

4. 设置幻灯片切换方式

在为幻灯片设置了切换方式后，用户除了对切换的声音以及持续时间等进行设置外，还可以对切换方式进行更细致地设置，如"淡出"切换效果可设置为平滑淡出或全黑淡出。其设置方法是：为幻灯片设置切换方案后，选择【切换】/【切换到此幻灯片】组，单击"效果选项"按钮 ，在弹出的下拉列表中选择需要的切换效果即可。

需要注意的是，部分切换方案没有效果选项。

11.3 高手过招

1. 幻灯片的页面设置

在制作幻灯片时，一般情况下并不需要对制作的幻灯片进行页面设置。但若制作需要竖排放映的幻灯片效果时，就需要对幻灯片进行页面设置。设置幻灯片页面的方法是：选择【设计】/【页面设置】组，单击"页面设置"按钮□，打开"页面设置"对话框，在其中可对幻灯片页面大小以及方向等进行设置。完成设置后，单击 确定 按钮即可。

2. 统一对幻灯片设置切换方案

若需对幻灯片设置统一的切换方案，并不需要对幻灯片逐张进行设置，用户可以通过以下两种方法统一设置。

- ⊃ 在"幻灯片"窗格中选择所有的幻灯片，再选择【切换】/【切换到此幻灯片】组，单击"切换方案"按钮▣，在弹出的下拉列表中选择需要的切换方案即可。
- ⊃ 为其中的一张幻灯片设置了切换方案后，选择【切换】/【计时】组，单击"全部应用"按钮▣即可。

3. 快速预览切换效果

在为单张幻灯片设置了切换方案后，为了提高制作速度，用户并不需要通过放映方式预览幻灯片的切换方案，而只需要以预览的方式预览幻灯片切换效果。其方法是：选择设置切换方案的幻灯片后，选择【切换】/【预览】组，单击"预览"按钮▣，即可在 PowerPoint 工作界面中预览切换方式。

本章将制作用于公司宣传、产品宣传方面的PPT，通过这两个实例的制作，让用户能对PowerPoint在图形编辑方面以及动画制作方面有更深的了解，并将其运用到实际工作生活中。

PowerPoint 2010

第12章
Chapter

PowerPoint 与市场宣传

12.1 制作公司宣传 PPT

本例将制作公司宣传 PPT，主要用于立体、形象地对公司历史、文化进行多媒体讲解。在制作这类 PPT 时，需要全方面地对公司历史、荣誉、团队、顾客和作品等进行介绍，突出公司的优势以及营运项目，其最终效果如下图所示。

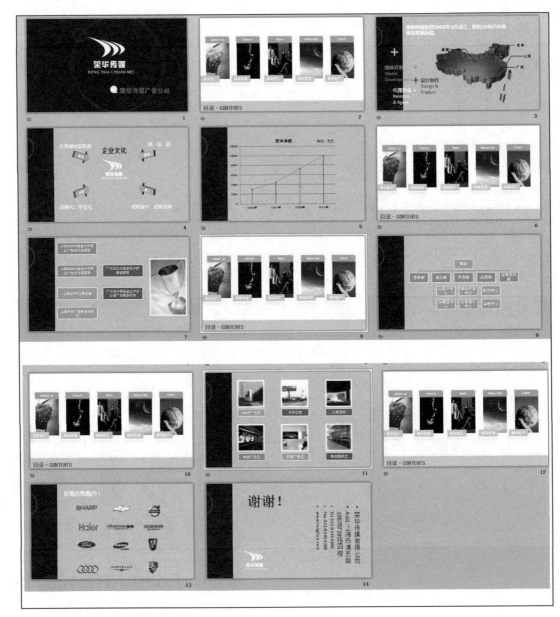

资源包\素材\第12章\公司宣传
资源包\效果\第12章\公司宣传.pptx
资源包\实例演示\第12章\制作公司宣传 PPT

◉ **案例背景** ◉

公司宣传 PPT 是公司形象宣传的一个重要环节，其重要性并不比公司宣传片低。公司宣传 PPT 一般在行业年会上放映，并将公司的实力资质展示给目标客户观看。由于其对外性，在制作时，并不需要太多信息，而是以更直观的图片和美观的图形进行展示。

在制作这类公司宣传 PPT 时，一般会先由行政部门收集、整理资料，再由具有一定美术功底的人员对 PPT 的版面排版方式以及细节进行优化。最后再将 PPT 交给公司负责人浏览查看。

在制作公司宣传 PPT 时，需要注意根据公司的 LOGO 以及公司的行业风格，决定制作背景以及用色方案。如制作饮食业可使用黄色为主体、媒体可以使用蓝色或黑色渐变等。在制作幻灯片文本颜色搭配时，则可根据背景颜色使用对比强烈或缓和的颜色。颜色对比强烈的配色可以使整个 PPT 看起来很灵活，而对比缓和的配色则会使整个 PPT 看起来稳重、平和。

◉ **关键知识点** ◉

要完成本例的制作，需要掌握几个关键知识点。这几个关键知识点的内容以及其知识的难易程度如下：

➲ 设置演示文稿页面（★★）   ➲ 设置幻灯片动画（★★★）

➲ 使用母版编辑演示文稿（★★★★）   ➲ 设置图表（★★★）

➲ 设置幻灯片切换方式（★★）   ➲ 为对象添加多个动画（★★★）

12.1.1 制作公司宣传 PPT 母版

在制作前需要确定 PPT 的整体风格，再根据风格选定配色方案和背景风格，其具体操作如下：

STEP 01 设置页面

新建演示文稿，选择【设置】/【页面设置】组，单击"页面设置"按钮▭。

打开"页面设置"对话框，设置"幻灯片大小、宽度、高度"为"自定义、33.86、19.05"。

单击 确定 按钮。

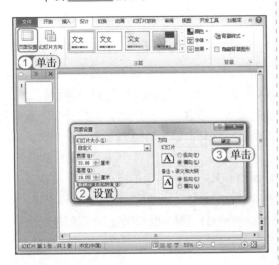

STEP 02 插入背景

进入母版编辑状态，在"幻灯片"窗格中选择第 1 张幻灯片。

将"普通页背景.jpg"图像插入幻灯片。

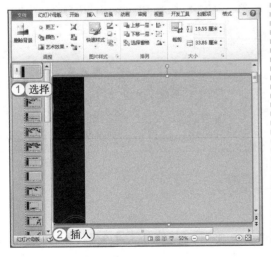

STEP 03 编辑标题页母版

在"幻灯片"窗格中选择第 2 张幻灯片。

在该张幻灯片中插入"标题页背景.jpg"图像。在插入的图片上右击，在弹出的快捷菜单中选择【置于底层】/【置于底层】命令。

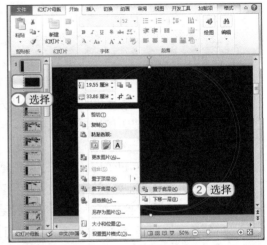

STEP 04 编辑标题页文本

删除上面的占位符。选中下面占位符中的文字，设置"字体、字号、字体颜色、对其方式"为"方正大黑简体、38、水绿色，强调文本颜色 5，深度 25%"。

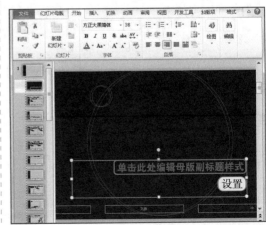

为什么这么做?

在本例中设置幻灯片页面后，在放映时将会以宽屏显示，可得到更好的视觉效果。

STEP 05 编辑节标题母版

在"幻灯片"窗格中选择第4张幻灯片。

在该张幻灯片中插入"节标题背景.jpg"图像，将其置于底层。

STEP 06 编辑节标题文本

删除上面的占位符。选中下面占位符中的文本，设置"字体、字号、颜色"为"黑体、32、水绿色，强调文本颜色5，深度25%"。退出幻灯片母版编辑模式。

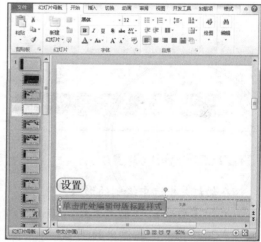

12.1.2 编辑公司简介正文

编辑好母版后，即可在普通视图中对公司简介的幻灯片进行编辑，其具体操作如下：

STEP 01 编辑标题页

在标题页中插入"荣华LOGO.png"图像。

在占位符中输入"荣华传媒广告公司"文本。

在刚刚输入的文本前绘制一个"流程图：顺序访问存储器"形状，并设置填充色为白色。

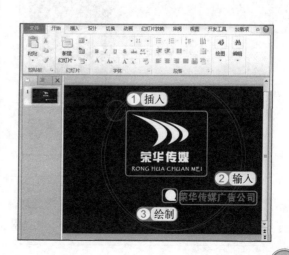

STEP 02 为标题页设置切换效果

选择【切换】/【切换到此幻灯片】组，单击"切换方案"按钮，在弹出的下拉列表中的"华丽型"中选择"切换"选项。

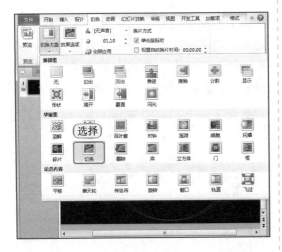

STEP 03 为形状设置动画

在幻灯片中选中绘制的形状。

选择【动画】/【动画】组，单击"动画样式"按钮★，在弹出的下拉列表中选择"翻转式由远及近"选项。

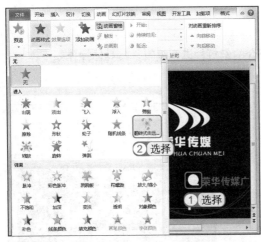

STEP 04 新建节标题

新建节标题幻灯片，在其占位符中输入文本。

在幻灯片中插入"关于我们（彩）.jpg"图像。

STEP 05 在幻灯片中绘制形状

在图像上方绘制一个"减去对角的矩形"形状，并在其中输入文本。

选择【格式】/【形状样式】组，设置"形状填充、形状效果"为"橄榄色，强调文字颜色3、橄榄色，11pt发光，强调文字颜色3"。

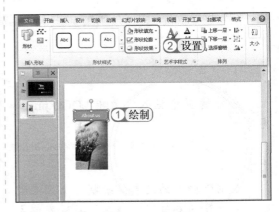

 为什么这么做？

对于新手来说，为幻灯片添加较复杂的动画以及切换方案时，最好一边制作幻灯片，一边设置动画和切换。以免后面统一设置时，因为效果不佳需要再次修改幻灯片中的内容和图像。

STEP 06 ▶ 继续设置形状

在图像下方绘制一个"矩形"形状，并在其中输入文本。

选择【格式】/【形状样式】组，设置"形状填充、形状效果"为"橄榄色，强调文字颜色3，淡色40%、半映像，8pt偏移量"。

STEP 07 ▶ 插入其他图片

使用相同的方法插入"荣华荣誉（黑白）.jpg、荣华团队（黑白）.jpg、荣华资源（黑白）.jpg、荣华客户（黑白）.jpg"图像，并为其绘制、编辑形状。

STEP 08 ▶ 编辑新幻灯片中的文本

新建一个空白幻灯片，在其中绘制一个文本框，再在其中输入文本。设置"字体、字号、字体颜色"为"微软雅黑、28、白色"。

使用相同的方法在幻灯片中绘制文本框，并在其中输入文本。分别将其颜色设置为"深红、浅蓝、橙色、白色"。

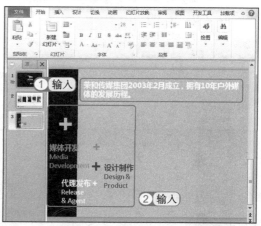

STEP 09 ▶ 插入地图图片

在幻灯片插入"地图.png"图片，放大后放置在幻灯片右边。

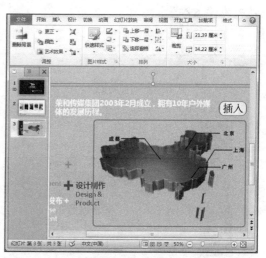

STEP 10 ▶ 为文本设置动画

选中幻灯片左边的所有文本，设置"进入"动画为"飞入"。

选择【动画】/【高级动画】组，单击"添加动画"按钮★，在弹出的下拉列表中的"退出"栏中选择"随机线条"选项，设置退出动画。

选择【动画】/【计时】组，设置"持续时间"为"03.00"。

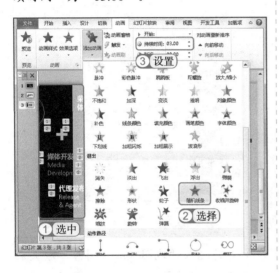

STEP 11 ▶ 为图片设置动画

选中幻灯片左边的所有文本，设置"进入"动画为"飞入"。

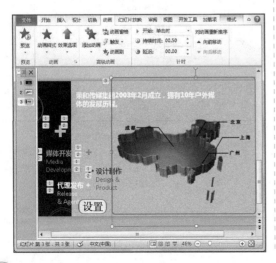

STEP 12 ▶ 为插入图片设置格式

新建空白幻灯片，绘制一个文本框。在其中输入文本，并设置"字体、字号"为"宋体、36"。

插入"荣华 LOGO.png"图像，在插入的图像上右击，在弹出的快捷菜单中选择"设置图片格式"命令。

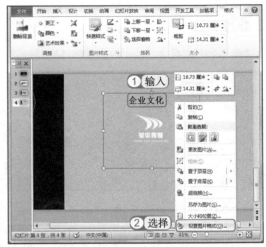

STEP 13 ▶ 设置阴影格式

打开"设置图片格式"对话框，选择"阴影"选项卡。设置"虚化、角度、距离"为"3磅、11°、10磅"。

单击 关闭 按钮。

STEP 14 ▶ 绘制形状

在幻灯片上绘制一个右箭头，为其设置"彩色填充-橙色，强调颜色 6"的形状样式。

在刚刚绘制的形状上右击，在弹出的快捷菜单中选择"设置形状格式"命令。

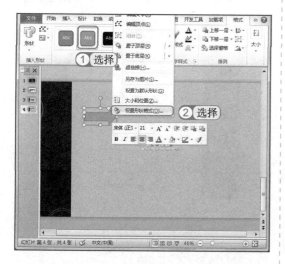

STEP 15 ▶ 设置三维旋转

打开"设置形状格式"对话框，选择"三维旋转"选项卡。

设置"X、Y、Z"为"322.7°、1.8°、341.9°"。

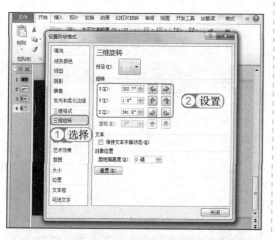

STEP 16 ▶ 设置三维格式

选择"三维格式"选项卡。

设置顶端的"宽度、高度"为"3 磅、10.5 磅"，底端的"宽度、高度"为"3 磅、5 磅"。

单击 关闭 按钮。

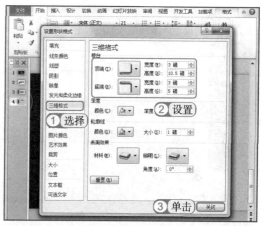

STEP 17 ▶ 输入文字

在绘制的形状中输入文本，使用相同的方法编辑制作其他形状。

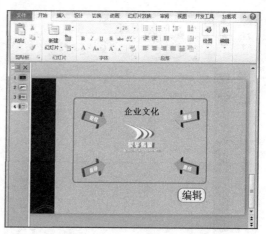

技巧秒杀——调整旋转效果的技巧

在调整形状的旋转效果时，最好单击"X、Y、Z"后的微调按钮，精确设置旋转角度。

STEP 18 ▶ 输入文字

在幻灯片中绘制多个文本框，再在文本框中分别输入如下图所示的文本。设置"字体、字号"为"微软雅黑、28"。

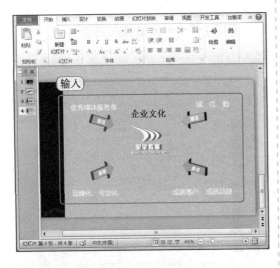

STEP 20 ▶ 为其他文本设置动画

使用相同的方法，分别设置左下角、右上角、右下角的文本和形状的"进入"动画。

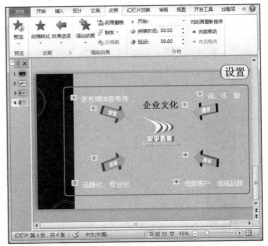

STEP 19 ▶ 为文字设置动画

　　选中左上角的文本和形状。再设置它们的进入动画为"飞入"。

　　选择【动画】/【动画】组，单击"效果选项"按钮➡，在弹出的下拉列表中选择"自左侧"选项。

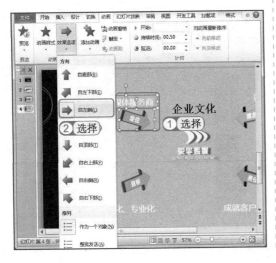

STEP 21 ▶ 插入图表

　　新建空白幻灯片，选择【插入】/【插图】组，单击"图表"按钮🔳。

　　打开"插入图表"对话框，在"折线图"中选择"带数据标记的折线图"选项。

　　单击 确定 按钮。

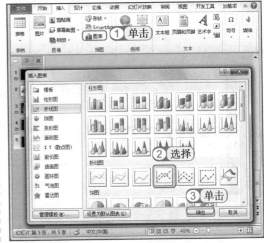

STEP 22 输入数据

在打开的 Excel 中输入图表展现的数据。

单击 ⊠ 按钮关闭 Excel。

STEP 23 设置图表样式

选择【设计】/【图表样式】组，单击"快速样式"按钮，在弹出的下拉列表中选择"样式15"选项。

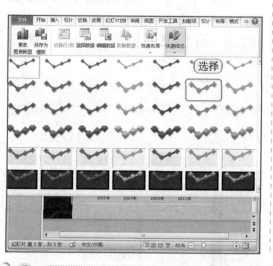

STEP 24 添加折线

选择【布局】/【分析】组，单击"折线"按钮，在弹出的下拉列表中选择"垂直线"选项。

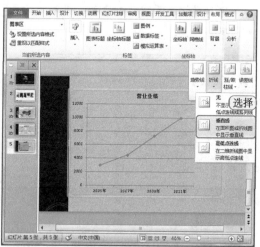

STEP 25 设置图表样式

在图表右上角绘制一个文本框，再在其中输入如下图所示的文本。

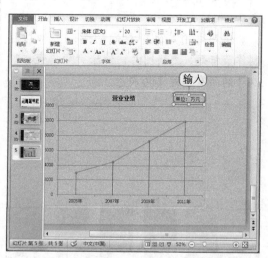

为什么这么做?

为图表添加折线可以使观赏者更好地对数据进行查看。若插入的图表较复杂，用户还可添加趋势线等分析功能。

STEP 26 ▶ 设置切换方式

选择【切换】/【切换到此幻灯片】组，单击"切换方案"按钮▣，在弹出的下拉列表中的"动态内容"栏中选择"平移"选项。

选择【切换】/【计时】组，设置"声音"为"风声"。

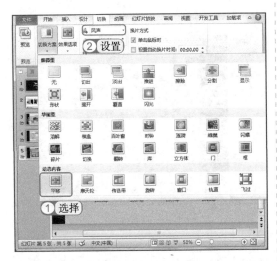

STEP 27 ▶ 设置节标题页

新建节标题幻灯片，在占位符中输入文本。

使用之前制作节标题的方法为幻灯片制作节标题。更换图片，使除"荣华荣誉"以外的所有图片都为灰色。

STEP 28 ▶ 编辑形状

新建空白幻灯片，在其中绘制一个矩形形状，并在其中输入文本。

选择【格式】/【形状样式】组，在"形状样式"下拉列表中选择"浅色1轮廓，彩色填充-水绿色，强调颜色5"选项。

STEP 29 ▶ 继续编辑形状

使用相同的方法继续绘制形状，并为其设置"浅色1轮廓，彩色填充-紫色，强调颜色4"和"浅色1轮廓，彩色填充-橙色，强调颜色6"样式。

STEP 30 设置图片效果

在幻灯片中插入"奖杯.jpg"图像。

选择【格式】/【图片样式】组,单击"快速样式"按钮,在弹出的下拉列表中选择"简单框架,白色"选项。

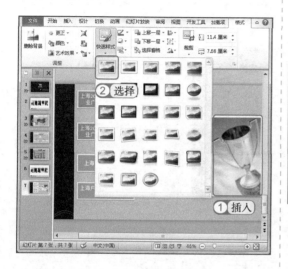

STEP 31 设置节标题页

新建节标题幻灯片,在占位符中输入文本。

使用之前制作节标题的方法为幻灯片制作节标题。使除"荣华团队"以外的所有图片都为灰色。

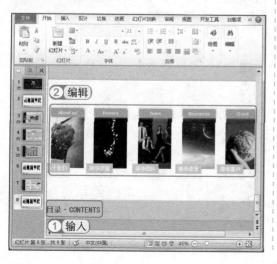

STEP 32 选择 SmartArt 图像

新建空白幻灯片,选择【插入】/【插图】组,单击 SmartArt 按钮。

打开"选择 SmartArt 图形"对话框,在其中选择层次结构中的"组织结构图"选项。

单击 确定 按钮。

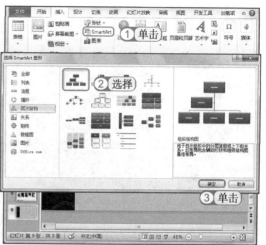

STEP 33 编辑 SmartArt 图像

单击按钮,打开"在此处键入文字"窗格。在该窗格中输入文本。

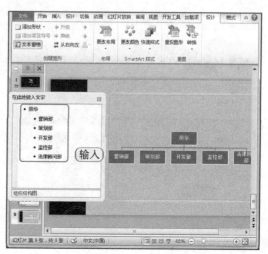

STEP 34 为项目设置子项目

选择"策划部"文本,按"Enter"键换行。接着输入"大客户中心"文本。

选择【格式】/【创建图形】组,单击"降级"按钮,将该项降为"策划部"的子项。

STEP 35 继续设置 SmartArt 形状

使用相同的方法继续编辑 SmartArt 图形。

单击按钮,关闭"在此处键入文字"窗格。

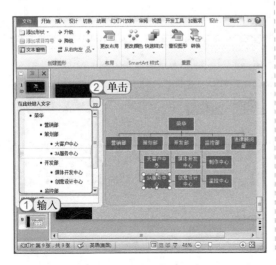

STEP 36 设置 SmartArt 形状颜色

选择【设计】/【SmartArt样式】组,单击"更改颜色"按钮,在弹出的下拉列表中选择"彩色范围,强调文字颜色4到5"选项。

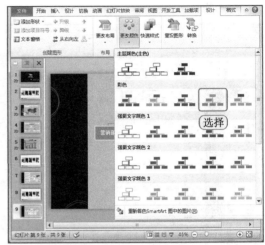

STEP 37 设置动画

选择【动画】/【动画】组,单击"动画样式"按钮,在弹出的下拉列表中的"进入"栏中选择"劈裂"选项。

选择【动画】/【计时】组,设置"持续时间"为"01.00"。

STEP 38 ▶ 编辑节标题幻灯片

新建节标题幻灯片，在占位符中输入文本。

使用之前制作节标题的方法为幻灯片制作节标题。更改图片，使除"荣华资源"以外的所有图片都为灰色。

STEP 39 ▶ 插入图片

新建空白幻灯片，在幻灯片中插入"LED 屏广告 .jpg"图像。

选择【格式】/【图片样式】组，单击"快速样式"按钮，在弹出的下拉列表中选择"简单框架，白色"选项。

STEP 40 ▶ 编辑形状

在图像上方绘制一个矩形形状，并在其中输入文本。

选择【格式】/【形状样式】组，在"形状样式"列表框中选择"浅色 1 轮廓，彩色填充 - 橄榄色，强调颜色 3"选项。

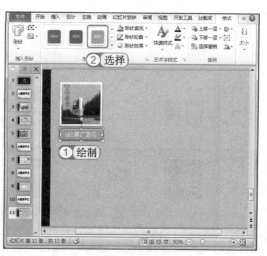

STEP 41 ▶ 编辑其他形状

使用相同的方法在图像中插入"地铁广告位 .jpg"、"公关活动 .jpg"、"户外立柱 .jpg"、"机场广告位 .jpg"和"静态展示位 .jpg"等图像，并在其下方绘制矩形形状，为矩形形状设置不同的颜色样式。

STEP 42 为幻灯片设置动画

选择第一张图片和第一个形状，将其"进入"动画设置为"飞入"。使用该方法同时选择余下几组图片和形状，为其设置进入动画。

STEP 43 编辑节标题幻灯片

新建节标题幻灯片，在占位符中输入文本。

使用之前制作节标题的方法为幻灯片制作节标题。更改图片，使除"荣华客户"以外的所有图片都为灰色。

STEP 44 插入图片

新建节空白幻灯片，在其上方绘制文本框，并输入文本。

选择输入的文本，设置"字体、字号"为"微软雅黑、32"，再单击"加粗"按钮 B。

插入"客户列表.png"图像。

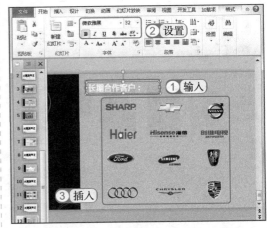

STEP 45 制作结尾幻灯片

新建标题和竖排文字幻灯片，在占位符中输入文本，并设置合适的字号。

在幻灯片左下角插入"荣华LOGO.png"图像。

在制作如资质、荣誉和资源等幻灯片页面时，若是公司、单位有相关证书、证明，可以将其制作成照片插入幻灯片中，这样比单一的图形更有说服力。

12.1.3　为节标题幻灯片设置切换和动画

制作完所有幻灯片后，为了使没有添加动画的节标题幻灯片看起来不枯燥，需要设置统一的动画和切换，其具体操作如下：

STEP 01 为节标题设置切换

按住"Ctrl"键的同时，在"幻灯片"窗格中选择所有的节标题幻灯片。

选择【切换】/【切换到此幻灯片】组，单击"切换方案"按钮，在弹出的下拉列表中的"动态内容"栏中选择"传送带"选项。

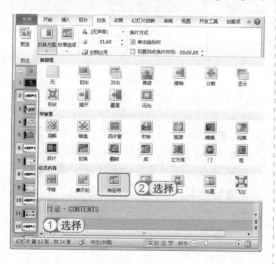

STEP 02 设置进入动画

在"幻灯片"窗格中选择第2张幻灯片。

选中幻灯片中的所有对象，为其设置"进入"动画为"浮出"。

选择【动画】/【计时】组，设置"持续时间"为"02.00"。

为什么这么做？

为了不影响前期制作幻灯片以及幻灯片的动画的节奏，用户最好在制作完幻灯片后，再对如节标题这样拥有统一动画格式的幻灯片进行统一制作。

技巧秒杀——快速浏览设置的动画

在为对象设置了动画后，用户可以马上查看该页幻灯片设置的动画效果。其方法是：选择【动画】/【预览】组，单击"预览"按钮。

STEP 03 为第一组对象添加动画

在幻灯片中选中左边第一组图片和形状。

选择【动画】/【高级动画】组，单击"添加动画"按钮✦，在弹出的下拉列表中的"强调"栏中选择"加深"选项。

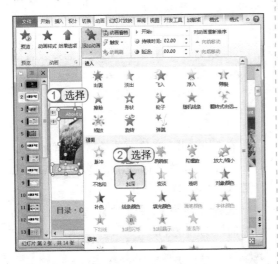

STEP 04 为其他对象设置动画

选中除第一组图和对象以外的图片和对象。选择【动画】/【高级动画】组，单击"添加动画"按钮✦，在弹出的下拉列表中的"退出"栏中选择"消失"选项，为其他对象设置"退出"动画为"消失"。

STEP 05 为其他节标题设置动画

依次选择其他节标题幻灯片。使用相同的方法对其他节标题幻灯片设置相同的动画效果。注意对有色照片组的设置。

关键提示——检查动画效果

在编辑好一张节标题幻灯片后，最好立刻使用"预览"按钮✦，检查动画效果是否正确，以避免最后还需重新再设置一次动画效果。

关键提示——声效的选择

在观赏类幻灯片中，都会设置切换幻灯片的声效。但由于本例制作的是一个比较正规的公司宣传PPT，可能会在招商会或投标会这种庄重的会议上使用，为避免轻浮，应该不使用声效或少使用声效。

12.1.4 关键知识点解析

制作本例所需要的关键知识点中，"设置演示文稿页面"、"使用母版编辑演示文稿"、"设置幻灯片切换方式"和"设置幻灯片动画"知识已经在前面的章节中进行了详细介绍，此处不再赘述，其具体的位置分别如下。

⊃ **设置演示文稿页面**：该知识的具体讲解位置在第 11 章的 11.3 节。

⊃ **使用母版编辑演示文稿**：该知识的具体讲解位置在第 11 章的 11.2.4 节。

⊃ **设置幻灯片切换方式**：该知识的具体讲解位置在第 11 章的 11.2.4 节。

⊃ **设置幻灯片动画**：该知识的具体讲解位置在第 2 章的 2.3.4 节。

1. 设置图表

在幻灯片中插入图表后，为了更好地查看数据，用户最好对图表进行编辑。选中插入的图表后，将会出现 3 个选项卡，其作用分别如下。

⊃ **"设计"选项卡**：在该选项卡中可以设置图表的外观，如设置图表样式、设置图表类型等。

⊃ **"布局"选项卡**：在该选项卡中可以设置图表的数据显示方式、坐标以及分析用的辅助功能等。

⊃ **"格式"选项卡**：在该选项卡中可对选择的图表格式设置填充以及轮廓色等。

2. 为对象添加多个动画

在 PowerPoint 中，用户可以对一个对象设置多个动画，对对象设置多个动画的方法可以使幻灯片的过渡动画效果更加自然。对对象添加多个动画的方法是：选择已经设置了动画的对象，在选择【动画】/【高级动画】组，单击"添加动画"按钮 ★，在弹出的下拉列表中即可选择要添加的动画。

需要注意的是：若选择已经设置了动画的对象，再单击"动画样式"按钮 ★，在弹出的下拉列表中选择其他动画样式后，并不是添加动画效果而是替换当前的动画效果。为对象添加动画后，对象旁边将会多出一个数字框用于表示该动画的播放顺序，这个播放顺序在制作复杂动画时很重要。

添加前 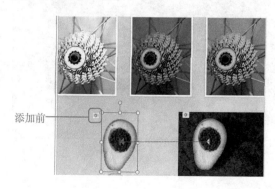 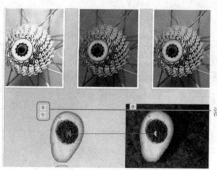 添加后

▍▍12.2 制作商品宣传 PPT

本例将制作一个影楼产品宣传 PPT，主要用于将影楼近期的活动、作品以及套餐等进行展示，用优美的画面和声音触动消费者，使其在观看 PPT 后对影楼有一个好印象，促成双方的合作，其最终效果如下图所示。

示例文件

资源包\素材\第 12 章\商品宣传
资源包\效果\第 12 章\产品宣传 PPT.pptx
资源包\实例演示\第 12 章\制作产品宣传 PPT

◎ 案例背景 ◎

　　产品宣传是各行各业进行产品宣传的重要环节，产品宣传 PPT 是根据产品宣传计划书进行制作的一份便于消费者查看、引导消费的文档，一般用于在促销现场、项目洽谈、会展活动、竞标、招商和产品发布会中。

　　一份好的产品宣传 PPT，需要有动画的自然的过渡以及重要信息、产品的展示。所以，在制作产品宣传 PPT 前的准备工作十分重要，在前期准备时，制作人员需要收集一些有特色、美观、便于识别，并且符合产品宣传计划书推广方向的照片。此外，在制作产品宣传 PPT 时，适当插入宣传语也十分重要。

　　常见的产品宣传一般有产品图片、作用、优点、做工、公司实力、宣传语、活动和优惠等构成。各行业不同，产品宣传 PPT 的内容稍有不同，需要根据实际情况进行制作。

　　本例制作的影楼产品宣传 PPT，用于在影楼各个室外宣传点播放。其观赏者主要是路过的一些群众，所以，幻灯片长度并不需要太长。本幻灯片将主要对影楼的外景团拍、节日活动、影楼作品和套餐折扣等进行展示，并配以悠扬柔和的音乐引起消费者注意。

◎ 关键知识点 ◎

　　要完成本例的制作，需要掌握几个关键知识点。这几个关键知识点的内容以及其知识的难易程度如下：

　⊃ 为对象设置动画（★★★★）　　　　　⊃ 组合对象（★★）
　⊃ 在图形中填充图片（★★★）　　　　　⊃ 为幻灯片添加背景音乐（★★★）

12.2.1　为产品宣传 PPT 制作母版

　　在制作产品宣传 PPT 前，需要先为产品宣传 PPT 制作母版，本例将制作一个比较简洁的母版，使背景不会比后期插入的照片显眼，其具体操作如下：

STEP 01 进入幻灯片母版视图

新建演示文档，选择【视图】/【母版视图】组，单击"幻灯片母版"按钮□进入幻灯片母版视图。

STEP 02 制作主背景

在"幻灯片"窗格中选择第1张幻灯片。

在幻灯片中插入"背景1.jpg"和"影楼LOGO.jpg"图像，并将影楼LOGO.jpg"图像移动到幻灯片左下角。

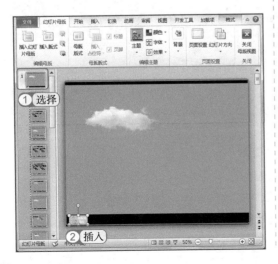

STEP 03 为标题页插入图片

在"幻灯片"窗格中选择第2张幻灯片。

在幻灯片中插入"背景3.jpg"图像。在插入的图片上右击，在弹出的快捷菜单中选择【置于底层】/【置于底层】命令。

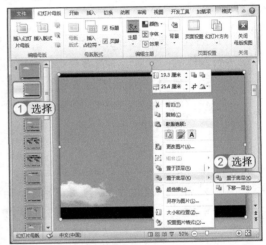

STEP 04 为标题页设置占位符

删除下方的占位符，将上方的占位符向下移动。

选中占位符中的文字，设置"字体、字号"为"微软雅黑、36"。

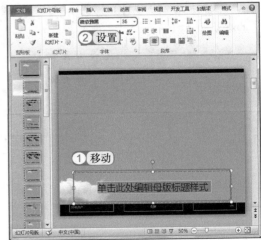

STEP 05 为普通页幻灯片设置格式

选择幻灯片中的所有占位符。

选择【开始】/【字体】组,设置字体为"微软雅黑"。

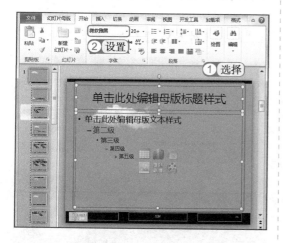

STEP 06 为最后一张幻灯片插入图片

在"幻灯片"窗格中选择最后的幻灯片。

在其中插入"背景2.jpg"图像,将其置于底层,再在幻灯片左下角插入"影楼LOGO.jpg"图片。

STEP 07 为最后一张幻灯片插入图片

选择幻灯片中的所有占位符。

选择【开始】/【字体】组,设置字体为"微软雅黑"。 退出幻灯片母版视图。

为什么这么做?

本例制作的影楼产品介绍PPT整体要求设计简洁。所以,在这里将母版中常使用到的几个版式中的文字设置为有时尚感、简洁的微软雅黑。

由于文字格式对本例幻灯片效果的影响较大,所以用户最好先到网上下载一些适合制作唯美效果的文字,以便在后面制作时使用。

需要注意的是,虽然字体影响幻灯片效果,但一个演示文稿中的字体不宜超过4种,过多的字体只会使演示文稿看起来混乱,没有层次感。

12.2.2 编辑产品宣传PPT

在编辑好产品宣传PPT后,即可开始编辑产品宣传PPT。在制作本例时将一边插入图片,一边插入动画。其具体操作如下:

STEP 01 ▶ 为图片设置颜色饱和度

在幻灯片中将副标题占位符删除，插入"为爱而生 .jpg"图像。

选择【格式】/【调整】组，单击"颜色"按钮，在弹出的下拉列表中选择"饱和度：33%"选项。

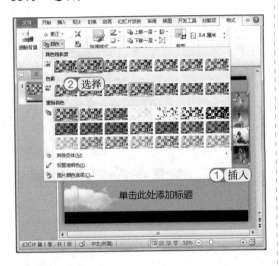

STEP 02 ▶ 复制图片

复制粘贴刚插入的图像，将复制的图像与之前的图像重叠。

选择【格式】/【调整】组，单击"重设图片"按钮。

STEP 03 ▶ 对齐对象

同时选择幻灯片中的两个图像。选择【开始】/【绘图】组，单击"排列"按钮，在弹出的下拉列表中选择【对齐】/【左右居中】命令。再单击"排列"按钮。在弹出的下拉列表中选择【对齐】/【左右居中】选项。

关键提示——完全对其多个对象

在使用【对齐】选项时，用户必须使用上下对齐和左右对齐，才能使对象完全对齐。

为什么这么做？

本张幻灯片将制作一个图片从彩色变为偏灰色的图像效果，复制的图片是为了制作变色前的效果。

此外，用户使用手工的方法对齐图像，往往不能使用对象完全对齐。为了使对象完全对齐，就必须使用"排列"功能排列对象。

STEP 04 ▶ 设置透明动画

　　选择【动画】/【动画】组，单击"动画样式"按钮★，在弹出的下拉列表中的"强调"栏中选择"透明"选项。

　　选择【动画】/【计时】组，设置"开始、延迟"为"上一动画之后、02.00"。

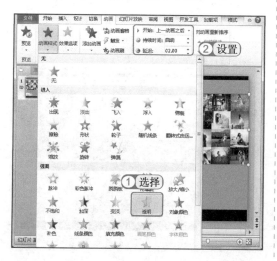

STEP 05 ▶ 输入文本

　　在占位符中输入"因爱而生·为爱感动"文本，设置文本颜色为"白色"，并加粗文本。

　　选择【格式】/【艺术字样式】组，单击"文字效果"按钮，在弹出的下拉列表中选择【发光】/【橄榄色，18pt 发光，强调文字颜色 3】选项。

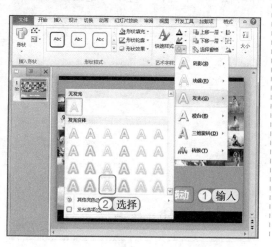

STEP 06 ▶ 将占位符置于顶层

　　将占位符移动到图片中间，在占位符上右击，在弹出的快捷菜单中选择【置于顶层】/【置于顶层】命令。

STEP 07 ▶ 为占位符设置出现动画

　　选择【动画】/【动画】组，单击"动画样式"按钮★，在弹出的下拉列表中的"进入"栏中选择"出现"选项。

　　选择【动画】/【计时】组，设置"开始、延迟"为"上一动画之后、00.25"。

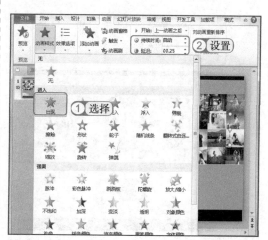

STEP 08 ▶ 添加动画

选择【动画】/【动画】组，单击"添加动画"按钮★，在弹出的下拉列表中的"强调"栏中选择"放大/缩小"选项。

选择【动画】/【计时】组，设置"开始"为"上一动画之后"。

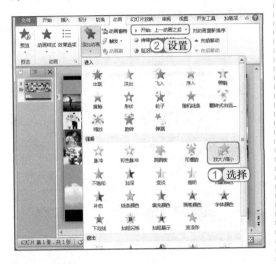

STEP 09 ▶ 绘制文本框

在幻灯片下绘制文本框，并在其中输入"鹦鹉螺·最摄影"文本。设置"字体、字体颜色"为"汉仪漫步体繁、白色"

STEP 10 ▶ 插入图像

新建空白幻灯片，选择新建的幻灯片。

在幻灯片中插入"向日葵.png"、"向日葵2.png"和"底纹3.png"图像，并缩放大小将其放置到如下图所示的位置。

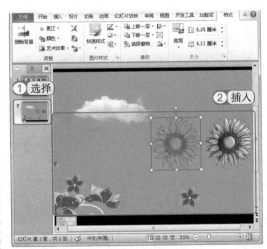

STEP 11 ▶ 选择动作路径动作

将只有边框的"向日葵2.png"图像重叠到"向日葵.png"图像上，选择"向日葵2.png"图片。

选择【动画】/【动画】组，单击"动画样式"按钮★，在弹出的下拉列表中的"动作路径"栏中选择"直线"选项。

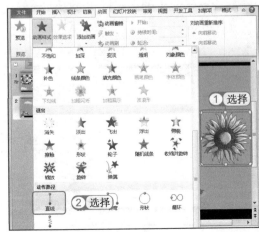

STEP 12 ▶ 编辑动作路径

拖动幻灯片中出现的红色箭头，将其移动到幻灯片左边。

选择【动画】/【计时】组，设置"开始"为"上一动画之后"。

STEP 13 ▶ 输入文本

在幻灯片中绘制一个文本框，在其中输入文本。

选择【开始】/【字体】组，设置"字体、字号"为"微软雅黑、24"，单击"加粗"按钮 **B**。

STEP 14 ▶ 设置退出动画

选中输入的文本，选择【动画】/【动画】组，单击"动画样式"按钮★，在弹出的下拉列表的"退出"栏中选择"淡出"选项。

选择【动画】/【计时】组，设置"开始、持续时间"为"与上一动画同时、02.00"。

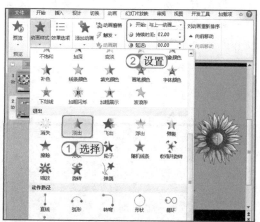

STEP 15 ▶ 输入文本并为其设置动画

使用相同的设置在之前输入的文本上方再绘制文本框并输入文本。

选中输入文本的文本框，设置"进入"动画为"出现"，并设置"开始"为"上一动画之后"。再为文本框添加一个"淡出"的退出动画，设置"开始、持续时间"为"与上一动画同时、01.50"。

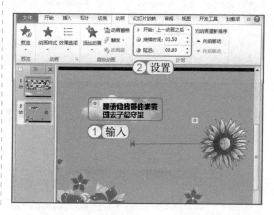

为什么这么做？

为文本设置淡入淡出效果是为了使文本框中的文本交替出现，从而产生字幕一样的效果。

STEP 16 ▶ 新建幻灯片

新建空白幻灯片。在幻灯片中插入"麦田 .jpg"图片，调整图片大小与位置。

为图片添加"淡出"进入动画，设置"开始、持续时间"为"上一动画之后、04.00"。

STEP 18 ▶ 为动画添加动作路径

选中刚插入的图片，为动画添加"直线"动作路径，再将红色的箭头移动到幻灯片左边。

设置"开始"为"上一动画之后"。

STEP 17 ▶ 插入图像

在幻灯片中插入"麦田文字 .png"图像，将其移动到幻灯片编辑区外。

STEP 19 ▶ 输入文本

在幻灯片右上方绘制一个文本框，并在其中输入文本。设置"字体、字号、文本颜色"为"汉仪漫步体繁、24、白色"。

STEP 20 设置文本格式

选择输入的文本。选择【格式】/【艺术字效果】组，单击"文字效果"按钮，在弹出的下拉列表中选择【发光】/【紫色，5pt发光，强调文字颜色4】选项。

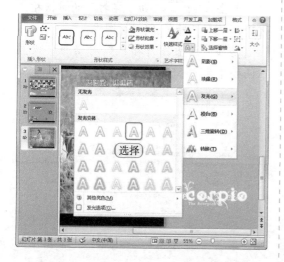

STEP 21 编辑圆形的入场动画

在幻灯片右上角绘制一个圆形，为其应用"青色1轮廓，彩色填充 - 橙色，强调文字颜色6"形状样式。

为形状设置"飞入"进入动画，设置效果选项为"自右上部"。设置"开始、持续时间"为"上一动画之后、01.00"。

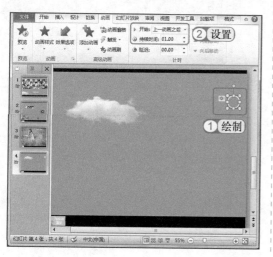

STEP 22 继续编辑圆形的入场动画

继续在幻灯片右侧绘制一个圆形，为其填充"水绿色，强调文字颜色5，深色25%"填充色。

为形状设置"放大 / 缩小"动画，设置"开始、持续时间"为"上一动画之后、02.00"。

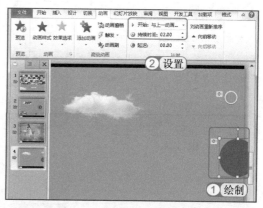

STEP 23 为圆形添加强调动画

为圆形添加一个"透明"强调动画。

设置"开始、持续时间"为"上一动画之后、01.00"。

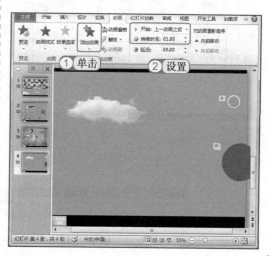

STEP 24 设置圆形透明度

在幻灯片中间绘制一个圆形，为其填充紫色。在绘制的圆形上右击，在弹出的快捷菜单中选择"设置形状格式"命令。

打开"设置形状格式"对话框，在其中设置"透明度"为"40%"。

单击 关闭 按钮。

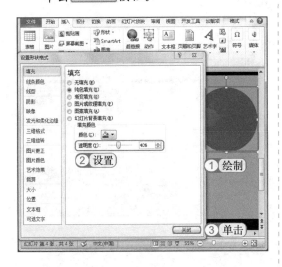

STEP 25 设置圆形的进入动画

选中刚才绘制的圆形，为其设置"飞入"进入动画，设置"效果选项"为"自左侧"。

设置"开始、持续时间"如下图所示。

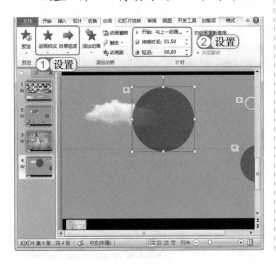

STEP 26 在形状中填充图像

在幻灯片左下角绘制较大的圆形。在绘制的圆形上右击，在弹出的快捷菜单中选择"设置图片格式"命令，打开"设置图片格式"对话框，选中 图片或纹理填充(P) 单选按钮。

单击 文件(F)... 按钮，在打开的对话框中选择并插入"外景 1.jpg"图像。

返回"设置图片格式"对话框，设置左偏移量为"-56%"。

STEP 27 设置线条颜色

选择"线条颜色"选项卡。

选中 实线(S) 单选按钮。设置颜色为"浅绿"，透明度为"42%"。

STEP 28 ▶ 设置线型

选择"线型"选项卡。
设置宽度为"8 磅"。
单击 关闭 按钮。

STEP 29 ▶ 为圆形设置进入动画

选择插入图片的圆形,为其设置"翻转式由远至近"进入动画。

设置"开始、持续时间"为"与上一动画同时、02.00"。

STEP 30 ▶ 为另一个圆形设置进入动画

使用相同的方法插入并编辑"外景2.jpg"图像。

为其设置"浮出"入场动画,设置"效果选项"为"下浮"。

设置"开始、持续时间"为"上一动画之后、01.50"。

STEP 31 ▶ 为图片和文字设置进入动画

绘制一个矩形框,在其中输入文本。将其字体格式设置为"汉仪太极体简,36,白色",再插入"底纹2.png"图片。

为其设置"淡入"进入动画。设置"开始、持续时间"为"上一动画之后、01.00"。

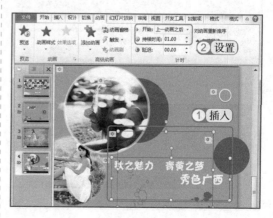

STEP 32 ▶ 新建幻灯片

新建空白幻灯片。绘制一个矩形并在其中输入文本，旋转对象。

选择【格式】/【形状样式】组，在"形状样式"列表框中选择"强烈效果 - 橙色，强调颜色6"选项。

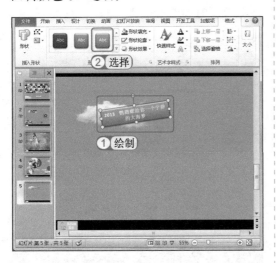

STEP 33 ▶ 继续添加形状

使用相同的方法再添加两个不同颜色的形状，并输入文本。最后在形状上端绘制6条直线，将形状置于页面顶端。

STEP 34 ▶ 组合对象

选中所有的对象，右击，在弹出的快捷菜单中选择【组合】/【组合】命令。

STEP 35 ▶ 为对象设置动作

为组合的对象设置"浮入"入场动画，设置"效果选项"为"下浮"。

设置"开始、持续时间"为"上一动画之后、01.00"。

STEP 36 为图像添加动画

在幻灯片中插入"鲜花 1.png"～"鲜花 6.png"图像，并缩放其大小，将其放置在幻灯片上。选中左边上角的第一朵花，为其设置"出现"进入动画。

设置"开始、持续时间"为"上一动画之后、00.25"。

STEP 37 为动画设置计时效果

选择【动画】/【高级动画】组，单击"动画窗格"按钮 。

单击"动画 14"选项后的下拉按钮 ，在弹出的下拉列表中选择"计时"选项。

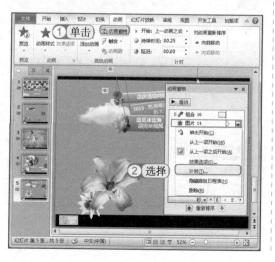

STEP 38 为动画设置声音

在打开的对话框中选择"效果"选项卡。设置"声音"为"单击"。

单击 确定 按钮。

STEP 39 为其他图像设置动画效果

为本张幻灯片自上而下地设置动画效果。

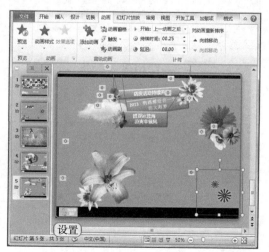

STEP 40 为动画设置计时效果

在幻灯片中插入"海滩1.png"~"海滩3.png"图像,并选择插入的图片。

为其设置"浮出"出场动画,设置"效果选项"为"向上",再设置"开始、持续时间"为"上一动画之后,01.00"。

STEP 41 为图像设置快速样式

在幻灯片中插入"海滩4.jpg"图像。

选择【格式】/【图片样式】组,单击"快速样式"按钮 ,在弹出的下拉列表中选择"松散透视,白色"选项。

STEP 42 为图像设置动画效果

选择图片,为其设置"淡出"入场动画。

设置"开始、持续时间"为"上一动画之后、01.00"。

STEP 43 设置其他动画效果

插入"海滩5.jpg"图像,将其应用为"简单框架,白色"图片样式。

在幻灯片右下角绘制文本框,并输入文本,并设置与"海滩4.jpg"图像相同的动画效果。

STEP 44 新建幻灯片

新建幻灯片，在其中插入"七夕.png"图像。为其设置"淡出"进入效果，设置"开始、持续时间"为"上一动画之后、01.75"。

为该图片添加"劈裂"退出动画。设置"开始、持续时间"为"上一动画之后、01.50"。

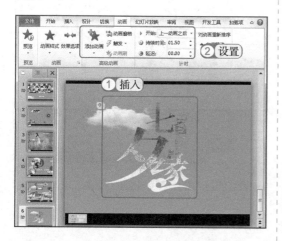

STEP 45 插入图像并设置动画

插入"七夕 1.jpg"图像，为其设置"劈裂"进入动画。

设置"开始、持续时间"为"上一动画之后、02.00"。

STEP 46 为形状设置颜色

在幻灯片左边绘制一个正圆，为其填充黄色。在正圆上右击，在弹出的快捷菜单中选择"设置形状格式"命令。

打开"设置形状格式"对话框，设置"透明度"为"70%"。

单击 关闭 按钮。

STEP 47 为形状设置动画

选中绘制的形状，为其设置"形状"路径动画。设置"开始、持续时间"为"上一动画之后、07.00"。

使用鼠标拖动出现的动画路径，将其放大。

STEP 48 继续绘制形状

使用相同的方法绘制一个绿色的透明圆形，将其放置在幻灯片右下角，并为其设置相同的形状路径动画。设置"开始"为"与上一动画同时"。制作色块滑动的效果。

STEP 49 编辑文本

在幻灯片左下角绘制一个文本框，在其中输入文本，并设置格式。为其设置"橄榄绿，5pt 发光，强调文字颜色 3"发光文字效果。

绘制一个文本框，在其中输入文本，并设置格式。为其设置"橙色，5pt 发光，强调文字颜色 6"发光文字效果。

STEP 50 为文本设置动画

选择刚输入的两个文本框，为其设置"擦除"进入动画。

设置"开始、持续时间"为"上一动画之后、01.50"。

STEP 51 设置切换方式

选择第 1 张幻灯片。

选择【切换】/【计时】组，选中 ☑ 设置自动换片时间复选框。在其后方的文本框中输入"00:05.00"。

单击"全部应用"按钮 。

12.2.3　为产品幻灯片添加背景音乐

制作完幻灯片正文后，为了吸引消费者的注意力，还需要为幻灯片添加背景音乐。选择的音乐应该与幻灯片主题相对应，下面将为产品幻灯片添加背景音乐，其具体操作如下：

STEP 01▶ 为幻灯片插入音乐

选择【插入】/【媒体】组，单击"音频"按钮，在弹出的下拉列表中选择"文件中的音频"选项。在打开的对话框中选择并插入"背景音乐.mp3"声音。

STEP 02▶ 设置音乐

选择插入的播放器。

选择【播放】/【音频选项】组，设置"开始"为"跨幻灯片播放"。选中 ☑放映时隐藏 和 ☑循环播放，直到停止 复选框，完成本例的制作。

12.2.4　关键知识点解析

在制作本例所需的关键知识点中，"为对象设置动画"知识已经在第 2 章的 2.3.4 节中进行了详细介绍，这里不再赘述。下面主要对没有介绍的关键知识点进行讲解。

1. 在图形中填充图片

在美化幻灯片时，有时不但需要在图形中添加图片，还需要在图像中添加纹理等修饰图片。其设置方法和填充图片接近：绘制图形后，在绘制的图形上右击，在弹出的快捷菜单中选择"设置图片格式"命令。在打开的"设置图片格式"对话框中选择"填充"选项卡，选中 ◉ 图片或纹理填充(P) 单选按钮，再在"纹理"下拉列表中选择需要的纹理选项，最后单击 关闭 按钮即可。

2. 组合对象

当幻灯片中的对象较多时，为了编辑方便，需要对这些对象进行组合，组合对象的好处在于更便于统一操作组合后的对象，如移动、应用样式等。在 PowerPoint 中主要有两种组合对象的方法，其操作方法分别介绍如下。

- 通过快捷菜单：选择需要组合的对象，右击，在弹出的快捷菜单中选择【组合】/【组合】命令。
- 通过选项卡：选择需要组合的对象。选择【开始】/【绘图】组，单击"排列"按钮 ，在弹出的下拉列表中选择"组合"选项。

若要取消组合，只需在组合后的对象上右击，在弹出的快捷菜单中选择【组合】【取消组合】命令。

3. 为幻灯片添加背景音乐

在制作欣赏类的演示文稿时，经常需要对演示文稿添加背景音乐。在为幻灯片添加音乐后将会激活"格式"和"播放"选项卡，其作用分别介绍如下。

- "格式"选项卡：可用于设置播放器的外观，如颜色、艺术效果和图片样式等。
- "播放"选项卡：可用于设置和切入幻灯片播放相关的事宜，如播放声音、淡出效果、淡入效果、循环和播放时隐藏等。

12.3 高手过招

1. 动画刷的使用

为了更快速地设置制作动画效果，用户在设置大量相同的动画时，可以使用动画刷设置动画效果。其使用方法和 Word 中的格式刷相同，只需选择设置好的动画对象，再选择【动画】/【高级动画】组，单击"动画刷"按钮 ，再单击需要设置动画效果的对象即可。若想一次设置多个对象的动画，可双击"动画刷"按钮 。

2. 插入背景音乐的注意事项

在为幻灯片插入背景音乐后，为了在播放时能正常播放音乐，最好将背景音乐和演示文档文件放在一个文件夹下。此外，PowerPoint 只支持 WAV、MP3、AIFF 和 MIDI 格式的声音文件。

3. 为幻灯片添加视频

在一些商业使用的幻灯片中，为了更直接说明情况，可以为幻灯片插入视频，其方法是：选择【插入】/【媒体】组，单击"视频"按钮 ，在弹出的下拉列表中选择"文件中的视频"选项，在打开的对话框中选择需要添加的视频即可。

本章将制作企业职业培训 PPT 以及课堂课件
PPT，通过这两个实例的制作，让用户能对使用
PowerPoint 制作培训类演示文稿相关的知识掌握得
更熟练，并将其运用到实际的工作生活中。

C第13章
hapter

PowerPoint 与培训

‖13.1 制作职业培训 PPT

本例制作的职业培训 **PPT**，针对企业内部的员工职业培训。通过该演示文稿可以方便演讲者对培训对象进行专业培训，主要用于科学和系统化地安排培训课程情况，其最终效果如下图所示。

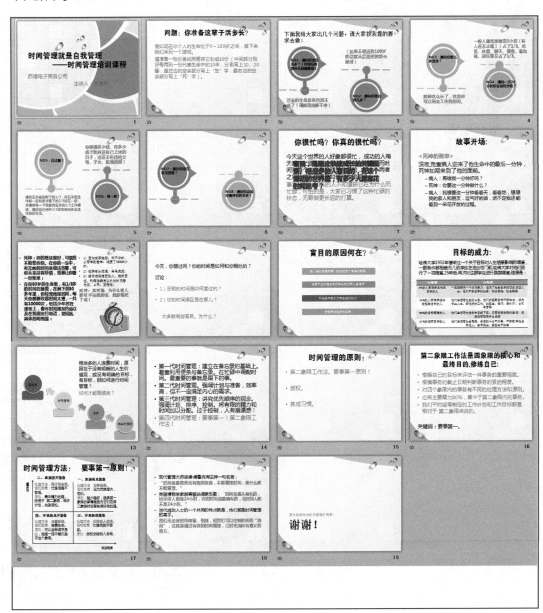

资源包 \ 素材 \ 第 13 章 \ 职业培训
资源包 \ 效果 \ 第 13 章 \ 职业培训 PPT.pptx
资源包 \ 实例演示 \ 第 13 章 \ 制作职业培训 PPT

◎ 案例背景 ◎

　　职业培训对于每个公司、企业来说都有好处，通过职业培训可以使员工对自己的岗位以及职业有更加深刻的了解。现在很多行业如服务行业，十分注重员工的职业培训。因为服务行业需要面对消费者，服务人员的态度直接影响着消费者对企业、公司的看法。

　　进行职业培训一般有两种形式：一种由公司的人事人员进行培训，这类培训更加有针对性，因为它是由公司内部人员进行讲解，其缺点是讲师的能力直接影响着培训质量的好坏。另一种是由公司出资聘请外部人员来为员工进行培训，这类培训由于讲师能力较好，往往能得到较好的培训效果，但由于讲师对公司内部情况不是太清楚，降低了针对性。

　　在对被培训者进行职业培训时，一定要注意与被培训者的交流。正常的交流可分为眼神交流和肢体交流。在培训前的开场语尤为重要，开场语能直接活跃整个会场的气氛，这样能更加有利于提高讲解效率。进行培训讲课时应该风格大方，有吸引力。此外，选择讲解案例也十分重要，新颖的案例的针对性强且能更好地吸引被培训者的注意力。虽然一些被培训者感兴趣的话题能更好地活跃气氛，但培训的本质还是针对工作需求。所以，讲解内容应该与工作紧密结合。

　　本例将制作一个培养时间观念的职业培训 PPT，通过 PPT 的制作能让用户对制作职业培训 PPT 的方法以及要点更加清楚明白。

◎ 关键知识点 ◎

　　要完成本例的制作，需要掌握几个关键知识点。这几个关键知识点的内容以及其知识的难易程度如下：

　　⊃ 插入占位符（★★★）　　　　　　⊃ 插入剪贴画（★★★）
　　⊃ 为对象设置动画（★★★）　　　　⊃ 为幻灯片设置切换效果（★★）

13.1.1　制作职业培训母版

本例将新建演示文稿，再进入母版视图中，为演示文稿的母版插入图片背景，从而简单地对幻灯片背景进行美化，其具体操作如下：

STEP 01 编辑普通页背景

新建演示文稿，并进入母版视图。选择"幻灯片"窗格中的第 1 张幻灯片。

在幻灯片上插入"背景 2.jpg"图像。

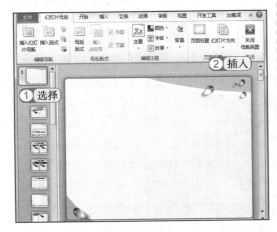

STEP 02 插入标题页背景

在"幻灯片"窗格中选择第 2 张幻灯片。

在其中插入"背景 1.jpg"图像，并置于底层。

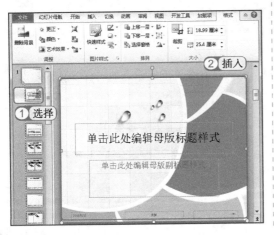

STEP 03 设置标题页文本

选择标题占位符，设置"字体、对齐"为"方正大黑简体、文本左对齐"。

选择副标题占位符，设置"字体、对齐"为"微软雅黑、文本左对齐"。

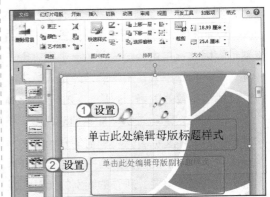

STEP 04 插入占位符

选择第 7 张幻灯片。

选择【幻灯片母版】/【母版版式】组，单击"插入占位符"按钮下的下拉按钮，在弹出的下拉列表中选择"内容"选项。

在幻灯片左边绘制占位符。

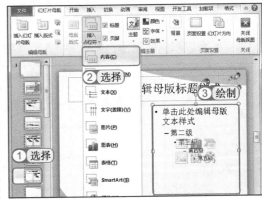

STEP 05 为版式重命名

设置标题占位符的字体为"方正大黑简体"。

选择【幻灯片母版】/【编辑母版】组，单击"重命名"按钮。

打开"重命名版式"对话框，设置"版式名称"为"右侧正文"。

单击 重命名(R) 按钮。

STEP 06 设置普通页文本格式

选择第 3 张幻灯片，设置标题占位符"字体"为"方正大黑简体"。

设置内容占位符"字体"为"微软雅黑"。

选择【格式】/【关闭】组，单击"关闭母版视图"按钮，退出母版编辑状态。

为什么这么做？

在制作一些灵活性较大的演示文稿时，用户经常需要自行编辑版式。为了区分制作的版式效果，最好为制作的版式重命名，以更好地对版式进行管理。

13.1.2 编辑职业培训正文

在将幻灯片母版编辑完成之后，用户就可以开始职业培训的正文制作，本例制作的职业培训幻灯片由于需要实用性和美观性并重，所以将以图文并排的方式呈现，其具体操作如下：

STEP 01 输入标题

在标题占位符和副标题占位符中输入如右图所示的文本。

STEP 02 ▶ 在幻灯片中输入文本

打开"职业培训.txt"文档,在幻灯片中参照该文档输入文本,并设置下面占位符的文本颜色为"橄榄色,强调文字颜色3,深色25%"。

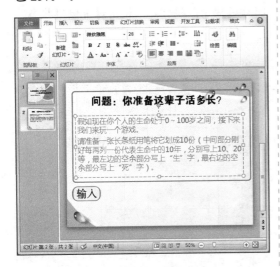

STEP 03 ▶ 为文本设置动画

　　选择标题占位符,为其设置"淡出"进入动画。

　　选择正文占位符,并为其设置"淡出"进入动画。

STEP 04 ▶ 为幻灯片插入动画

　　新建幻灯片,并在文本框中输入文本。

　　在幻灯片中插入"图标1.jpg"、"图标2.jpg"图像。

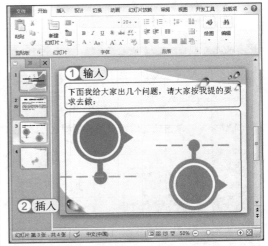

STEP 05 ▶ 输入文本并设置动画

选择"图标1.jpg"图片,为其设置"翻转式由远及近"进入动画。再绘制两个文本框输入文本,并为文本设置格式。最后为两个文本框设置相同的"翻转式由远及近"进入动画。

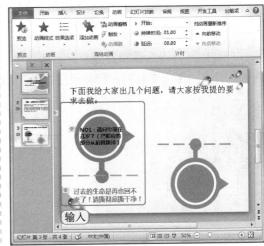

STEP 06 继续输入文本并设置动画

使用相同的方法绘制文本框，在其中输入文本，设置文本格式，并设置与上一步骤相同的动画。

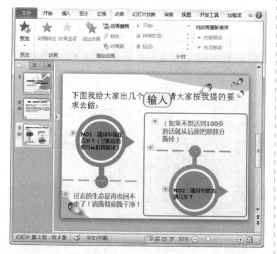

STEP 07 制作其他幻灯片

新建幻灯片，使用相同的方法将第 4~6 张幻灯片制作出来。

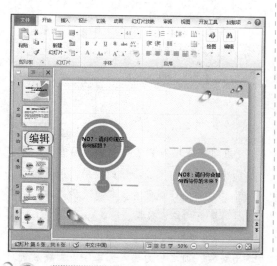

STEP 08 为文本设置动画

新建幻灯片，在标题占位符中输入文本。

选中刚输入的文本，为其设置"随机线条"开始动画。

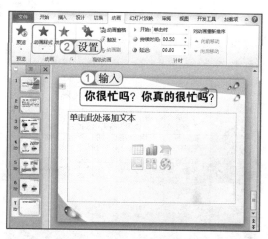

STEP 09 继续为文本设置动画

在正文占位符中输入文本。

选中刚输入的文本，为其设置"出现"进入动画。

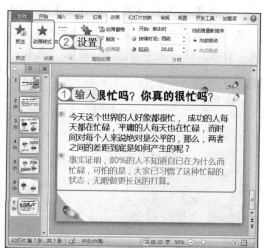

为什么这么做？

在制作提问方面的幻灯片时，应减少幻灯片中的文字，这样有益于观赏者更好地对幻灯片内容进行思考。

STEP 10 为文本设置退出动画

选择【动画】/【高级动画】组，单击"添加动画"按钮★，在弹出的下拉列表中选择"浮出"退出动画。

设置"持续时间"为"02.00"。

STEP 11 输入艺术字

绘制一个文本框，在其中输入文本。设置"字体、字号"为"微软雅黑、36"。

选择【格式】/【艺术字样式】组，在"快速样式"下拉列表框中选择"渐变填充-紫色，强调文字颜色4，映像"选项。

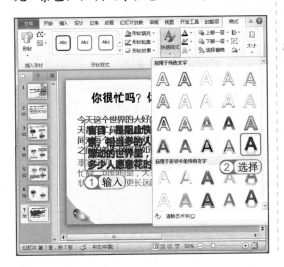

STEP 12 为艺术字设置出现动画

选中艺术字。为其设置"缩放"进入动画。

设置"开始、持续时间"为"上一动画之后、00.75"。

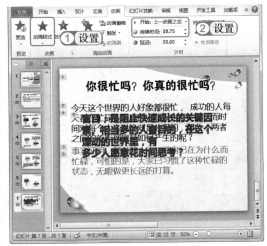

关键提示——设置艺术字技巧

将普通文本转换为艺术字时，如果字体设置得太过纤细，字号太小会影响艺术字的正常显示效果。

为什么这么做？

虽然职业培训PPT并不如商品宣传幻灯片那样需要制作太多华丽的效果，但适当添加动画效果能让观赏者提起更大的兴趣，从而得到更好的培训效果。

前面3步操作可以使文本有很好的出现、退出过渡，而之后为输入艺术字设置缩放进入动画能以强调的方式告诉观赏者，这是演讲的重点。

STEP 13 编辑第 8 张幻灯片

新建幻灯片，在占位符中输入文本，并为其设置格式。

选择输入的正文占位符，为其设置"飞入"进入动画。

STEP 14 编辑第 9 张幻灯片

新建幻灯片，在占位符中输入文本，并为其设置格式。

选择占位符，为其设置"形状"进入动画。

STEP 15 搜索剪贴画

选择【插入】/【图像】组，单击"剪贴画"按钮。

在打开的"剪贴画"窗格中的"搜索文字"文本框中输入"钟"，单击 搜索 按钮。

STEP 16 插入剪贴画

单击选择搜索出的需要插入的剪贴画。将插入的图片移动到幻灯片左下角。

STEP 17 编辑第 10 张幻灯片

新建幻灯片，并在其中输入文本。

选中输入的文本，为其设置"随机线条"入场动画，再设置"持续时间"为"01.00"。

STEP 18 编辑第 11 张幻灯片

新建幻灯片，在标题占位符中输入文本。

绘制一个矩形，再在其中输入文本，并为矩形设置格式。

使用相同的方法继续绘制 3 个矩形，并为其设置格式和输入文本。

STEP 19 为插入的形状设置动画

选择插入的第一个形状。

为其设置"擦除"进入动画，并为其设置"持续时间"为"01.50"。

再为其他 3 个形状设置相同的动画。

STEP 20 编辑第 12 张幻灯片

新建幻灯片，在占位符中输入文本。

选择【插入】/【表格】组，单击"表格"按钮，在弹出的下拉列表中选择"插入表格"选项。

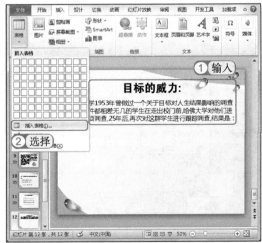

STEP 21 设置表格属性

打开"插入表格"对话框，在其中设置"列数、行数"为"2、5"。

单击 确定 按钮。

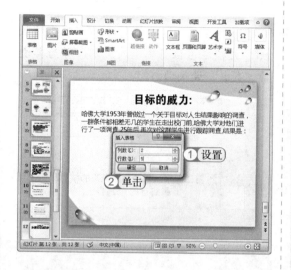

STEP 22 设置表格格式

在表格中输入文本。

选择表格，再选择【设计】/【表格样式】组，在"表格样式"列表框中选择"中度样式 3- 强调 6"选项。

STEP 23 编辑第 13 张幻灯片

新建幻灯片，在幻灯片的占位符中输入文本并设置格式。

在幻灯片下方插入"内心罗盘 1.png"图像，并水平旋转图像。

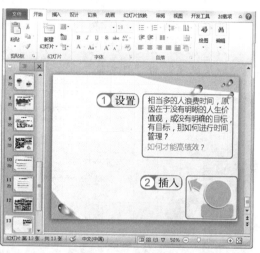

STEP 24 为幻灯片添加标注文本

在"内心罗盘 1.png"图像上绘制文本框，并输入文本。

依次插入"内心罗盘 1.png"~"内心罗盘 4.png"图像，并在其上方绘制文本框，输入文本。

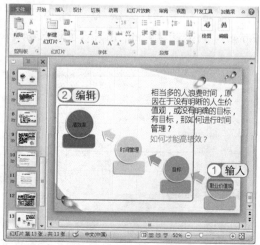

Office 2010 办公应用典型实例

关键提示——组合对象

在插入图片并在图片上绘制了文本框后，为了方便后面设置动画，最好对图片和其上方的文本框进行组合。

STEP 25 为占位符设置动画

选择幻灯片中的占位符。

为其设置"右上角"进入动画，并设置"效果选项"为"自右侧"。

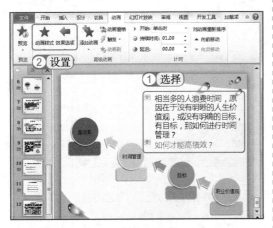

STEP 26 为对象设置动画

选择"内心罗盘1.png"图片，并为其设置"弹跳"进入动画，设置"开始、持续时间"为"上一动画之后、02.00"。

使用相同的方法为"内心罗盘2.png"~"内心罗盘4.png"图片设置进入动画。

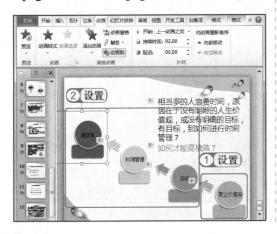

STEP 27 编辑第14~16张幻灯片

新建幻灯片，根据之前打开的"职业培训.txt"文档在占位符中输入文本，并为其设置"淡出"进入动画。

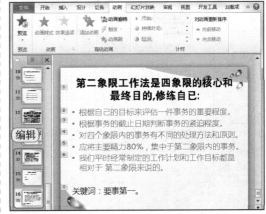

STEP 28 编辑第17张幻灯片

新建幻灯片，在标题占位符中输入文本。

在幻灯片左边绘制一个箭头形状，为其填充黑色轮廓，并设置"粗细"为"3磅"。

STEP 29 ▶ 绘制其他形状

使用相同的方法绘制其他形状。选择所有的形状，将其组合。

选择组合的形状，为其设置"擦除"进入动画。设置"持续时间"为"01.00"。

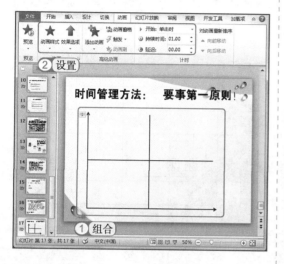

STEP 30 ▶ 为文本框设置动画

在幻灯片的左上方和右下方分别绘制两个文本框，并在其中输入文本。

选中绘制的两个文本框，为其设置"浮出"进入动画，并设置"开始"为"上一动画之后"。

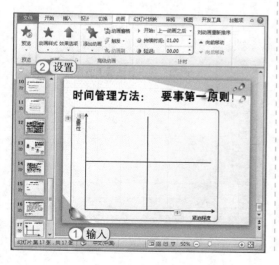

STEP 31 ▶ 添加文本框

在幻灯片右上角绘制文本框，在其中输入文本并设置格式。

选择文本框，为其设置"浮出"进入动画。

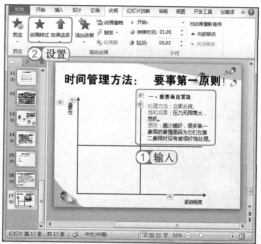

STEP 32 ▶ 为其他文本框设置动画

使用相同的方法在幻灯片的其他格子上绘制文本框，在其中输入文本，并为其设置与上一步相同的进入动画。

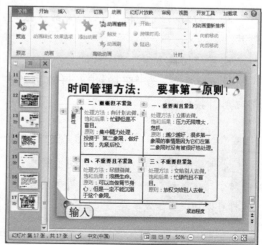

STEP 33 ▶ 新建幻灯片并设置动作

新建幻灯片，在占位符中输入文本，设置文本格式，为其添加"翻转式由远及近"进入动画，设置"开始"为"与上一动画同时"。

STEP 34 ▶ 制作结束页

新建幻灯片，在占位符中输入文本，并设置其文本格式。

13.1.3 设置幻灯片切换方式

在制作完幻灯片正文，并对它们设置了动作之后，用户即可为幻灯片设置切换方式，由于在进行培训时希望会场活跃，所以用户可以在设置切换效果时，设置切换时间，其具体操作如下：

STEP 01 ▶ 为所有幻灯片设置切换

在"幻灯片"窗格中，选择第2张幻灯片。

设置"切换方案"为"门"。

设置"声音"为"照相机"，并单击"全部应用"按钮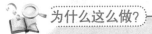。

为什么这么做？

本例将先对所有幻灯片设置切换效果，再对个别少数幻灯片的切换效果进行设置，这样可以加快工作效率。

STEP 02 ▶ 为标题页设置切换方式

在"幻灯片"窗格中选择第 1 张幻灯片。
设置"切换方案"为"分割"。
设置"声音"为"鼓声"。

13.1.4　关键知识点解析

制作本例所需要的关键知识点中，"为对象设置动画"与"为幻灯片设置切换效果"知识已经在前面的章节中进行了详细介绍，这里不再赘述，关于其具体的位置分别如下。

◯ **为对象设置动画**：该知识的具体讲解位置在第 2 章的 2.3.4 节。

◯ **为幻灯片设置切换效果**：该知识的具体讲解位置在第 11 章的 11.2.4 节。

1. 插入占位符

虽然在幻灯片母版中用户也能插入文本框，但在幻灯片母版中插入文本框，却又不在文本框中输入文字，文本框将不会显示在正常视图下。若想通过编辑母版，在每张幻灯片或某些幻灯片中可快速输入文本、插入表格和对象时，就需要插入占位符。

插入的占位符通常不但能输入文本，还能插入表格、图表、图片和剪贴画等多种元素。当然，也可根据幻灯片设计的需要设置只能插入单一对象的情况。在幻灯片中插入占位符的方法是：进入幻灯片母版视图，选择需要插入的占位符版式。再选择【幻灯片母版】/【母版版式】组，单击"插入占位符"按钮 ，在弹出的下拉列表中选择需要插入的占位符样式即可。

2. 插入剪贴画

在制作幻灯片时，为了增加图片的趣味性，往往可以插入剪贴画。和直接在幻灯片中插入图片相比，为幻灯片插入剪贴画可以让演示文稿的体积更小，且由于剪贴画大部分都是卡通画风格，所以在制作培训类、课件类 **PPT** 时，适当地插入剪贴画可以增强演示文稿的整体趣味性。此外，用户在未连接网络或是计算机中没有合适的照片时，也可使用剪贴画修饰幻灯片。

插入剪贴画的方法是：选择【插入】/【图像】组，单击"剪贴画"按钮 ，在打开的"剪贴画"窗格的"搜索文字"文本框中输入需搜索的剪贴画类型的相关文字，再在"结果类型"下拉列表框中选择需要插入剪贴画的文件类型，如插画、照片和视频等，完成设置后单击 搜索 按钮，在搜索栏中选择需要插入的剪贴画即可。

13.2 制作课堂课件 PPT

本例将制作一个国学课上使用的课堂课件 PPT，课堂课件 PPT 由于需要吸引学生的注意力以提高教学质量，一般都会在课件中添加较多的动画效果以及图片，从而使知识简化，让学生更容易理解，其最终效果如下图所示。

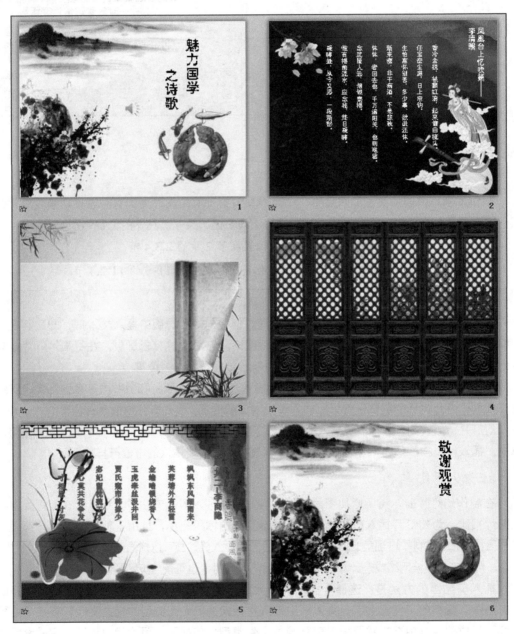

示例文件

资源包\素材\第13章\课堂课件
资源包\效果\第13章\课堂课件.pptx
资源包\实例演示\第13章\制作课堂课件PPT

◎ **案例背景** ◎

　　课堂课件PPT是教师在进行公开课或是特殊课教学时，会使用到的一种PPT。课堂课件的好坏不但影响学生对知识的吸收，同样也影响旁听人员对教师的印象。

　　课堂课件按照讲解学科和知识深浅度的不同，应该有所变化。如制作数学等教学课件会涉及公式的输入；化学、物理课件会涉及对图片、对象应用动画，使化学、物理变化通过动画的方式直观地展示给学生；制作语文、英语课件则会涉及拼音、音标的添加。

　　当然，讲解知识的难易程度不同，所制作的幻灯片效果要求也有所不同。例如，在制作小学课件时应该添加更多的卡通画和极少的文字。因为太多的文字对于小学生没有太大作用，反而会因出现文字过多而引起精神不集中。而制作初高中课件相对来说并不需要多余花哨的动画设置，过多的动画会在播放时花费课堂时间，不利于知识的传授。

　　本例将制作一个用于国学课诗词赏析的PPT，由于国学课一般都是陶冶情操的选修课或兴趣课，并不会真正列入成绩考试范围。所以，上课时气氛轻松，讲课应以吸引学生对国学兴趣为主。在制作课件时，可以通过制作一些提高气氛的动画效果，将学生推进古诗词的环境中，使之更加明白诗歌的含义、写作环境以及韵律等情况。

◎ **关键知识点** ◎

　　要完成本例的制作，需要掌握几个关键知识点。这几个关键知识点的内容以及其知识的难易程度如下：

⊃ 为对象设置动画（★★★）　　　　　　⊃ 为动画设置重复次数（★★★）
⊃ 为对象添加动画路径（★★★）

13.2.1 制作课堂课件正文

由于课堂课件 PPT 是由图片拼凑起来的演示文稿，没有固定的格式，所以用户并不需要为其制作幻灯片母版，只需直接对课堂课件幻灯片进行制作，其具体操作如下：

STEP 01 ▶ 新建演示文稿

启动 PowerPoint 2010，在幻灯片中插入"背景 .jpg"图像，并调整为合适大小。

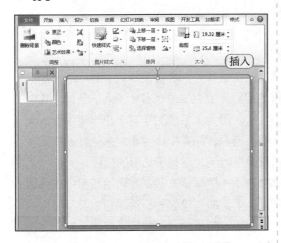

STEP 02 ▶ 插入图像并设置动画

为幻灯片插入"墨迹 .png"图像。

选择刚插入的图像，为其设置"飞入"进入动画，并设置"效果选项、持续时间"为"自左侧、01.00"。

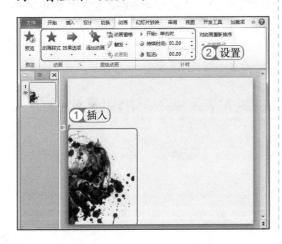

STEP 03 ▶ 添加动画

再为图像添加"淡出"进入动画，并设置"开始、持续时间"为"与上一动画同时、01.75"。

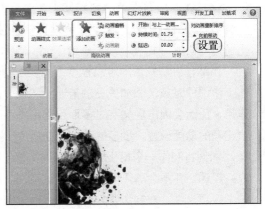

STEP 04 ▶ 插入"梅花"图像

在"墨迹 .png"图像的上方插入"梅花 .png"图像。

选择刚插入的图像，为其设置"飞入"进入动画，并设置"开始、持续时间"为"上一动画之后、01.00"。

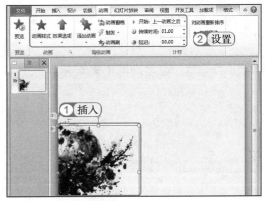

STEP 05 插入"水墨山"图像

为幻灯片插入"水墨山 .png"图像。

选择刚插入的图片，为其设置"淡出"进入动画，并设置"开始、持续时间"为"上一动画之后、02.00"。

STEP 06 插入"玉"图像

为幻灯片插入"玉 .png"图像，并旋转图像。

选择插入的图像，为其设置"浮入"进入动画，并设置"效果选项、开始、持续时间"为"上浮、与上一动画同时、01.00"。

STEP 07 插入"鱼"图像

为幻灯片插入"鱼 .png"图像，并水平翻转图片。

选择插入的图像，为其设置"出现"进入动画，并设置"开始、持续时间"为"与上一动画同时、00.75"。

STEP 08 为"鱼"图像添加动作

再为图像添加"翻转式由远及近"进入动画，并设置"开始、持续时间"为"与上一动画同时、01.00"。

为什么这么做?

由于插入"鱼.png"图像后,鱼群游动的方向与"翻滚式由远及近"进入动画的动画方向正好相反,为了使动画看起来更加真实,所以需要将该图片进行水平翻转。

STEP 09 输入文本并设置动画

在幻灯片中绘制一个垂直文本框,并在其中输入文本。设置"字体、字号"为"汉仪水滴体简、44"。

为输入的动画设置"出现"进入动画,设置"开始、持续时间"为"上一动画之后、01.00"。

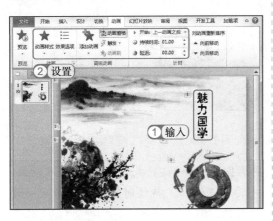

STEP 10 为文本添加动画

为文本添加"脉冲"动画,设置"开始、持续时间"为"上一动画之后、00.50"。

使用相同的方法,再绘制一个垂直文本框,并设置相同的动画。

STEP 11 新建幻灯片

新建空白幻灯片。

在其中插入"背景1.jpg"图片作为背景,并调整其大小。

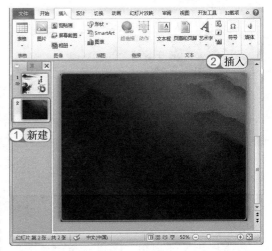

STEP 12 为文本添加动画

为幻灯片插入"桃花.png"图像。

为其添加"淡出"进入动画,设置"持续时间"为"01.50"。

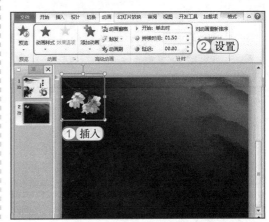

STEP 13 插入图片并自定义路径

在幻灯片中插入"桃花花瓣 1.png"图像，并缩放大小。

选择【动画】/【动画】组，单击"动画样式"按钮★，在弹出的下拉列表的"动作路径"栏中选择"自定义路径"选项。

STEP 14 绘制动作路径

在插入的图片上，从上向下拖动鼠标绘制路径。双击完成动作路径绘制。

单击"动画窗格"按钮，打开"动画窗格"窗格。

单击新添加动画右侧的下拉按钮，在弹出的下拉列表中选择"计时"选项。

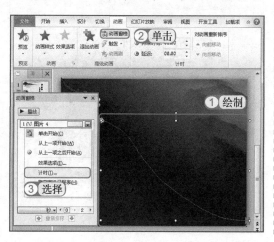

STEP 15 设置动画重复次数

打开"自定义路径"对话框，设置"开始、期间、重复"为"上一动画之后、非常慢（5秒）、直到幻灯片末尾"。

单击 确定 按钮。

STEP 16 添加旋转动画

为"桃花花瓣 1.png"图像添加"翻滚式由远及近"进入动画。

在"动画窗格"窗格中，单击新添加动画后的下拉按钮，在弹出的下拉列表中选择"计时"选项。在打开的对话框中设置"开始、期间、重复"为"上一动画之后、慢速（3秒）、直到幻灯片末尾"。

STEP 17 调整动画播放位置

　　为"桃花花瓣1.png"图像添加"出现"进入动画。设置"开始、持续时间"为"与上一动画同时、01.00"。

　　单击两次"向前移动"按钮▲，将"出现"动画移动到"自定义路径"动画前。

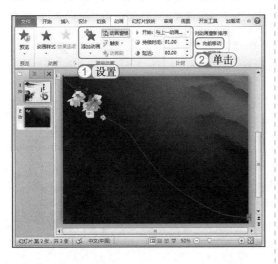

STEP 18 制作其他花瓣

插入"桃花花瓣2.png"图像和"桃花花瓣2.png"图像。使用相同的方法制作花瓣动画。突出花瓣飞舞的效果。

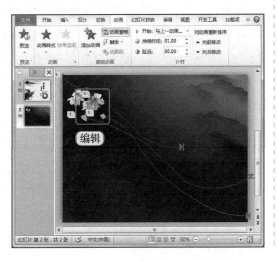

STEP 19 插入琵琶图像

　　插入"琵琶.png"图像。

　　为其设置"翻转式由远及近"进入动画，再设置"开始、持续时间"为"上一动画之后、01.00"。

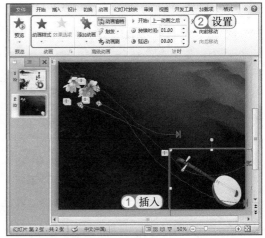

STEP 20 插入仙女图像

　　插入"仙女.png"图像。

　　为其设置"飞入"进入动画，再设置"效果选项、开始、持续时间"为"自右侧、上一动画之后、01.25"。

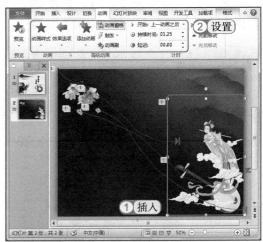

STEP 21 ▶ 插入图片并自定义路径

绘制垂直文本框，在其中输入词标题。设置"浮入"进入动画，并设置"开始、持续时间"为"上一动画之后、01.25"。

绘制垂直文本框，在其中输入正文。设置"淡出"进入动画，并设置"开始、持续时间"为"与上一动画同时、02.00"。

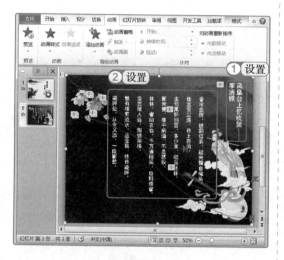

STEP 22 ▶ 新建空白幻灯片

新建空白幻灯片，插入"背景2.jpg"图片作为背景。

插入"竹叶2.png"图片，旋转图片，为其设置"跷跷板"动画。

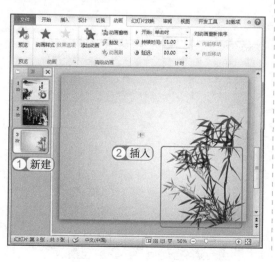

STEP 23 ▶ 打开"动画窗格"窗格

单击"动画窗格"按钮，打开"动画窗格"窗格。

单击第一个动画后的下拉按钮，在弹出的下拉列表中选择"计时"选项。

STEP 24 ▶ 设置动画重复次数

在打开的对话框中设置"开始、期间、重复"为"上一动画之后、慢速（3秒）、直到幻灯片末尾"。

单击 确定 按钮，使竹叶有风吹的效果。

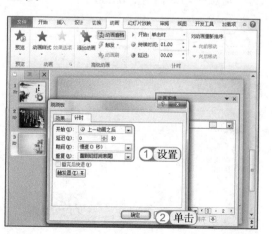

STEP 25 ▶ 插入图像

在幻灯片左上方插入"竹叶 1.png"图像，使用相同的方法为其添加"跷跷板"动画。

插入"卷轴 2.png"、"印章 .png"图像。最后绘制一个垂直文本框，并在其中输入文本。

STEP 26 ▶ 继续插入图片

在幻灯片上插入"卷轴 1.png"。选择插入的"卷轴 1.png"、"卷轴 2.png"、"印章 .png"图像和绘制的文本框，为其设置"出现"进入动画，并设置"开始、持续时间"为"与上一动画同时、03.00"。

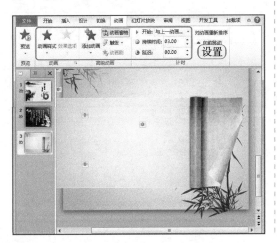

STEP 27 ▶ 为"卷轴 1"图像添加动画

选择"卷轴 1.png"图像，为其添加"直线"动作路径，拖动鼠标调整运动路径。

设置"开始、持续时间"为"上一动画之后、02.00"。

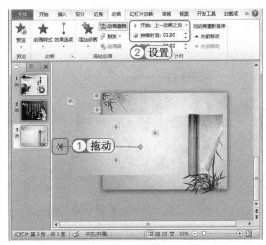

STEP 28 ▶ 新建空白幻灯片

新建空白幻灯片，在幻灯片上方插入 5 次"树叶 .png"图像。使用之前制作飘动的桃花花瓣的方法，制作树叶飘动的效果。

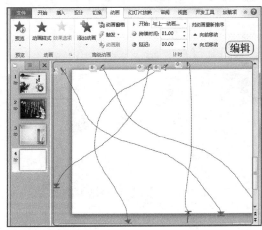

STEP 29 插入"门"图像

在幻灯片中插入6次"门.png"图片，并将其一字排开填满整个幻灯片。选择插入的所有图片，右击，在弹出的快捷菜单中选择【置于底层】/【置于底层】命令。

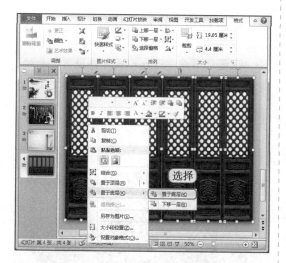

STEP 30 设置动画效果

选择左边的第3扇门图片。

为其设置"飞出"退出动画，再设置"效果选项、开始、持续时间"为"到左侧、上一动画之后、02.00"。

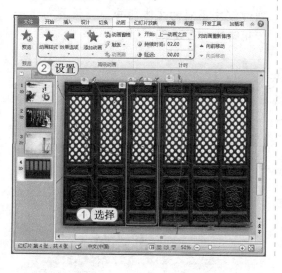

STEP 31 设置动画选项

单击"动画窗格"按钮，打开"动画窗格"窗格。

单击最下方一个动画后的下拉按钮，在弹出的下拉列表中选择"效果选项"选项。

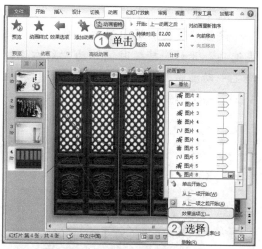

STEP 32 为动作设置声音

在打开的对话框中设置"声音"为"风声"。

单击 确定 按钮。

关键提示——将图片置于底层的作用

由于 PowerPoint 的动画属性是先设置的动画属性会先行播放，为了能顺从这一特点和本例的效果，下面制作的动画都将位于"门"图片下方。为了不影响动画的设置，需要先设置好动画效果后，再将对象置于底层，实现一层层的叠加效果。

STEP 33 设置第4扇门的动画

选择第4扇门图片。

设置"飞出"退出动画，再设置"效果选项、开始、持续时间"为"到右侧、与上一动画同时、02.00"，使该门能和第3扇门一起被推开。

STEP 34 设置其他门效果

选择第2扇门图片，设置"飞出"退出动画，再设置"效果选项、开始、持续时间"为"到左侧、上一动画之后、02.00"。

选择第5扇门图片，设置"飞出"退出动画，再设置"效果选项、开始、持续时间"为"到右侧、与上一动画同时、02.00"。

STEP 35 插入文本框并设置格式

在幻灯片中绘制文本框并输入文本。为文本设置艺术字效果。

设置"形状"进入动画，再设置"开始、持续时间"为"上一动画之后、02.00"。

STEP 36 设置其他文本

使用相同的方法，将诗句一组一组地添加到幻灯片不同的文本框中，并设置与上一步相同的动画效果。

STEP 37 插入背景

选择所有文字，将其置于底层，再插入"背景3.jpg"图像，同样将其置于底层，将其制作为本页幻灯片的背景。

STEP 38 新建幻灯片

新建空白幻灯片，插入"背景4.jpg"和"底纹.png"图像，并调整其大小和位置。

选择插入的两张图像，为其设置"淡出"进入动画，并设置"开始、持续时间"为"与上一动画同时、02.00"。

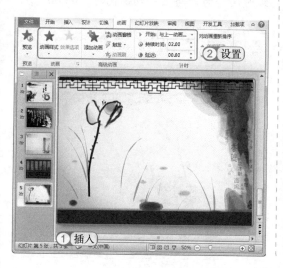

STEP 39 插入图像并设置动画

插入"荷叶.png"和"荷花.png"图像。

选择插入的两张图像，为其设置"淡出"进入动画，并设置"开始、持续时间"为"与上一动画同时、02.00"。

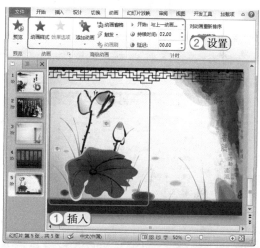

STEP 40 设置动画计时效果

为插入的荷叶与荷花图像添加"跷跷板"动画。

单击"动画窗格"按钮 ，打开"动画窗格"窗格。

在其中单击最后一个动画后的下拉按钮 ，在弹出的下拉列表中选择"计时"选项。

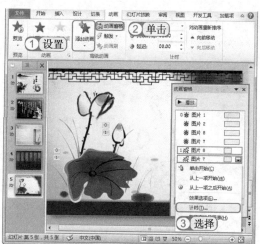

STEP 41 设置动作计时

在打开的对话框中设置"开始、期间、重复"为"上一动画之后、慢速（3秒）、直到幻灯片末尾"。

单击 确定 按钮。

STEP 42 插入"涟漪1"图像

插入"涟漪1.png"图像，为其添加"出现"进入动画。设置"开始、持续时间"为"上一动画之后、01.00"。

为图片添加"放大/缩小"强调动画。使其可以像涟漪一样收缩晃动。

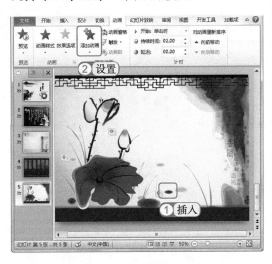

STEP 43 设置动作次数

通过"动画窗格"窗格打开"放大/缩小"对话框，设置"开始、期间、重复"为"与上一动画同时、慢速（3秒）、直到幻灯片末尾"。

单击 确定 按钮。

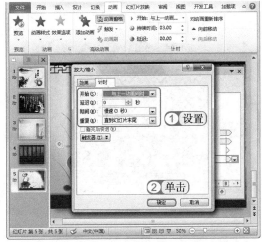

STEP 44 插入其他图像

插入"涟漪2.png"图像，使用相同的动画设置使其能像涟漪一样收缩晃动。

插入"蜻蜓.png"图像，为其添加"自定义路径"动画，并为其设置"开始、持续时间"为"与上一动画同时、05.00"。

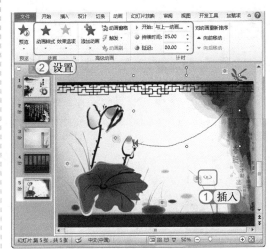

STEP 45▶ 输入文本

绘制文本框，并在文本框中输入文字。

选择该张幻灯片中插入的所有文本框，为其添加"浮入"进入动画。再设置"开始、持续时间"为"上一动画之后、02.25"。

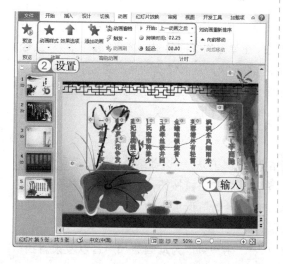

STEP 46▶ 复制幻灯片

在"幻灯片"窗格中选择第1张幻灯片，并将其粘贴到最后一张幻灯片之后。

将复制的幻灯片中的文字进行修改，并删除"鱼"图片。

13.2.2 为幻灯片添加声音

在制作完所有幻灯片之后，为了使演示文稿整体效果更加有意境，可为幻灯片添加声音。其具体操作如下：

STEP 01▶ 插入音乐

选择第1张幻灯片。

在其中插入"背景音乐.mp3"声音文件。

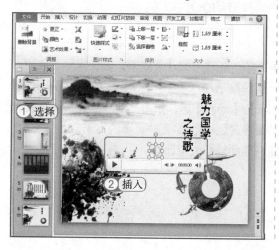

STEP 02▶ 设置音乐

选择【播放】/【音频选项】组，设置"开始"为"跨幻灯片播放"，选中 ☑循环播放，直到停止 和 ☑放映时隐藏 复选框。

13.2.3 关键知识点解析

制作本例所需要的关键知识点中，"为对象设置动画"知识已经在第 2 章的 2.3.4 节中进行了详细介绍，这里不再赘述。下面主要对没有介绍的关键知识点进行讲解。

1. 为对象添加动画路径

用户自行绘制动画路径是使动画自由度最大提升的一个办法。绘制路径后，用户还可对动画路径进行设置，其方法是在绘制的路径上右击，在弹出的快捷菜单中选择"编辑顶点"命令。然后用户就能通过拖动路径上出现的节点调整路径的形状，从而修改动画的路径。

此外，若是发现绘制动画路径的起始点和终点位置颠倒，可以在绘制的路径上右击，在弹出的快捷菜单中选择"反转路径方向"命令，将起始点和终点对换。

2. 为动画设置重复次数

为动画设置重复次数是图片 PPT 经常使用的效果。其方法是：选择某个设置了动画的对象，再在"动画窗格"窗格中选择该对象后即可，单击其后的下拉按钮，在弹出的下拉列表中选择相应的选项，打开对应的属性对话框，在其中的"计时"选项卡的"重复"下拉列表框中设置动画的重复次数，最常使用到的便是"直到幻灯片末尾"。

除此之外，在属性对话框的"效果"选项卡中，用户可以为动画添加声音以及设置执行动画后的效果等。

▌▌13.3 高手过招

1. 输入公式

在制作理科课件时，在 PowerPoint 中虽然能通过文本框或是占位符输入公式，但在实际操作中比较麻烦。这时用户可通过插入公式的方法输入公式，其方法是：选择【插入】/【符号】组，单击"公式"按钮 π，在弹出的下拉列表中选择需要的公式即可。

2. 选择更多的动画效果

PowerPoint 的"动画样式"列表框中只列举出了一些常用的动画效果，但在实际工作中，这些效果并不一定能完全满足需要，为了完成一些特殊的动画效果，用户可以使用 PowerPoint 自带且不常见的动画效果。其方法是：选择【动画】/【动画】组，单击"动画样式"按钮 ★，在弹出的下拉列表中选择"更多的进入动画"、"更多的强调动画"、"更多的退出动画"或"更多的路径动画"选项，再在打开的对话框中选择需要的动画效果即可。

本章将综合运用 Word/Excel/PowerPoint 制作一份杂志品牌推广方案。首先使用 Excel 编辑、分析品牌推广相关的数据，再使用 Word 完成推广方案文案方面的制作，最后将精简的文案内容以及 Excel 分析出的重要数据填入 PowerPoint 的幻灯片中，以制作演讲使用的演示文稿。通过本章实例的制作，使用户了解整个方案的制作过程，从而让用户在制作策划案之类的文档时更加得心应手。

Word/Excel/ PowerPoint 2010

C第14章
hapter

Word/Excel/PowerPoint 与策划、方案制作

14.1 使用 Excel 制作品牌推广方案相关图表与表格

本例将制作杂志品牌推广方案中相关的表格以及演示文稿中需要的图表，如读者年龄分布图表、发行量对比图表和展示销售渠道表格等，其部分最终效果如下图所示。

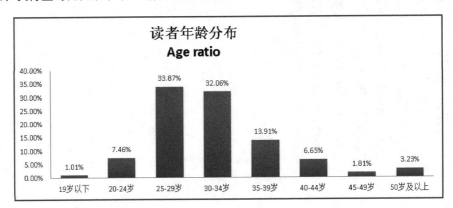

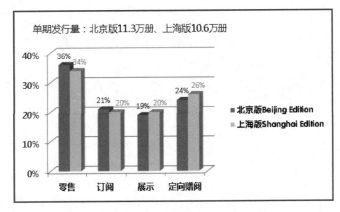

机场VIP	首都机场T1、T2、T3航站楼VIP室	70
兄弟文化传媒有限公司	酒吧、餐厅、会所、spa等	600
富海联书刊发行中心	一刻咖啡	65
有图传媒	北京4、5星级酒店	45
新地产	斗门犬餐厅	800
曼诺公司	纽顿酒店，香格里拉，等120指定酒店入客房	5000
直投网点	餐厅，酒吧，高档公寓，会所	215
直投网点	酒店，公寓	850
国内银行	工商、建设和中信等银行VIP理财室	75
外资银行	渣打、法国兴业和HSBC等银行VIP理财室	20
国际旅行社	招商局国旅、神舟国旅、春秋国旅等营业点	100
国航(北京起飞)	头等舱及公务舱	2000
国际航空-奥航，芬航（北京起飞）	头等舱及公务舱	2000

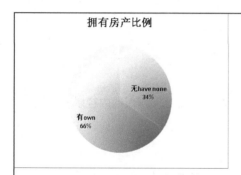

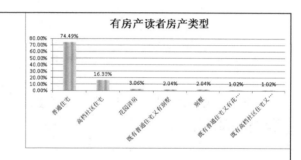

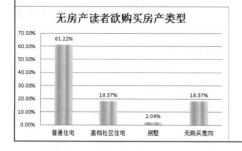

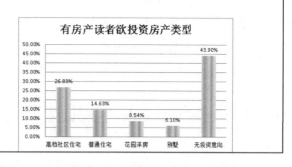

示例
文件

资源包\效果\第14章\品牌推广方案图表
资源包\实例演示\第14章\使用 Excel 品牌推广方案相关图与表格

◎案例背景◎

　　为了增强名牌推广方案的说服力以及科学性，在比较系统的大型方案中一般都会添加大量的图表。这类图表都是依据品牌推广方案的需要，根据前期数据素材进行制作的，所以该类图表有很强的针对性。

　　品牌推广方案中一般包括商品用户群年龄、收入、销售渠道、广告营销费用投入比和消费者喜好的产品类别等。此外，还可根据产品定位、特质，加入一些个性化的调查。例如，本例制作的是一家高端的时尚杂志，由于定位的主要读者是 25~35 岁年龄段，且收入属于中上层次，所以特别加入了拥有房产的比例以及拥有车的比例等数据。

　　本例是推广方案文案及推广方案 PPT 的前期素材。本例制作出的相关数据图表，需要插入到文案以及 PPT 中使用。使用 Excel 制作图表而不直接使用 Word 和 PPT 制作图表，是因为如果数据出错或有变动，用户可直接修改 Excel 中的数据，此时 Word 和 PPT 中插入的图表将会自动更改为修改后的效果，而无需用户逐个打开文件进行修改。

◉关键知识点◉

要完成本例的制作，需要掌握几个关键知识点。这几个关键知识点的内容以及其知识的难易程度如下：

⊃创建图表（★★）　　　　　⊃隐藏图例（★★★）

⊃添加图表标题（★★★）　　⊃为图表对象设置渐变填充效果（★★★★）

⊃更改图表布局（★★★）

14.1.1 制作读者性别比和年龄分布图表

本例将首先新建工作簿，再输入数据，最后根据数据创建柱状图和饼形图，其具体操作如下：

STEP 01▶ 输入读者性别比数据

新建工作簿并命名为"读者性别比和年龄分布"，在单元格中输入数据，并选中输入的数据。

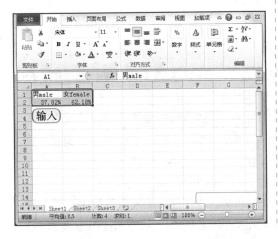

STEP 02▶ 选择转换图表类型

选择【插入】/【图表】组，单击"饼图"按钮●，在弹出的下拉列表中选择"分离性饼图"选项。

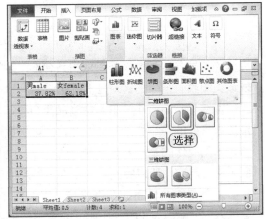

为什么这么做？

在制作简单的对比图像或使用百分比来制作图表时，最好使用饼图，这是因为饼图能更加简单直观地表现各项所占的比例。

STEP 03 ▶ 选择图表外观

选择【设计】/【图表布局】组，在"快速布局"下拉列表框中选择"布局4"选项。

选择【设计】/【图表样式】组，在"快速样式"下拉列表框中选择"样式10"选项。

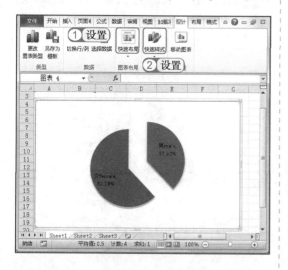

STEP 05 ▶ 为图表添加标题

选择【布局】/【标签】组，单击"图表标题"按钮，在弹出的下拉列表中选择"图表上方"选项，在出现的"图表标题"文本框中输入标题，并将其设置为居中对齐。

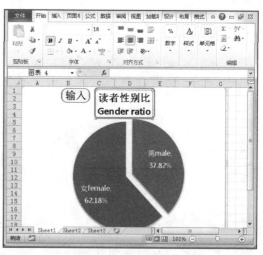

STEP 04 ▶ 调整饼状图形间的距离

选中饼状图中的文本，设置其"字体、字号、字体颜色"为"微软雅黑、12、白色"。

选中"男 male"饼图并按住鼠标左键拖动，将其向"女 female"饼图稍微靠近。

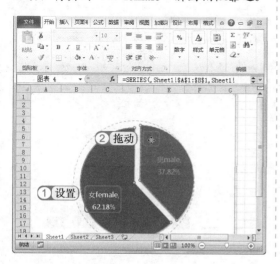

STEP 06 ▶ 输入读者年龄分布

将图表移动到编辑区的左上角，覆盖性别比相关数据。在饼图下输入读者年龄分布数据，并选中输入的数据。

STEP 07 选择图表类型

选择【插入】/【图表】组，单击"柱形图"按钮，在弹出的下拉列表中选择"簇状柱形图"选项。

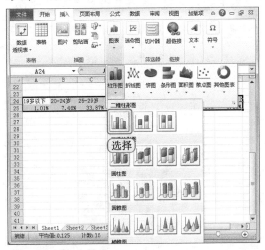

STEP 08 设置柱状图外观

选择【设计】/【图表布局】组，在"快速布局"下拉列表框中选择"布局4"选项。

选择【设计】/【图表样式】组，在"快速样式"下拉列表框中选择"样式22"选项。

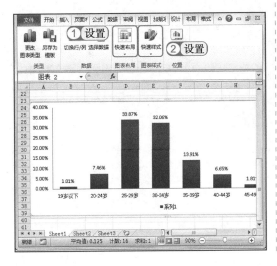

STEP 09 隐藏图例

选择【布局】/【标签】组，单击"图例"按钮，在弹出的下拉列表中选择"无"选项。

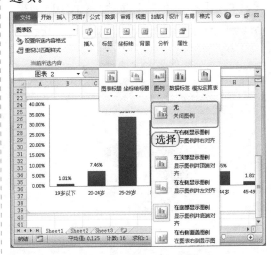

STEP 10 为图表添加标题

选择【布局】/【标签】组，单击"图表标题"按钮，在弹出的下拉列表中选择"图表上方"选项，在出现的"图表标题"栏中输入标题，并将其设置为居中对齐。将制作的图表覆盖在之前输入的年龄分布数据上。

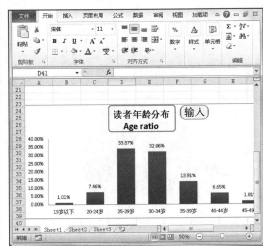

为什么这么做?

将图表移动到源数据上将其覆盖，是为将图表导入到 PowerPoint 和 Word 中时，不会出现多余的数据对象。

14.1.2 制作发行量对比图表

本例将首先新建工作簿，再输入发行量数据，最后根据输入的数据制作出有两组数据对比的图表，其具体操作如下：

STEP 01 输入发行量数据

新建工作簿并命名为"发行量对比图表"，在单元格中输入发行量数据，并选中输入的数据。

STEP 02 设置图表外观

选择【插入】/【图表】组，单击"柱形图"按钮，在弹出的下拉列表中选择"三维簇状柱形图"选项，并选择图像中所有红色的柱形。

选择【格式】/【形状样式】组，单击"形状填充"按钮旁的下拉按钮，在弹出的下拉列表中选择"水绿色，强调文字颜色5，淡色40%"选项。

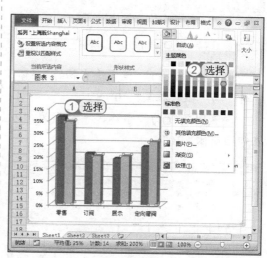

 关键提示——图表颜色的使用

在为图表选择颜色时，一般应选择大方、容易搭配的颜色，因为这些图表通常要使用在不同的 PPT 和 Word 文档中。若在制作图表时，Word 文档的版式和幻灯片母版已经确定，那么用户就应根据文档版式和幻灯片母版的主色调搭配图表的颜色。

STEP 03 设置水平轴文本样式

选中水平轴上的文本。

设置"字体、字号"为"微软雅黑、10",并单击"加粗"按钮 B 。

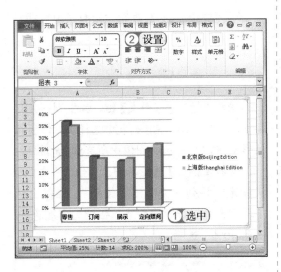

STEP 04 设置其他文本样式

使用相同的方法,设置垂直轴的"字体、字号"为"微软雅黑、10"。

设置图例项的"字体、字号"为"方正粗圆简体、10"。

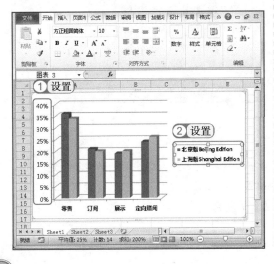

STEP 05 为图表添加标题

选择【布局】/【标签】组,单击"图表标题"按钮,在弹出的下拉列表中选择"图表上方"选项,在出现的"图表标题"文本框中输入文本。

设置"字体、字号"为"微软雅黑、11",并将其移动到图表左边。

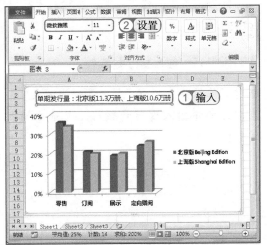

STEP 06 设置数据标签

选择【布局】/【标签】组,单击"数据标签"按钮,在弹出的下拉列表中选择"显示"选项。

选择所有"上海版"柱形图上的数据标签,设置其颜色为"红色"。

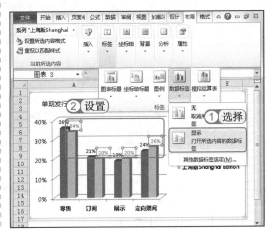

14.1.3　制作展示销售渠道表格

　　PowerPoint、Word 中除需要经常插入 Excel 图表外，在制作数据量很大的 PPT 时，也会直接在其中插入表格。下面制作展示销售渠道的表格，其具体操作如下：

STEP 01 ▶ 输入渠道名称

新建工作簿并命名为"展示销售渠道"，在第 1 列单元格中输入数据。调整单元格宽度，使其能在一行中显示所有内容。

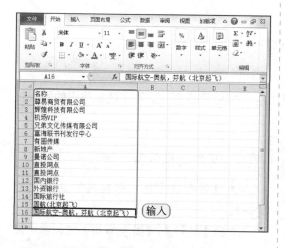

STEP 02 ▶ 输入展示渠道

　　在第 2 列单元格中输入展示渠道，调整单元格宽度，选中输入的文本。

　　单击"自动换行"按钮。

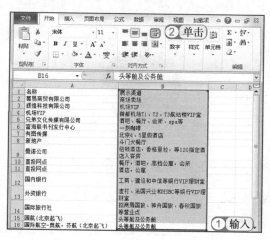

STEP 03 ▶ 输入点位数

在第 3 列单元格中输入点位数，调整单元格宽度。

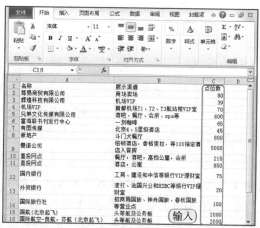

STEP 04 ▶ 设置文本格式

　　选中输入数据的单元格区域，单击"居中"按钮。

　　单击"文本颜色"按钮旁的下拉按钮，在弹出的下拉列表中选择"白色，背景 1，深色 50%"选项。

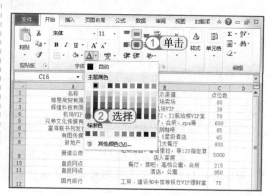

STEP 05 为表格添加边框

保持文本的选中状态。单击"边框"按钮田旁的下拉按钮▾，在弹出的下拉列表中选择"所有框线"选项。

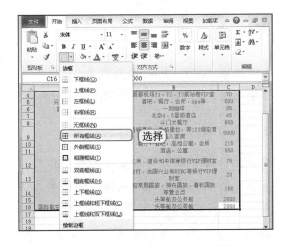

14.1.4 制作读者对汽车和房产的需求度图表

读者对汽车的需求度图表是本方案中的人性化、特色调查项目。为了使制作出的图表更有质感，将为图表设置渐变填充。其具体操作如下：

STEP 01 输入数据

新建名为"读者对房产的需求度图表"的工作簿，在单元格中输入数据，选中输入的数据。

STEP 02 设置饼图布局

使用前面的方法，根据选中的数据创建饼图。

选择【设计】/【图表布局】组，在"快速布局"栏中选择"布局1"选项。

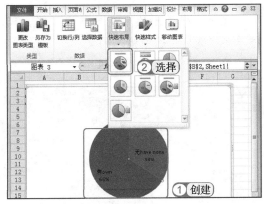

关键提示——输入数据的技巧

在输入图表的源数据时，用户最好不要从A1单元格开始输入，这是因为从A1单元格开始输入数据时，使用图表很难完全遮盖住数据。

STEP 03▶ 设置渐变角度

双击饼图中的"有 own"版块，在打开的对话框中选择"填充"选项卡。

选中 ⦿ 渐变填充(G) 单选按钮。

设置"角度"为"240°"。

设置"类型"为"射线"。

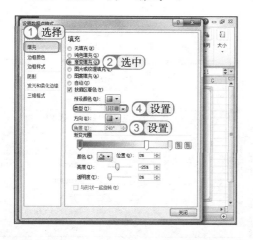

STEP 04▶ 设置"有"的渐变效果

选中"渐变光圈"栏下的第 1 个游标。

在"颜色"下拉列表中选择"水绿色，强调文字颜色 5，深色 25%"选项。

将第 2 个游标拖动到色条 2/3 处的位置。

单击 关闭 按钮。

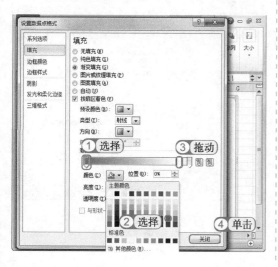

STEP 05▶ 设置渐变填充类型

双击饼图中的"无 have none"版块，在打开的对话框中选择"填充"选项卡。

选中 ⦿ 渐变填充(G) 单选按钮。

设置"类型"为"射线"。

STEP 06▶ 设置"无"的渐变效果

选择"渐变光圈"栏下的第 1 个游标。

在"颜色"下拉列表中选择"橄榄色，强调文字颜色 3，深色 25%"选项。

将第 2 个游标拖动到色条 1/6 处的位置。

单击 关闭 按钮。

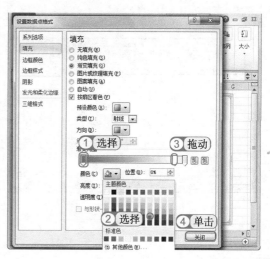

STEP 07 ▶ 设置图表标题

在"图表标题"文本框中输入"拥有房产比例"文本。

选择数据标签，设置"字号"为"11"，单击"加粗"按钮 **B**。

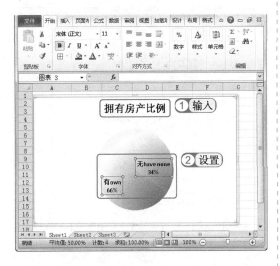

STEP 08 ▶ 输入数据

在刚刚制作的图表右边单元格中输入有房产读者的房产类型数据，并设置自动换行。最后选中输入的数据。

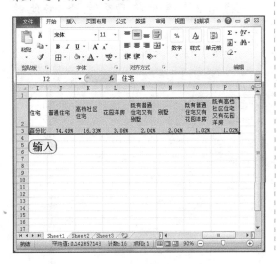

STEP 09 ▶ 创建图表

使用前面的方法，根据选中的数据创建簇形柱状图。

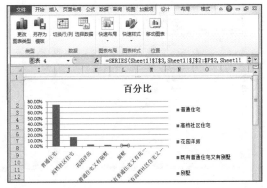

STEP 10 ▶ 设置系列值格式

选择所有的系列值，在其上右击，在弹出的快捷菜单中选择"设置数据系列格式"命令。

关键提示——双击对象和单击对象的区别

在图表中，双击对象只会选中被双击的对象，这种方法适合为对象设置不同效果的情况。单击对象则会选中有相同属性的对象，这种方法适合为同一类对象设置相同效果的情况。

STEP 11 设置系列值显示效果

打开"设置数据系列格式"对话框，选择"填充"选项卡。

选中 ◉ 渐变填充(G) 单选按钮。

设置"预设颜色、角度"为"金色年华、180"，并单击 关闭 按钮。

STEP 12 输入图表名称

在图表上的"百分比"文本框中输入"有房产读者房产类型"，并为图表添加"数据标签外"的数据标签。

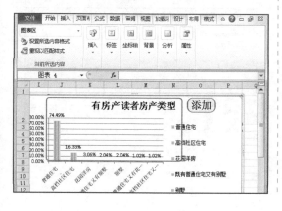

STEP 13 删除图表图例

选择【布局】/【标签】组，单击"图例"按钮 ，在弹出的下拉列表中选择"无"选项，删除图表图例。

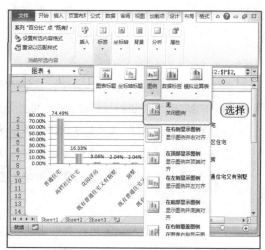

STEP 14 制作其他图表

使用制作"有房产读者房产类型"图表的方法，在其下方分别制作"无房产读者欲购买房产类型"图表和"有房产读者欲投资房产类型"图表。

STEP 15 填充背景色

选择图表所在区域的单元格。

选择【开始】/【字体】组，单击"填充颜色"按钮 旁的下拉按钮 ，在弹出的下拉列表中选择"白色"选项。

为什么这么做？

为图表下方的单元格填充背景色是为了使图表被导入到 PowerPoint 和 Word 中时，不会出现单元格的边框线，从而影响到图像的美观。

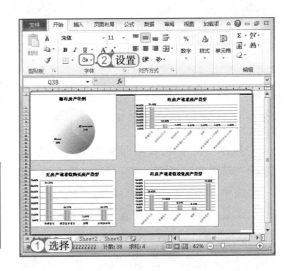

14.1.5 关键知识点解析

制作本例所需要的关键知识点中，"创建图表"、"添加图表标题"与"更改图表布局"知识已经在前面的章节中进行了详细介绍，此处不再赘述。其具体的讲解位置分别如下。

- ☞ 创建图表：该知识的具体讲解位置在第 8 章的 8.2.3 节。
- ☞ 添加图表标题：该知识的具体讲解位置在第 8 章的 8.2.3 节。
- ☞ 更改图表布局：该知识的具体讲解位置在第 9 章的 9.3 节。

1. 隐藏图例

在图表中，添加图例虽然能更好地起到说明数据情况的作用，但对于一些数据比较单一的图表来说，图例的使用并不一定能使用户更好地了解图表的数据情况，反而可能会因为图例的出现，使图表数据看起来混乱。为了避免这种情况，用户可隐藏图例，其方法有以下两种。

- ☞ 通过"图例"按钮进行隐藏：选择需要隐藏图例的图表，再选择【布局】/【标签】组，单击"图例"按钮 ，在弹出的下拉列表中选择"无"选项。

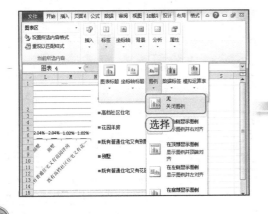

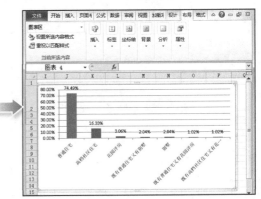

⊃ 通过快捷键进行隐藏：选择需要隐藏的图例，再按键盘上的"Delete"键删除图例。若想恢复删除的图例，可选择需要显示图例的图表，再选择【布局】/【标签】组，单击"图例"按钮，在弹出的下拉列表中选择一种显示方式即可。

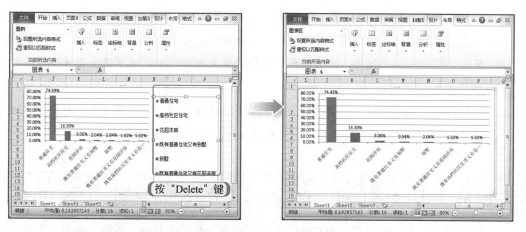

2. 为图表对象设置渐变填充效果

对图表对象设置渐变填充效果，不但能使图表看起来不呆板，而且通过调整能使图表和文档主题色更加贴近，从而使图表更加专业、个性。设置渐变效果需要通过"设置数据系列格式"对话框进行，在对话框中选择"填充"选项卡后，选中 ⊙ 渐变填充(G) 单选按钮，即可为图表对象设置渐变填充效果。选中 ⊙ 渐变填充(G) 单选按钮后，会出现一些选项，其作用 如下。

⊃ "预设颜色"下拉列表框：在其中可以设置 Office 预设的渐变效果，用户还可根据需要对这些预设的渐变效果进行修改。

⊃ "类型"下拉列表框：用于设置渐变的形状效果，包含线性、射线、矩形和路径等选项。

⊃ "方向"下拉列表框：用于设置渐变在对象上显示的渐变方向。

⊃ "角度"数值框：用于更精细地调整渐变的显示角度。单击其后面的 ▲ 和 ▼ 按钮，可增大或减小角度。

⊃ "渐变光圈"色条：拖动上面的游标，可以设置渐变的位置。单击其后方的 按钮，可在色条上添加一个游标。

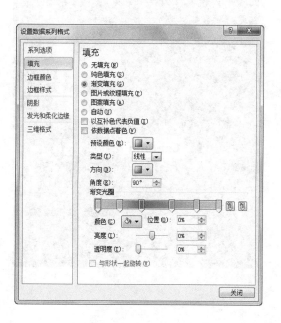

选择某个游标后，单击色条后方的 🔟 按钮，可删除选择的游标。

⊃ "颜色"下拉列表框：用于为选择的游标设置颜色。

⊃ "位置"数值框：用于调整选择游标在色条上的位置。其效果和在色条上直接拖动游标效果相同，但使用"位置"数值框能更加精确地设置游标位置。

⊃ "亮度"数值框：用于调整选择游标在色条上的亮度。数值越大，颜色越偏向于白色；反之，则越偏向于黑色。除可使用数值框调整亮度外，用户还可拖动数值框前的滑块调整亮度。

⊃ "透明度"数值框：用于调整选择游标在色条上的透明度。数值越大，越透明。除可使用数值框调整透明度外，用户还可拖动数值框前的滑块调整透明度。

||14.2 使用 Word 制作品牌推广方案

本例将制作杂志品牌推广方案文案，在其中将会对杂志的品牌、内容、读者、发行、广告等内容进行阐述，并配合插入之前制作的 Excel 图表，使浏览者对方案中的数据有更好的认识和理解。其最终效果如下图所示。

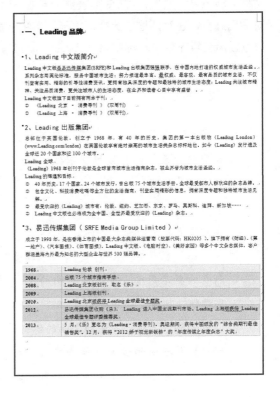

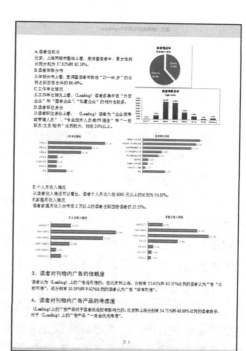

Leading · 中文版
打造中国时尚第一品牌

◎ 案例背景 ◎

品牌推广方案是品牌推广的核心组成部分，品牌推广的相关细节、执行方式、方法都是通过品牌推广方案制定的。在企业运营中，进行品牌推广主要有两个作用，一是树立企业和产品形象，提高品牌知名度、美誉度；二是将相应品牌名称的产品销售出去。

一般大型公司的推广品牌方法是：进行一次招标会，请一些比较出名的品牌推广公司和策划公司对自身的品牌进行初步的策划投标，再由营销部门以及高层领导开会确定最终采用的方案，然后通过对方案进行修改、补充，最后执行方案，进行产品推广。使用这种方法虽然能获得更多的推广方案，实行起来也会得到策划公司的鼎力相助，但费用较高，投入的人力、物力较多，不适合中小型企业。

中小型公司通常会让营销部门中有一定经验的人带领团队撰写品牌推广方案。在撰写前，一定要明白品牌消费者的定位，自身产品的特色、销售渠道和盈利方式等情况。需要注意的是，品牌推广方案必须根据企业的实际情况撰写，切莫夸大效果。否则，辛苦制定的品牌推广方案很可能收不到实际的效果。

本例将通过 Word 制作品牌推广方案，在制作时将为方案添加封面、封底以及页眉和页脚，并为文案设置格式，美化文档，使文档看起来更专业、美观。

通常，在撰写公司内部的推广方案时，可简化文档版式设计的复杂程度。而若要将方案用于投标这类需要对外发布的文档时，则需要对方案版式进一步美化，做到美观、大方。大气的版式设计往往更能得到招标方的青睐。

◎ 关键知识点 ◎

要完成本例的制作，需要掌握几个关键知识点。这几个关键知识点的内容以及其知识的难易程度如下：

⊃ 插入对象（★★★） ⊃ 插入分页符（★★）
⊃ 插入图片（★★） ⊃ 插入页码（★★★）

14.2.1 设置推广方案的页面并输入正文

在输入推广方案前，最好先对文档的页面进行设置，以更方便后期的排版装订。下面设置推广方案的页面并输入正文，其具体操作如下：

STEP 01 自定义页边距

启动 Word 2010，新建文档并将其命名为"Leading 杂志品牌推广方案"，选择【页面布局】/【页面设置】组，单击"页边距"按钮，在弹出的下拉列表中选择"自定义边距"选项。

STEP 02 设置页边距

打开"页面设置"对话框，在"页边距"选项卡中设置"上、下、左、右"为"2.7 厘米、1.9 厘米、2 厘米、1.5 厘米"。

单击 确定 按钮。

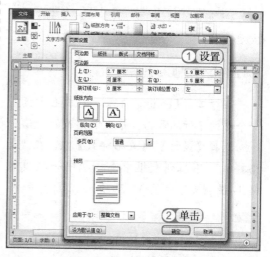

关键提示——方案的装订技巧

一般情况下，制作方案时都会使用 A4 纸，并在左边进行装订。正文制作完成后，如制作了一些样品展示的页面，在打印文件时，可选择照片纸打印，以达到更好的打印效果。

为什么这么做？

由于本例制作的方案最后要在左侧进行装订，为了使浏览者方便浏览，这里故意将文档左侧多设置了 0.2 厘米的边距。

STEP 03 ▶ 输入正文

打开"杂志品牌推广方案 .txt"文档，参照该文档在 Word 文档中输入内容。

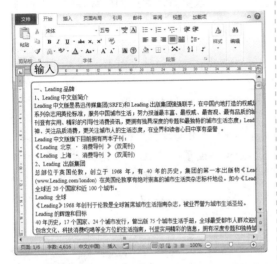

STEP 04 ▶ 插入表格

在"二、Leading 内容"文本上方插入一个 2 列 7 行的表格，并选中插入的表格。

选择【设计】/【表格样式】组，在"表格样式"下拉列表框中选择"中等深浅网格 1- 强调文字颜色 3"选项。

STEP 05 ▶ 在插入的表格中输入文本

在表格上空一行，并调整单元格宽度，在其中输入文本。

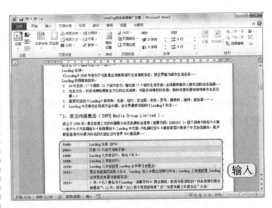

STEP 06 ▶ 为文档插入图片

在"3、栏目设置 Columns & Sections"文本后插入"9 大板块 .png"图片，将其衬于文字下方，并移动到文档的右边。

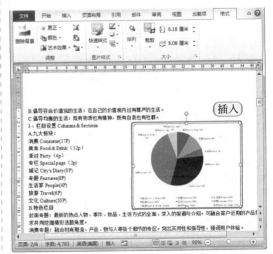

为什么这么做？

　　一般在输入正文时，用户都会在相应的位置插入图表、图片或表格等对象，为了制作方便，这里将先输入正文，再插入图表、图片和表格等对象。此外，由于在输入文字并设置文本格式后，插入的图片、表格可能不会跟着文本移动，会造成跳版的情况，所以在设置文本格式后，用户一定要注意调整插入对象的位置。

STEP 07　继续插入图片

　　在"4、读者导向"文本前，按"Enter"键换行，再插入"特色栏目 .jpg"图片。

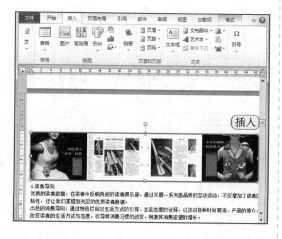

STEP 08　插入对象

　　将鼠标光标定位在"A.读者性别比"文本后。

　　选择【插入】/【文本】组，单击"对象"按钮旁的下拉按钮，在弹出的下拉列表中选择"对象"选项。

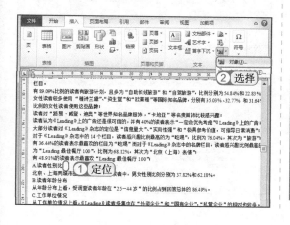

STEP 09　选择插入对象

　　打开"对象"对话框，选择"由文件创建"选项卡。单击浏览(B)...按钮，在打开的对话框中选择插入"读者性别比和年龄分布 .xlsx"工作簿。

　　返回"对象"对话框，选中 ☑链接到文件(K)复选框。

　　单击 确定 按钮。

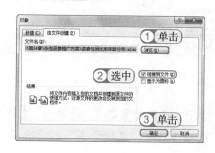

关键提示——让数据链接文件

　　为了使用户在修改编辑 Excel 表格数据时，Word 文档中的数据跟着改变。用户在 Word 中插入 Excel 表格对象时，必须在"对象"对话框中选中 ☑链接到文件(K)复选框。

STEP 10 设置对象格式

缩小导入的图像，再在对象上右击，在弹出的快捷菜单中选择"设置对象格式"命令。

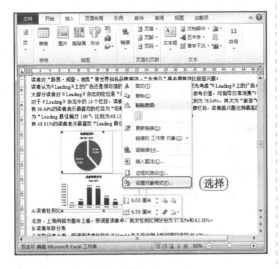

STEP 11 设置环绕方式

打开"设置对象格式"对话框，选择"版式"选项卡，在"环绕方式"栏中选择"四周型"选项。

单击 确定 按钮，最后将图标移动到文档右边。

STEP 12 插入图表图片

将鼠标光标定位在"D.读者职位身份"段落后。

按"Enter"键换行，再插入"工作单位情况.png"和"读者职位身份.png"图片，并缩放至合适大小。

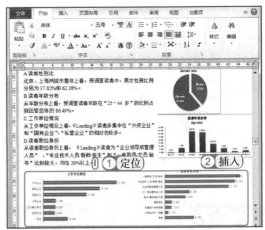

STEP 13 继续插入图表图片

将鼠标光标定位在"F.家庭月收入情况"段落后。

按"Enter"键换行，再插入"个人月收入情况.png"和"家庭月收入情况.png"图片，并缩放至合适大小。

为什么这么做？

在实际办公中，在 Word 中插入的图表一般应为使用 Excel 制作的图表，且应该以插入对象的方式导入图表，而不应该以插入图片的方式插入图表，否则会因为分辨率的问题影响图表的清晰度。本例为制作方便，才将几个图表以图片的方式进行插入。

STEP 14 插入图表对象和图片

在"4、读者对刊物内广告产品的考虑度"段落后插入"广告可信程度 .png"和"广告产品考虑程度 .png"图片。

在"5、读者对汽车的需求度"段落后，插入"读者对汽车的需求度图表 .xlsx"。在"6、读者对房产的需求度"段落后插入"读者对房产的需求度图表 .xlsx"。最后调整插入图表的大小。

STEP 15 插入表格

在"7、读者心目中的杂志定位"段落后插入一个8列4行的表格。选择【设计】/【绘图边框】组，单击"绘制表格"按钮。

将鼠标指针移动到表格第一个单元格中，从左上向右下拖动，绘制一条斜表头。

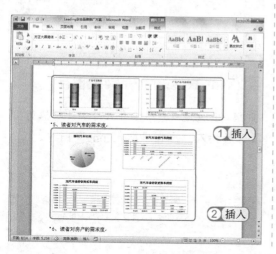

 关键提示——图表数据的清晰保持

在文档中插入数据图表的作用是更好地说明数据情况，所以插入的数据图表中的数据应该清晰。为了使图表更清晰，在插入图表时，可将图表进行通栏排列，即一行只放一张图表，并为图片设置合适的大小。

STEP 16 ▶ 为表格输入数据

在表格中输入数据，为表头的文本设置加粗效果，再根据数据的长度调整单元格宽度，最后将"橄榄色，强调文字颜色3，淡色40%"设置为数据值为"0.85"、"0.83"和"0.83"的单元格的填充底纹颜色。

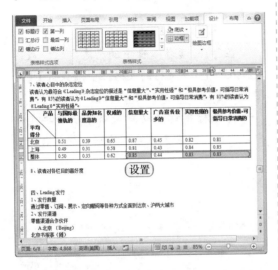

STEP 17 ▶ 插入广告案例图片

在"广告·精彩广告案例（一）"段落后插入"民俗旅游.jpg"图片。

在"广告·精彩广告案例（二）"文段落后插入"电影软文1.jpg"和"电影软文2.jpg"图片。

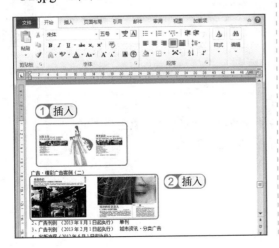

STEP 18 ▶ 插入广告案例图片

将在"2、广告刊例（2013年8月1日起执行） 单刊"段落后插入"单刊.png"图片。

在"3、广告刊例（2013年2月1日起执行） 城市资讯·分类广告"文本下，插入"城市资讯·分类广告.png"图片。

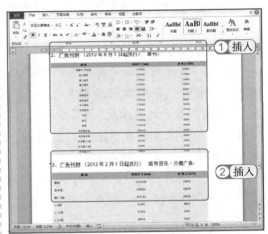

STEP 19 ▶ 插入广告排期表图片

在"4、出版流程（2012年6月1日起执行）"段落后插入"广告排期表.png"图片。

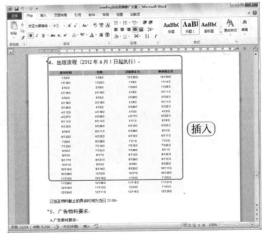

14.2.2　为推广方案设置文本样式

在为推广方案输入完正文并插入了相关图表和图片后，用户就可以为推广方案设置文本样式并调整文本在页面中的位置了。其具体操作如下：

STEP 01▶ 设置一级标题格式

选中"一、Leading 品牌"文本，并设置"字体、字号"为"方正大黑简体、小三"。

选择【引用】/【目录】组，单击"添加文字"按钮，在弹出的下拉列表中选择"1级"选项，将其设置为一级标题。

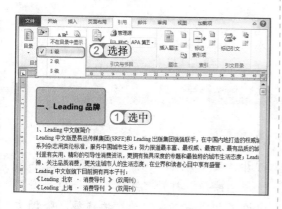

STEP 02▶ 设置其他一级标题

选择【开始】/【剪贴板】组，双击"格式刷"按钮。

选择其他一级标题文本，为其他一级标题设置格式，再单击"格式刷"按钮，退出格式刷状态。

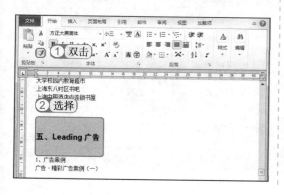

STEP 03▶ 添加二级标题文本

选中"1、Leading 中文版简介"文本。

选择【引用】/【目录】组，单击"添加文字"按钮，在弹出的下拉列表中选择"2级"选项，将其设置为二级标题。

STEP 04▶ 设置二级标题文本格式

设置二级标题的"字体、字号"为"黑体、四号"。

选择【开始】/【段落】组，在右下角单击按钮。

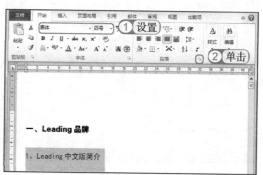

STEP 05 设置二级标题段落格式

打开"段落"对话框，设置"段前、段后"为"6磅、0行"，减小二级标题前后过渡的空隙。

单击 确定 按钮。

STEP 06 设置其他二级标题

选择【开始】/【剪贴板】组，双击"格式刷"按钮。

选择其他二级标题文本，为其他二级标题设置格式。再单击"格式刷"按钮，退出格式刷状态。

STEP 07 选择项目符号

选择【开始】/【段落】组，单击"项目符号"按钮旁的下拉按钮，在弹出的下拉列表中选择选项。

再次单击"项目符号"按钮旁的下拉按钮，在弹出的下拉列表中选择"定义新项目符号"选项。

STEP 08 设置项目符号颜色

打开"定义新项目符号"对话框，单击 字体(F)... 按钮，打开"字体"对话框，在其中设置"字体颜色"为"橄榄绿，强调文字颜色3，深色25%"。依次单击 确定 按钮，返回 Word 编辑界面。

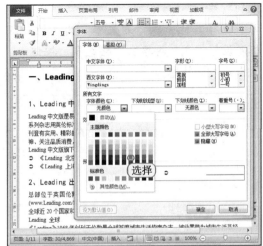

STEP 09 ▶ 为其他文本设置项目符号

选择【开始】/【剪贴板】组，双击"格式刷"按钮 🖌。

选择其他项目文本，为其他项目设置格式，再单击"格式刷"按钮 🖌。

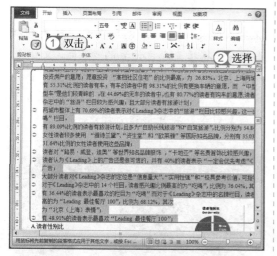

STEP 10 ▶ 插入分页符

将鼠标光标定位在"A.读者性别比"文本前。

选择【插入】/【页】组，单击"分页"按钮 🖺，在光标所在位置插入分页符，强行分页。

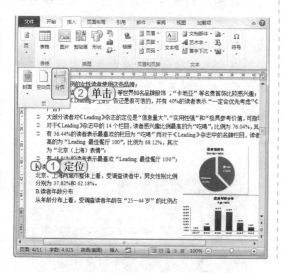

STEP 11 ▶ 继续插入分页符

将鼠标光标定位在"广告·精彩广告案例（二）"文本前。

选择【插入】/【页】组，单击"分页"按钮 🖺，插入分页符。

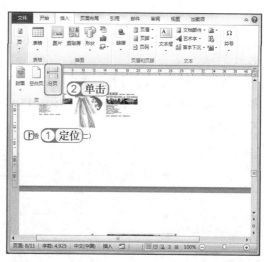

为什么这么做？

在文档中插入分页符，强行分页是为了将重要信息都放在一起。例如，必须放在一起的图文或是前一页仅仅只有一个标题后一页是正文的情况。

技巧秒杀——设置分页的时机

为调整文档的整体效果，一般在设置完段落格式和页眉页脚之后，才会使用分页符对文本内容设置分页效果。

14.2.3 为推广方案制作封面、封底以及页眉页脚

在为文档设置了格式后，就可以统一规范文档了，如插入页码、提取目录、添加页眉页脚和制作封面、封底等。其具体操作如下：

STEP 01 插入空白页

将鼠标光标定位在"一、Leading 品牌"文本前。

选择【插入】/【页】组，单击"空白页"按钮□，在文档第 1 页前插入空白页，作为文档封面。

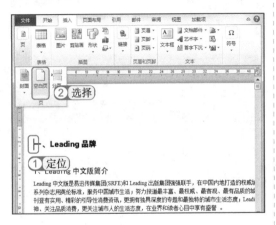

STEP 02 插入图片

在空白页中插入"方案封面.jpg"图片，将其浮于文字上方，调整其大小位置，效果如下图所示。

STEP 03 绘制背景

在插入的空白页中绘制和页面一样大的矩形框，并将填充颜色设置的"黑色，文字 1，淡色 15%"。在绘制的矩形上右击，在弹出的快捷菜单中选择【置于底层】/【置于底层】命令，将矩形作为背景。

STEP 04 输入标题

在插入的图片下方绘制一个文本框，并输入文本。设置文本的"字体、字号"为"Arial Black、一号"。

在文本框后绘制一个矩形，并设置"形状轮廓、形状填充"为"白色、无填充颜色"。

STEP 05 ▶ 继续输入标题

在绘制的矩形后绘制一个文本框，取消文本框的填充颜色和轮廓色。输入文本，设置文本"字体、字号、颜色"为"汉仪粗圆简、小一、白色"。

在文本框下方绘制一个文本框，取消文本框的填充颜色和轮廓色。输入文本，设置其"字体、字号、颜色"为"黑体、小二、白色，背景 1，深色 25%"。

STEP 06 ▶ 制作封底

选择封面的图片和黑色背景矩形，按"Ctrl+C"快捷键复制选择的对象，将鼠标光标定位在文档最后。

选择【插入】/【页】组，单击"空白页"按钮，插入空白页，作为文档封底。

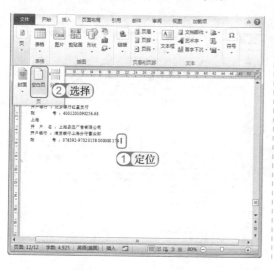

STEP 07 ▶ 编辑图片效果

按"Ctrl+V"快捷键，粘贴复制的对象，并将其移动到和封面相同的位置，选择图片。

选择【格式】/【调整】组，单击"艺术效果"按钮，在弹出的下拉列表中选择"铅笔灰度"选项。

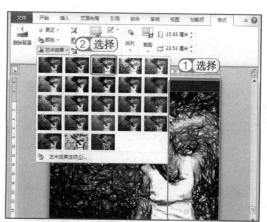

STEP 08 ▶ 输入文本

在页面右下角绘制一个文本框，取消文本框的填充颜色和轮廓色。输入文本，设置其"字体、字号、颜色"为"黑体、小二、白色"，文本对齐方式为右对齐。

STEP 09 ▶ 设置页码起始页数字

选择【插入】/【页眉和页脚】组，单击"页码"按钮，在弹出的下拉列表中选择"设置页码格式"选项。

在打开的对话框中选中 ◉ 起始页码(A) 单选按钮，在后面的数值框中输入"0"。

单击 确定 按钮。

STEP 11 ▶ 设置目录显示级别

打开"目录"对话框，在其中设置"显示级别"为"2"。

取消选中 □使用超链接而不使用页码(H) 复选框。

单击 确定 按钮。

STEP 10 ▶ 插入空白页，制作目录

在封面后插入一页空白页，在第一行中输入文本，并将其设置为居中对齐。按"Enter"键换行。

选择【引用】/【目录】组，单击"目录"按钮，在弹出的下拉列表中选择"插入目录"选项。

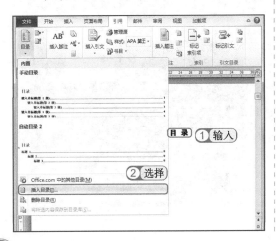

STEP 12 ▶ 删除多余的无用目录

分别选中第0页的目录以及第13页的目录，将其删除。

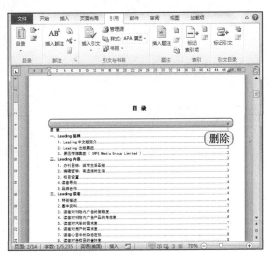

STEP 13 ▶ 编辑页眉

进入页眉和页脚编辑状态，去掉页眉上的多余黑线。在页眉上绘制一个黑色矩形，去掉其轮廓线。在绘制的矩形上右击，在弹出的快捷菜单中选择"设置形状格式"命令。

STEP 15 ▶ 输入页眉文字

在页眉中绘制一个文本框，去掉文本框的填充颜色和轮廓色。输入文本，设置其"字体、字号、颜色"为"微软雅黑、小四、橄榄色、强调文字颜色 3，深色 25%"。

STEP 14 ▶ 设置形状不透明度

打开"设置形状格式"对话框，设置"透明度"为"70%"。

单击 关闭 按钮。

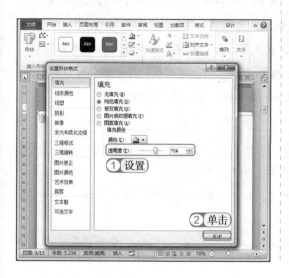

STEP 16 ▶ 选择页码样式

在页脚双击，进入编辑模式，设置文本对齐方式为居中对齐。选择【插入】/【页眉和页脚】组，单击"页码"按钮，在弹出的下拉列表中选择【当前位置】/【页码 1】选项。

STEP 17 编辑页脚

选择插入的页码文本，设置"字号"为"小五"。

在文档底部绘制一个和页眉相同的黑色透明矩形。

设置"页眉顶端距离、页脚顶端距离"为"0.9厘米、0.7厘米"。

选择【设计】/【关闭】组，单击"关闭页眉和页脚"按钮✖。

14.2.4 关键知识点解析

制作本例所需要的关键知识点中，"插入图片"与"插入页码"知识已经在前面的章节中进行了详细介绍，此处不再赘述。其具体的讲解位置分别如下。

⊃ 插入图片：该知识的具体讲解位置在第 2 章的 2.1.5 节。

⊃ 插入页码：该知识的具体讲解位置在第 4 章的 4.1.4 节。

1. 插入对象

使用插入对象的方法，用户可以快速在 Word 中插入由其他程序制作的文件，其插入方法如下。

⊃ 插入已编辑好的文件：选择【插入】/【文本】组，单击"对象"按钮，在弹出的下拉列表中选择"对象"选项，打开"对象"对话框，在其中选择"由文件创建"选项卡，单击 浏览(B)... 按钮，在打开的对话框中选择需要插入的已编辑好的文件即可。

⊃ 插入新建文件：打开"对象"对话框，在其中选择"新建"选项卡，在"对象类型"栏中选择需要插入的文件类型，单击 确定 按钮。稍等片刻后，将会启动对应的程序。编辑完文件后，直接关闭程序，即可在 Word 中插入新建的文件内容。

2. 插入分页符

在编辑一些特殊文档时，为了将一些表格、图表和图形排到一页上，需要对文档插入分页符。在 Word 中，插入分页符的方法主要有两种，分别介绍如下。

⊃ 通过选项卡：将鼠标光标定位在需要分页的位置，选择【插入】/【页】组，单击"分页"按钮。

⊃ 通过快捷键：将鼠标光标定位在需要分页的位置，按"Ctrl+Enter"快捷键即可在光标的位置进行分页操作。

14.3 使用 PowerPoint 制作推广方案 PPT

本例将根据之前制作的 Excel 工作表以及 Word 文档制作推广方案 PPT。在制作时，将会导入 Word 中制作的正文内容，并对内容进行摘取。再根据 PPT 的情况，插入之前已经制作好的 Excel 表格图表。在对 PPT 进行编辑时，还需要插入一些图片，以衬托出 PPT 的整体时尚风格。其最终效果如下图所示。

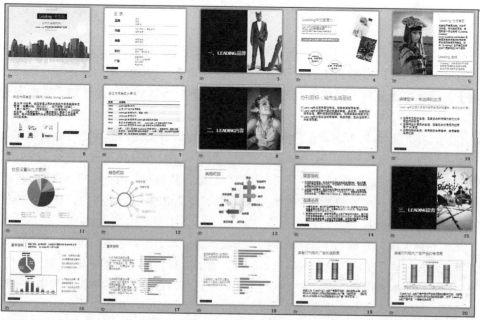

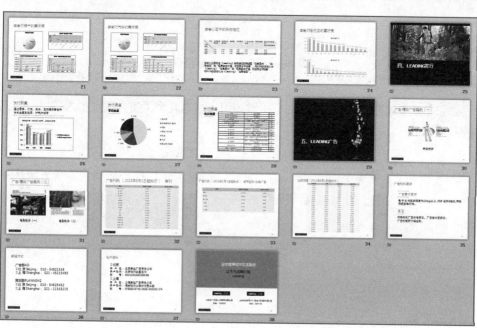

资源包＼素材＼第 14 章＼推广方案 PPT
资源包＼效果＼第 14 章＼推广方案 PPT.pptx
资源包＼实例演示＼第 14 章＼使用 PowerPoint 制作推广方案 PPT

◎ 案例背景 ◎

　　将推广方案文案制作完成后，用户即可开始制作用于对外宣传的推广方案 PPT。在对外进行宣传时，推广方案 PPT 有时比推广方案更加重要。因为文案内容详细、篇幅长，不利于浏览者快速获取重要信息。而 PPT 中，则是在制作时就会有效地对文案内容进行精简，提取重点有效信息。

　　在制作推广方案 PPT 时，用户需要根据预计的演讲时间对幻灯片进行编辑制作。如果时间长，可以将重点分细一些；如果时间短，则可将重点信息再次进行提取整合。需要注意的是，即使演讲时间较短，用户在对重点信息进行整合时，也不能将非常重要的事项一笔带过，而要做到主次分明。一个没有侧重点的方案 PPT 毫无吸引力，在进行投标和执行中没有任何优势。

　　本例将制作推广方案 PPT，由于本推广方案是对一本时尚杂志进行推广，所以在制作时，可以添加一些精美的人物照或有流行时尚元素的照片。让观赏者在观赏幻灯片时不但能更多地对杂志本身历史、推广方式有一定了解，还可以通过幻灯片的设计制作风格对杂志的性质、风格等有一个定位。

◎ 关键知识点 ◎

　　要完成本例的制作，需要掌握几个关键知识点。这几个关键知识点的内容以及其知识的难易程度如下：

⊃ 插入图片（★★）　　　　　　　　　⊃ 为幻灯片添加页码（★★★）
⊃ 为对象添加动画（★★★）　　　　　⊃ 设置幻灯片切换方式（★★★）
⊃ 插入对象（★★★）

14.3.1 制作推广方案母版

在制作推广方案前，用户为了制作方便，应该先对幻灯片母版进行编辑。由于本例制作的是时尚杂志的推广方案 PPT，且幻灯片中会加入一些装饰图片，为了使幻灯片看起来不凌乱，所以在制作母版时将只会对母版进行简单的编辑。其具体操作如下：

STEP 01 ▶ 编辑标题页母版

进入幻灯片母版视图，在"幻灯片"窗格中选择第 4 张幻灯片。

删除"单击此处编辑母版文本样式"占位符。选择"单击此处编辑母版标题样式"占位符，设置"字体、字体颜色"为"微软雅黑、茶色，背景 2"。

STEP 02 ▶ 绘制背景

在幻灯片中绘制一个和幻灯片一样大小的黑色矩形，并将其置于底层。

STEP 03 ▶ 插入图片

在"幻灯片"窗格中选择第 1 张幻灯片。

在幻灯片左下角插入"LOGO.png"图片。

选择"页码"占位符，设置"字体、字号"为"方正大黑简体、12"。

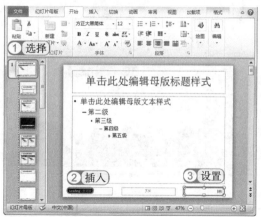

STEP 04 ▶ 设置母版字体

选择【幻灯片母版】/【编辑主题】组，单击"字体"按钮图，在弹出的下拉列表中选择"暗香扑面"选项。退出幻灯片母版视图。

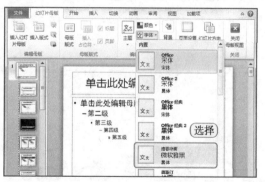

14.3.2　编辑推广方案幻灯片

在编辑好幻灯片母版之后，用户就可以开始参照推广方案文案内容对幻灯片进行编辑了。其具体操作如下：

STEP 01　为插入的图片设置动画

在幻灯片中插入"封面.png"图片，并调整大小使其与幻灯片相同大小。继续插入"LOGO.png"图片。

选择插入的"LOGO.png"图片，为其添加"淡出"进入动画。设置"开始、持续时间"为"上一动画之后、02.00"。

STEP 02　在标题页输入文本

在幻灯片中绘制文本框，并输入文本。设置"字体、字号、颜色"为"黑体、24、橄榄色、强调文字颜色3，深色25%"。

继续绘制文本框，输入文本，并设置"字号、颜色"为"18、黑色"。

STEP 03　为文本设置动画

选择刚刚绘制的两个文本框。

为选择的文本框添加"浮入"进入动画。并设置"开始、持续时间"为"上一动画之后、01.50"。

STEP 04　输入目录页文本

新建空白幻灯片。

在其中绘制文本框，并输入文本。最后在各项下绘制一条黑色的虚线。

STEP 05 新建节标题幻灯片

新建一张节标题幻灯片。

在占位符中输入文本。

插入 "Leading 品牌 .jpg" 图片，缩放图片大小裁剪图片，效果如下图所示。

STEP 06 设置节标题幻灯片动画

选择文本占位符，为其添加 "随机线条" 进入动画，设置 "开始、持续时间" 为 "与上一动画同时、01.00"。

选择插入的图片，为其添加 "飞入" 进入动画，并设置 "效果选项、开始、持续时间" 为 "自右侧、上一动画之后、01.75"。

STEP 07 绘制形状

新建幻灯片，打开 "Leading 杂志品牌推广方案 .docx" 文档，参照 Word 文档在幻灯片中输入文本，并在文本上方和下方分别绘制一条黑色虚线。

在文本下方绘制一个矩形，在其中输入文本，并为其设置 "浅色 1 轮廓，彩色填充 - 水绿色，强调颜色 5" 形状样式。

STEP 08 为图片设置动画

在幻灯片底端插入 "图标 1.png" 图片。并在插入的图片上绘制文本框，输入文本。

选择图片和文本框，为其添加 "翻转式由远及近" 进入动画，设置 "开始" 为 "单击时"。

STEP 09 ▶ 为封面图片设置动画

在幻灯片底端插入"图标2.png"图片，并在插入的图片上绘制文本框，输入文本。使用设置"图标1"的方法，设置相同动画效果。

在幻灯片右边插入"北京版封面.jpg"和"上海版封面.jpg"图片。分别为其添加"翻转式由远及近"进入动画，设置"开始"为"与上一动画同时"。

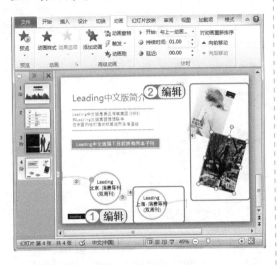

STEP 10 ▶ 编辑第5张幻灯片

新建空白幻灯片，并在幻灯片中输入文本。在"Leading全球"文本项下绘制两条黑色虚线。

在幻灯片左边插入"Leading 全球.jpg"图片，并调整其大小。

STEP 11 ▶ 编辑图片变色效果

复制并粘贴"Leading全球.jpg"图片，使两张照片重叠在一起。

选择【格式】/【调整】组，单击"艺术效果"按钮，在弹出的下拉列表中选择"粉笔素描"选项。

STEP 12 ▶ 设置图片动画

选择幻灯片右边所有的文本，为其添加"劈裂"进入动画，并设置"开始、持续时间"为"单击时、01.00"。

选择图片，为其添加"淡出"退出动画，为其设置"开始、持续时间"为"与上一动画同时、02.25"，使图片出现变色效果。

STEP 13 编辑第 6 张幻灯片

　　新建幻灯片，在幻灯片中输入文本。

　　选择输入的文本，为选择的文本添加"飞入"进入动画，并设置"开始、持续时间"为"单击时、01.00"。

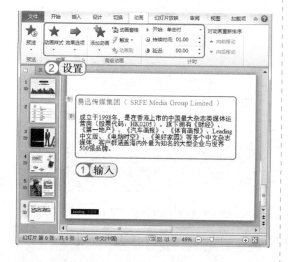

STEP 14 为刊名设置动画效果

　　插入"旗下杂志 .jpg"和"LOGO. png"图片，并在两图之间绘制一条黑色虚线。

　　选择插入的两张图片和虚线，为其添加"浮出"进入动画，并设置"开始、持续时间"为"与上一动画同时、01.50"。

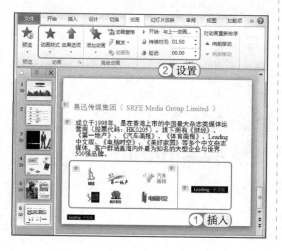

STEP 15 编辑第 7 张幻灯片

　　新建幻灯片，在幻灯片中输入文本。

　　选择【插入】/【表格】组，单击"表格"按钮，在弹出的下拉列表中选择"插入表格"选项。

　　在打开的对话框中设置"列数、行数"为"2、8"，并单击 确定 按钮。

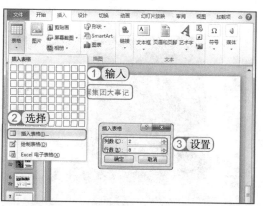

STEP 16 编辑表格

　　在出现的表格中输入内容，并调整单元格大小。

　　选择整个表格，选择【设计】/【表格样式】组，在"表格样式"下拉列表框中选择"浅色样式 1- 强调 6"选项。

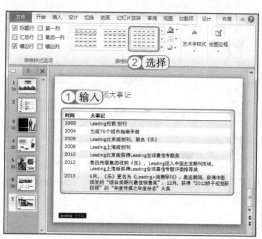

STEP 17 编辑第 8 张幻灯片

新建一张节标题幻灯片。

插入"Leading 内容 .jpg"图片，使用之前制作节标题幻灯片的方法，输入文本和插入图片，并为其设置相同的动画效果。

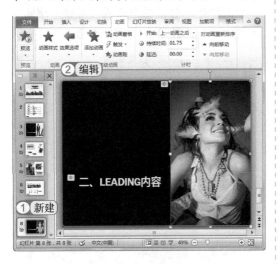

STEP 18 编辑第 9 张幻灯片

新建空白幻灯片，在其中输入文本。

选择【开始】/【段落】组，单击"项目符号"按钮 ≡ 旁的下拉按钮 ▼，在弹出的下拉列表中选择"项目符号和编号"选项。

STEP 19 设置项目符号

打开"项目符号和编号"对话框，单击 自定义(U)... 按钮，打开"符号"对话框，设置"字体"为"Wingdings"。

在符号选项栏中选择 ➲ 选项，并单击 确定 按钮。

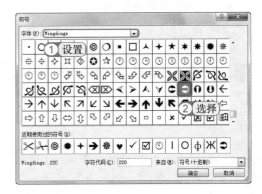

STEP 20 设置项目符号颜色

返回"项目符号和编号"对话框，设置"颜色"为"橄榄色，强调文字颜色 3，深色 25%"。

单击 确定 按钮。

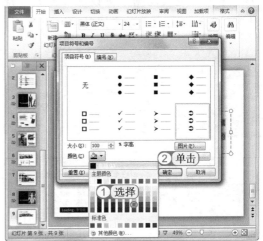

STEP 21 编辑第 10 张幻灯片

新建空白幻灯片，使用制作前一张幻灯片的方法制作第 10 张幻灯片。

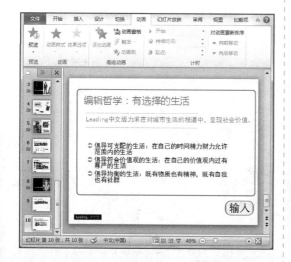

STEP 22 编辑第 11 张幻灯片

新建空白幻灯片。

在幻灯片中输入文本。

为文本添加"飞入"进入动画，并设置"效果选项、开始、持续时间"为"自左侧、单击时、01.00"。

STEP 23 为插入的图片设置动画

在幻灯片中插入"9 大板块 .png"图片。

选择插入的图片，为其添加"劈裂"进入动画，并设置"效果选项、开始、持续时间"为"上下向中央收缩、单击时、02.00"。

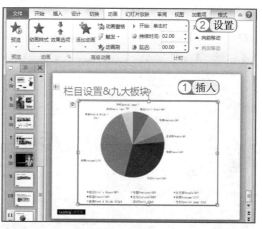

STEP 24 为图片添加动画

选择【动画】/【高级动画】组，单击"添加动画"按钮，在弹出的下拉列表中选择"浮入"进入动画选项。

选择【动画】/【计时】组，在其中设置"开始、持续时间"为"与上一动画同时、01.25"。

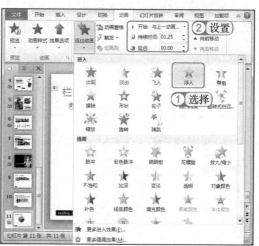

STEP 25 编辑第 12 张幻灯片

新建空白幻灯片，在幻灯片中输入文本，在文本上方和下方分别绘制虚线。

插入"特色栏目 .png"图片。

为插入的图片添加"飞入"进入动画，设置"效果选项、开始、持续时间"为"自左侧、单击时、01.50"。

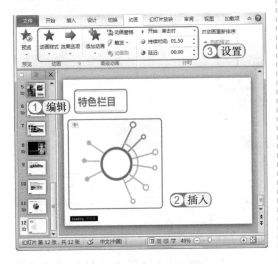

STEP 26 为文本设置动画效果

在幻灯片右边输入文本，并设置不同的颜色。

选择所有的文本，为其添加"飞入"进入动画，设置"效果选项、开始、持续时间"为"自右侧、与上一动画同时、01.50"。

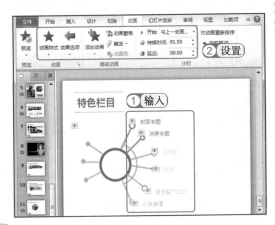

STEP 27 编辑第 13 张幻灯片

新建空白幻灯片，在幻灯片中输入文本，并在文本上方和下方分别绘制虚线。

插入"其他栏目 .png"图片。

为插入的图片添加"擦除"进入动画，设置"持续时间"为"01.50"。

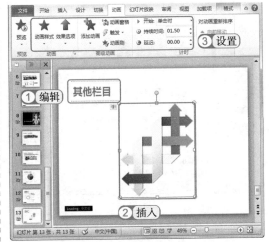

STEP 28 为文本设置动画效果

在幻灯片中输入文本。

选择所有文本，为其添加"翻转式由远及近"进入动画，并设置"开始、持续时间"为"与上一动画同时、01.25"。

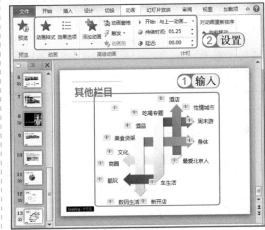

STEP 29▶ 编辑第 14、15 张幻灯片

新建空白幻灯片，并在其中输入文本。

新建节标题幻灯片，在其中输入文本，插入 "Leading 读者 .jpg" 图片，并为其文字、图片设置和 STEP 06 节标题相同的动画。

STEP 31▶ 插入图表

打开 "插入对象" 对话框，选中 ◉由文件创建(F) 单选按钮。

单击 浏览(B)... 按钮，在弹出的对话框中选择 "读者性别比和年龄分布 .xlsx" 工作表，选中 ☑链接(L) 复选框。

单击 确定 按钮。

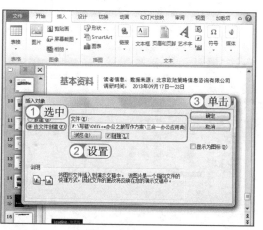

STEP 30▶ 编辑第 16 张幻灯片

新建空白幻灯片，在其中输入文本，并在文字之间绘制一条黑色的虚线。

选择【插入】/【文本】组，单击 "对象" 按钮 。

STEP 32▶ 为图表设置动画

调整图表大小，选择插入的图表。

为图表添加 "飞入" 进入动画，设置 "效果选项、开始、持续时间" 为 "自左侧、单击时、01.00"。

STEP 33 ▶ 为文字设置动画

在幻灯片中输入文本。

选择输入的文本，为其添加"飞入"进入动画，设置"效果选项、开始、持续时间"为"自右侧、与上一动画同时、01.00"。

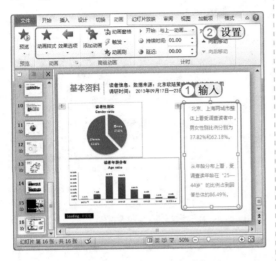

STEP 34 ▶ 编辑第 17 张幻灯片

新建幻灯片，在幻灯片中输入文本并插入"工作单位情况.png"图片，调整图片大小。

选择输入的文字和插入的图片，为其添加"擦除"进入动画。设置"开始、持续时间"为"单击时、01.00"。

STEP 35 ▶ 编辑读者职位身份

在幻灯片中插入"读者职位身份.png"图片，并输入文本。

为选择输入的文本和插入的图片设置之前的动画效果。

STEP 36 ▶ 编辑第 18 张幻灯片

新建空白幻灯片，插入"工作单位情况.png"图片和"个人月收入情况.png"图片，使用相同的方法制作第 18 张幻灯片。

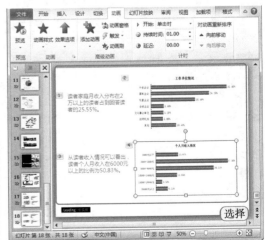

STEP 37 编辑第 19 张幻灯片

　　新建空白幻灯片，在幻灯片中输入标题，为其添加"浮入"进入动画，设置"开始、持续时间"为"单击时、01.00"。

　　插入"广告可信程度 .png"图片，并输入文本。选择插入的图片和文本，为其添加"轮子"进入动画，设置"开始、持续时间"为"上一动画同时、02.00"。

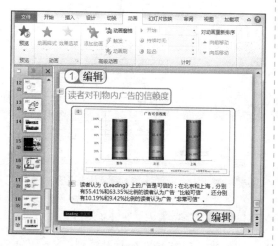

STEP 38 编辑第 20 张幻灯片

新建空白幻灯片，插入"广告产品考虑程度 .png"图片，使用相同的方法制作第 20 张幻灯片。

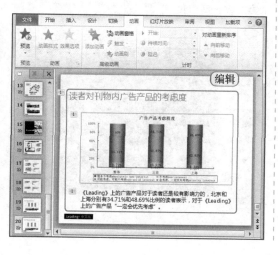

STEP 39 编辑第 21、22 张幻灯片

新建两张空白幻灯片，在幻灯片中分别插入"读者对房产的需求度图表 .xlsx"、"读者对汽车的需求度图表 .xlsx"工作表，并在其中输入文本。

为什么这么做？

　　由于制作的幻灯片中已含有 Excel 图表和图片，所以为了使版面看起来更加简洁，不必再在幻灯片中插入过多的装饰图片。

关键提示——添加说明文字技巧

　　当幻灯片中插入的数据无法快速、直观地说明情况时，用户可以适当地在幻灯片中插入一些说明文字，并使用不同的颜色对重要信息进行标注。

STEP 40 编辑第 23、24 张幻灯片

新建两张空白幻灯片,在幻灯片中分别插入"杂志定位 .png"图片、"感兴趣的栏目 .png"图片和"喜欢的栏目 .png"图片,并在其中输入文本。

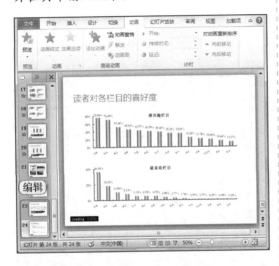

STEP 41 编辑第 25 张幻灯片

新建一张节标题幻灯片。

插入"Leading 发行 .jpg"图片,输入文本和插入图片,并为其设置与之前节标题幻灯片相同的动画效果。

STEP 42 编辑第 26~28 张幻灯片

新建 3 张幻灯片,在幻灯片中分别插入"销量对比图表 .xlsx"工作表、"发行渠道 .png"图片和"展示销售渠道 .xlsx"工作表,并输入文本。

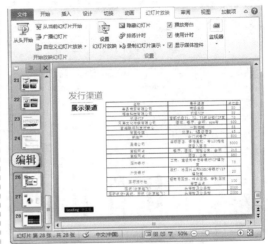

STEP 43 编辑第 29 张幻灯片

新建一张节标题幻灯片。

插入"Leading 广告 .jpg"图片,输入文本和插入图片,并为其设置与之前节标题幻灯片相同的动画效果。

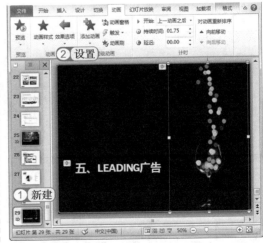

STEP 44 编辑第 30 张幻灯片

新建空白幻灯片，在其中输入文本并绘制两条黑色虚线。

在幻灯片插入"民俗旅游 1.jpg"图片。

选择插入的图片，选择【格式】/【图片样式】组，单击"快速样式"按钮，在弹出的下拉列表中选择"矩形投影"选项。

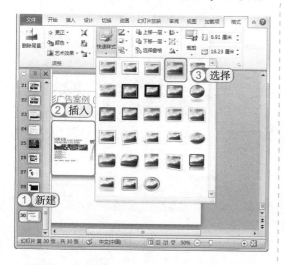

STEP 46 编辑第 31 张幻灯片

新建空白幻灯片，在其中输入文本并绘制两条黑色虚线。

在幻灯片中插入"电影软文 1.jpg"图片，为其添加"矩形投影"图片样式。在其下方输入文本，群组图片和文本。

选择群组的对象，为其添加"飞入"进入动画，设置"动画选项、开始、持续时间"为"自左侧、单击时、01.00"。

STEP 45 群组对象并设置动画

在插入的图片下输入文本，并群组图片和图片下的文本。

选择群组的对象，为其添加"浮入"进入动画。

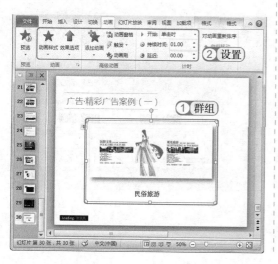

STEP 47 群组对象并设置动画

插入"电影软文 2.jpg"图片，添加"矩形投影"图片样式，在其下方输入文本并群组。

选中群组的对象，为其添加"飞入"进入动画，设置"动画选项、开始、持续时间"为"自右侧、与上一动画同时、01.00"。

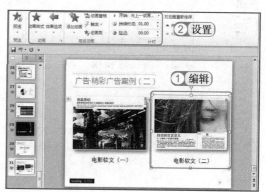

STEP 48 ▶ 编辑第 32~34 张幻灯片

新建 3 张幻灯片，在幻灯片中分别插入"单刊 .png"图片、"城市资讯·分类广告 .png"图片和"广告排期表 .png"图片，并输入文本。

STEP 49 ▶ 编辑第 35~37 张幻灯片

新建 3 张幻灯片，在幻灯片中输入文本。

STEP 50 ▶ 编辑幻灯片结束页

新建空白幻灯片。

在幻灯片上方绘制一个颜色为"橄榄色、强调文字颜色 3、深色 25%"的矩形，并在其上方输入文本。

STEP 51 ▶ 输入杂志地址

在幻灯片下方绘制两个黑色的矩形，并在其中输入文本。

在矩形下方输入文本。

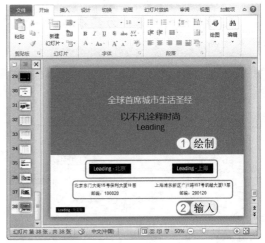

STEP 52 为幻灯片添加页码

选择【插入】/【文本】组，单击"页眉和页脚"按钮。

打开"页眉和页脚"对话框，在其中选中 ☑幻灯片编号⑩ 复选框。

单击 全部应用⑧ 按钮。

14.3.3 为幻灯片设置切换效果

制作完幻灯片正文后，用户即可为幻灯片设置切换效果，其具体操作如下：

STEP 01 为所有幻灯片设置切换效果

在"幻灯片"窗格中选择第 1 张幻灯片。

选择【切换】/【切换到此幻灯片】组，单击"切换方案"按钮，在弹出的下拉列表中选择"门"选项。

选择【切换】/【计时】组，单击"全部应用"按钮。

STEP 02 为开始页、结束页设置效果

在"幻灯片"窗格中选择第 1 张和最后 1 张幻灯片，选择【切换】/【切换到此幻灯片】组，单击"切换方案"按钮。在弹出的下拉列表中选择"门"选项。

选择【切换】/【计时】组，设置"持续时间"为"02.00"。

STEP 03 ▶ 为节标题设置切换效果

在"幻灯片"窗格中选择所有的节标题幻灯片。

选择【切换】/【切换到此幻灯片】组，单击"切换方案"按钮 ，在弹出的下拉列表中选择"推进"选项。

选择【切换】/【计时】组，设置"持续时间"为"02.00"。

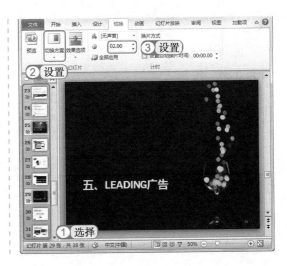

14.3.4　关键知识点解析

制作本例所需要的关键知识点中，"插入图片"、"为对象添加动画"与"设置幻灯片切换方式"知识已经在前面的章节中进行了详细介绍，此处不再赘述。其具体的位置分别如下。

◯ 插入图片：该知识的具体讲解位置在第 2 章的 2.3.3 节。

◯ 为对象添加动画：该知识的具体讲解位置在第 2 章的 2.3.4 节。

◯ 设置幻灯片切换方式：该知识的具体讲解位置在第 11 章的 11.2.4 节。

1. 插入对象

在 PowerPoint 中，插入对象的方法和 Word 中基本相同。其方法是：选择【插入】/【文本】组，单击"对象"按钮 ，在打开的"插入对象"对话框中选中 ◉由文件创建(F) 单选按钮。单击 浏览(B)... 按钮，在打开的对话框中选择需要插入的文件后，单击 确定 按钮，返回"插入对象"对话框，选中 ☑链接(K) 复选框，最后单击 确定 按钮。选中 ☑链接(K) 复选框的目的是使插入的对象能根据原文件的改变而自动更新内容。

2. 为幻灯片添加页码

当幻灯片数量太多时，为幻灯片添加页码可以让用户能更快地定位幻灯片。其方法是：选择【插入】/【文本】组，单击"页眉和页脚"按钮 ，打开"页眉和页脚"对话框，在其中选中 ☑幻灯片编号(N) 复选框，单击 全部应用(Y) 按钮。

除了添加页码外，用户还能对幻灯片中的页码进行设置，如设置显示位置、字体和颜色等。其方法是：在幻灯片母版编辑视图中，选择幻灯片右下角中有"‹#›"符号的占位符，移动它就能调整页码的显示位置；选择该占位符，再设置文本样式，即可设置页码文本格式。此外，Oiffce 自带的模板和网上下载的模板，其页码的显示位置可能也会有所不同。

14.4 高手过招

1. 快速将 Word 文档转换为 PowerPoint 演示文稿

当用户需要根据 Word 文档创建 PPT 演示文稿时，可以将文档发送到 PowerPoint 中，再对文本进行编辑。需要注意的是，用户在将 Word 文档发送到 PowerPoint 前，一定要先将文档中多余的文字删除，否则发送到 PowerPoint 中后，幻灯片中会出现很多文字，从而提升编辑难度。

将 Word 文档发送到 PowerPoint 演示文稿中的方法是：打开需要发送的文档，选择【文件】/【选项】命令，打开"Word 选项"对话框，选择"快速访问工具栏"选项卡，在"从下列位置选择命令"下拉列表框中选择"所有命令"选项，再在其下方的选项栏中选择"发送到 Microsoft PowerPoint"选项，单击 添加(A) >> 按钮，再单击 确定 按钮，即可将"发送到 Microsoft PowerPoint"按钮添加到快速访问工具栏中。此时，用户单击"快速访问工具栏"中的"发送到 Microsoft PowerPoint"按钮 ，即可将当前文档发送到 PowerPoint 中，从而省去了复制的麻烦。

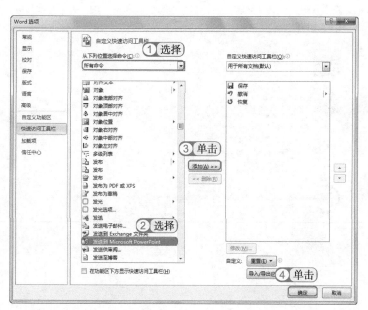

2. 使用无格式粘贴

在将 Word 中的文字复制到 PowerPoint 中时，由于在 Word 中设置了文本格式，将这些文本复制到 PowerPoint 中文本还是会保留 Word 中的文本格式，而与 PowerPoint 中设置的母版格式不符。这时，用户可通过使用无格式粘贴，仅仅只粘贴文本内容，而不复制文本格式。

无格式粘贴的方法是：复制文本后，选择【开始】/【剪贴板】组，单击"粘贴"按钮 下的下拉按钮 ，在弹出的下拉列表中选择"只保留文本"选项；或将鼠标光标定位到需要复制的位置后，右击，在弹出的快捷菜单中选择【粘贴选项】/【只保留文本】命令。

3. 使用手机进行办公

在手机功能越来越全面的今天，智能手机已经成为人们必不可少的工具。为了增强手机的实用性，各大软件公司都将自己的软件制作为各种手机的应用，用户只需下载即可轻松使用。不管是安卓系统的安卓市场、苹果系统的 APP Store，还是黑莓系统的 BlackBerry App World 上，都有很多方便的办公软件，如手机名片识别、PDF 转换器 CreatePDF、文档编辑 Documents To Go 和财务计算软件 Financial Calculator 等。使用这些软件，用户可在特殊情况下编辑简单的 Word 文档、Excel 表格以及查看重要图片等。

安卓市场中的办公应用